Kohlhammer

Management Know-how für die Praxis

Herausgegeben von Helmut Kohlert

Marcus Disselkamp

Innovationen und Veränderungen

Verlag W. Kohlhammer

1. Auflage 2017

Gesamtherstellung: W. Kohlhammer GmbH, Stuttgart

Print:
ISBN 978-3-17-031560-0

E-Book-Formate:
pdf: ISBN 978-3-17-031561-7
epub: ISBN 978-3-17-031562-4
mobi: ISBN 978-3-17-031563-1

Inhaltsverzeichnis

1 Innovationsmanagement

In der Unternehmensführung gibt es nur zwei Strategien, die einer Firma langfristig das Überleben sichern. Entweder ein Unternehmen ist Kostenführer oder es ist Nutzenführer. Die Wahl heißt also »Aldi« oder »Red Bull«. Man ist so günstig in seinen Leistungsprozessen und Strukturen, dass man selbst bei niedrigen Preisen gute Renditen erwirtschaftet. Oder man bietet als Nutzenführer seinen Kunden qualitative und/oder emotionale Mehrwerte, für die diese freiwillig einen Preisaufschlag akzeptieren.

Wer jedoch weder reale Kosten- noch Nutzenvorteile bietet, befindet sich im Sumpf der Vergleich- und Austauschbarkeit. Im Sumpf bleibt zudem auch jener, der zwar Vorteile und Mehrwerte anbieten könnte, diese aber gar nicht erkennt oder nicht erfolgreich seinem Kunden vermittelt. Berühmte Beispiele sind das Fax oder das Musikformat MP3. Beide wurden von deutschen Tüftlern erfunden, doch andere machten damit ihre Gewinne.

Kosten- und Nutzenvorteile resultieren aus regelmäßigen Innovationen. Innovationen sind eine zentrale Basis für die Wettbewerbsfähigkeit nicht nur von Unternehmen, sondern generell für Organisationen, Teams und Personen. Wer als Abteilung oder Projektteam dem Auftraggeber keine Kosten- oder Nutzenvorteile bietet, hat langfristig keine Existenzgrundlage. Das gleiche gilt für Arbeitnehmer, externe Dienstleister oder gemeinnützige Organisationen. Sie alle benötigen eine laufende (innovative) Weiterentwicklung, um sich nicht im Sumpf der Vergleich- und Austauschbarkeit wiederzufinden.

Doch die Kosten- und Nutzenvorteile von heute sind morgen schnell verloren. Der globale Markt und die Verfügbarkeit von Informationen in Echtzeit gibt dem Wettbewerb die Chance, schnell die aktuellen Wettbewerbsvorteile eines Anbieters zu analysieren, zu kopieren und – noch besser – weiter zu entwickeln. Unternehmen brauchen dementsprechend immer wieder Innovationen, um langfristig zu überleben! Häufig jedoch scheitert dies an fehlenden Strategien, an kurzfristigem Denken oder an Ignoranz.

Die Erfolgsfaktoren für Innovationen lassen sich mit vier Verben beschreiben: Wollen, dürfen, können und machen. Wenn Innovationen nicht vom Management und den Mitarbeitern gewollt werden, finden sie nicht statt. Mitarbeiter müssen innovativ sein dürfen. Dazu brauchen sie Strukturen und eine Unternehmenskultur, die ihnen genügend Freiräume lässt. Innovationen sind eine Frage des Könnens, der Fähigkeiten und konkreten Methoden und Instrumente. Kreativitätstechniken lassen sich ebenso erlernen wie klassische oder agile Projekt- oder Change Management-Tools. Schließlich bringt jede Idee wenig, wenn man sie nicht in eine Innovation umsetzt. Die nötige Motivation zum »Machen« bieten Anreizsysteme und Führungskräfte, die Mitarbeitern Perspektiven aufzeigen können, wenn sie sich mit ihren Ideen für das Unternehmen einsetzen.

Innovationen bedeuten Veränderungen! Neue Wege in den Prozessen, der Organisation aber auch neuartige Produkte, Märkte und Geschäftsmodelle führen meistens zu Veränderungen bestehender Strukturen, in Abläufen und Sortimenten. Veränderungen wecken aber nicht nur Sympathien bei den Beteiligten. Es entwickeln sich Sorgen, Ängste und Barrieren gegen die Veränderungen und somit gegen die erfolgreiche Umsetzung von Innovationen.

Dieses Buch bietet nicht nur einen guten Überblick über die unterschiedlichen Aspekte und Herausforderungen von Innovationen, sondern auch einen erstmaligen Bezug zwischen dem Management von **Innovationen und Veränderungen**. Es beschreibt moderne Methoden des agilen Managements unter Verweis auf ihre historischen Ursprünge und entwickelt eigene neue Techniken und Tools. So wird das Konzept der Innovation-Scorecard ausführlicher als in früheren Publikationen des Autors behandelt, sein Fit for Market-Innovationsprozess vom agilen Projektmanagement und Design Thinking inspiriert und die Corporate Management Canvas basierend auf der bekannten Business Model Canvas entwickelt. All diese Techniken haben sich bereits in vielen Workshops und Seminaren erfolgreich bewiesen.

Frei nach der Kreativitätsregel des Brainstormings werden in diesem Buch vorhandene Modelle, Methoden und Techniken aufgegriffen, erläutert und mit neuen Gedanken und Anregungen verknüpft. Es geht nicht um die Frage, wer die beste Idee oder wer die Idee zuerst hatte, sondern um die Auffindung einer optimalen Methodik für das Innovations- und Veränderungsmanagement.

Innovativ zu sein ist grundsätzlich gar nicht so schwer. Man muss es nur wollen und das dann konsequent durchziehen! Dieses Buch möchten Ihnen, sehr geehrte Leserin und sehr geehrter Leser, konkrete Anregungen und einfache Methoden aufzeigen, damit Sie in Ihrem beruflichen und privaten Umfeld innovativ sein können.

1.1 Grundlagen des Innovationsmanagements

Innovation bestimmt unser Leben. Die Suche nach dem Besseren zieht sich wie ein roter Faden durch die Geschichte der Menschheit. Nur wem es immer wieder gelingt, sich von Neuem zu reproduzieren und neue Wettbewerbsvorteile zu gewinnen, wird langfristig überleben können. Dies gilt sowohl für die Fauna, Tierwelt, aber auch für Unternehmen, Organisationen, Teams, Beschäftigte sowie für Kommunen und ganze Staaten.

Schon Joseph Schumpeter sprach in seinem Klassiker »Die Theorie der wirtschaftlichen Entwicklung« aus dem Jahr 1911 von innovationsorientierten Unternehmern. Der Unternehmer sucht nach Wandel, er reagiert auf Wandel und nutzt diesen als Chance. Durch neuartige Kombinationen von Fähigkeiten und Leistungen werden neue Kundennutzen gestiftet und Alleinstellungsmerkmale erzielt. Der amerikanische Nobelpreisträger Robert Solow formulierte im Jahr 1956, dass rund 88 Prozent des Wirtschaftswachstums durch Innovationen erzeugt werden. Sicherlich kann man sich über den genauen Prozentsatz streiten, doch gelten allgemein Innovationen als Sicherung der Wettbewerbsfähigkeit von Unternehmen.

Im Grunde wollen alle Menschen Innovationen. Niemand will als Innovationsbremser gelten. Der Begriff »Innovation« ist jedoch abgenutzt. Er wird oft als Modebegriff oder für kaum veränderte Produkte missbraucht. In manchen Firmen ist das Recht, innovativ zu sein, ein Vorrecht der Abteilung Forschung & Entwicklung, des Chief Digital Officers (CDO) oder der Unternehmensführung. Das Vorantreiben von Innovationen scheitert an internen Strukturen, fehlenden Budgets, Mutlosigkeit oder an dem fehlenden Wissen um die Instrumente des Innovationsmanagements.

Innovationen sind keine Glücksfälle. Sie resultieren meistens aus einem systematischen Prozess, der erlern- und steuerbar ist. Peter Drucker bezeichnete schon 1986 das Innovationsmanagement als eine erlernbare Fachdisziplin. Unternehmen müssen Innovationsquellen und Ideen gezielt aufspüren und gleichzeitig die Prinzipien eines methodischen Innovationsmanagements kennen und umsetzen.

Die Erkenntnis, dass Innovationen von großer Bedeutung sind, ist also nicht neu. Jeder Wirtschaftsstudent lernt dies in seinem Studium. Gerade große Organisationen haben aber in der Realität Schwierigkeiten mit der Verwirklichung von Innovationsfreiräumen. Im besten Fall konzentriert man sich lieber auf die Perfektionierung bestehender Produkte und Prozesse anstatt auf die Entwicklung neuer Lösungen für sich ändernde Kundenbedürfnisse und Wettbewerbseinflüsse. Im schlimmsten Fall beschäftigen sich große Firmen nur mit sich selbst und lassen den innovativen Wettbewerb (z. B. Start-ups) an sich vorbeiziehen. Es gilt das Motto: Nicht die Großen fressen die Kleinen, sondern die Schnellen die Langsamen.

Eine solche Trägheit konnte man früher noch überleben. Doch aktuelle Entwicklungen wie die Digitalisierung oder die finanziellen Mittel der Start-ups, ändern dies gerade! Dank sich immer weiter entwickelnder technologischer Produkt- und Prozessinnovationen, von jungen Unternehmen initiierten neuen Geschäftsmodellen oder von jungen Mitarbeitergenerationen geforderter Führungskonzepte, kann man sich heute nicht mehr im Sumpf der Vergleichbarkeit verstecken.

All diese Trends eröffnen auch neue Chancen. So kann heute ein Unternehmen im Idealfall auf einen Schlag sowohl Kosten- und Nutzenführer werden. Disruptive Innovationen sind auf einmal viel leichter zu realisieren, als es noch vor Jahren möglich war.

1.1.1 Gründe für Innovationen

Innovationen sind eine Voraussetzung für die langfristige Überlebensfähigkeit eines Unternehmens, für die Sicherung der Arbeitsplätze und des Kapitals der Gesellschafter. Dies lässt sich mit den beiden zentralen Wettbewerbsstrategien von Unternehmen, die des Kosten- und/oder Nutzenführers verdeutlichen.

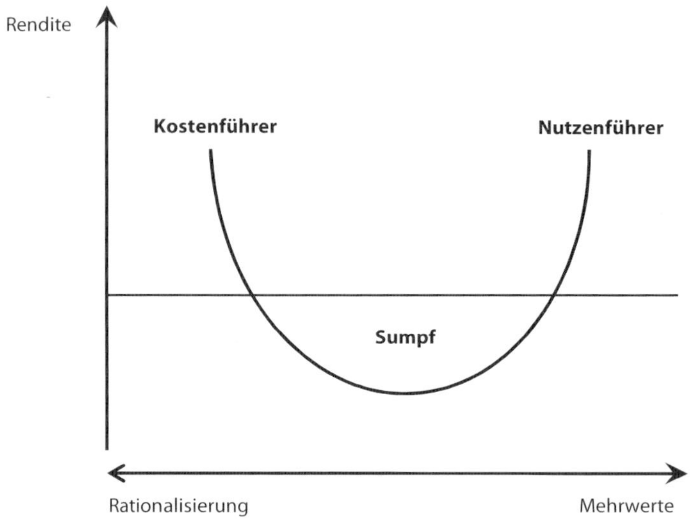

Abb. 1: Wettbewerbsstrategien

Hinweis: Wettbewerbsstrategien von Michael Porter
Die Strategien der Kosten-/Nutzenführerschaft entsprechen einer Weiterentwicklung der weltbekannten Wettbewerbsstrategien von Michael Porter. Schon 1985 formulierte er in seinem richtungsweisenden Werk »Competitive Advantage« seine drei generischen Wettbewerbsstrategien der Segmentierung, der Differenzierung und der Kostenführerschaft, zusammen mit der Wertkette (Value Chain und der fünf Wettbewerbskräfte anhand des Fünf-Kräfte-Modells »Five Forces« (siehe Porter M., 1985, S. 11 ff.). Mit dem Begriff der »Nutzenführerschaft« möchte der Autor dieser Publikation den Ansatz der »Differenzierung« konkretisieren und weiterentwickeln.

Kostenführer generieren ihre überdurchschnittlichen Renditen durch signifikante Kostenvorteile. Selbst bei geringen Preisen realisieren sie noch hohe Margen. Kostenführer nutzen alle möglichen Rationalisierungsmaßnahmen im Produkt- und Leistungsangebot, in der Fertigung und in allen Geschäftsprozessen, reduzieren unnötige Schnittstellen und standardisieren ihre Leistungen und Systeme.

Nutzenführer unterscheiden sich von Kostenführern durch ihre hohe Qualität, ein größeres Angebot (Sortiment), vermehrten Service und den gezielten Einsatz von Emotionen. Nutzenführer bieten etwas Besonderes, wofür der Kunde gerne bereit ist, tiefer in die Tasche zu greifen. Sie beklagen nicht den irrationalen Kunden, der nicht bereit ist, für Qualität auch die entsprechende Summe auszugeben. Nutzenführer orientieren sich an den tatsächlichen Werten und Erwartungen ihrer Abnehmer.

Wichtig: Sumpf der Vergleich- und Austauschbarkeit
Unternehmen, die weder Kosten- noch Nutzenführer sind, laufen Gefahr sich im Sumpf der Vergleich- und Austauschbarkeit wiederzufinden und damit wirtschaftlich zu scheitern!

Unternehmen, die weder Kosten- noch Nutzenführer sind, laufen Gefahr sich im Sumpf der Vergleich- und Austauschbarkeit wieder zu finden. Sie repräsentieren den Durchschnitt, habe eine niedrige oder sogar negative Rentabilität und können sich nur noch durch preisaggressive Verkaufsstrategien vermarkten. Dies gefährdet langfristig ihre unternehmerische Existenz. Nur Kosten- und/oder Nutzenführer realisieren langfristig eine ausreichende Rentabilität (Gewinne). Umgekehrt reduzieren verlustreiche Unternehmen das eingesetzte Kapital (Eigenkapital) und damit ihre finanziellen Sicherheiten. Dies kann zu einer Überschuldung des Unternehmens, zur Insolvenz und zum Verlust von Arbeitsplätzen führen. Kosten- und Nutzenführer benötigen Alleinstellungsmerkmale, sonst verlieren sie ihre führende Position. Die Alleinstellung liegt in den unterschiedlichsten Aspekten begründet wie Kostenersparnis, Zeitgewinn, Servicevorteil, Informationsgewinn, Sicherheitsgewinn bzw. Risikoreduzierung, Prestige- oder Unabhängigkeitsgewinn. Kommt zu den qualitativen und quantitativen Vorteilen auch ein emotionaler Nutzen, so verliert der Preis bei der Kaufentscheidung an Bedeutung. Umgekehrt spielt der Preis bei der Kaufentscheidung eine umso größere Rolle, je weniger kundenspezifische Alleinstellungsmerkmale das Produkt hat.

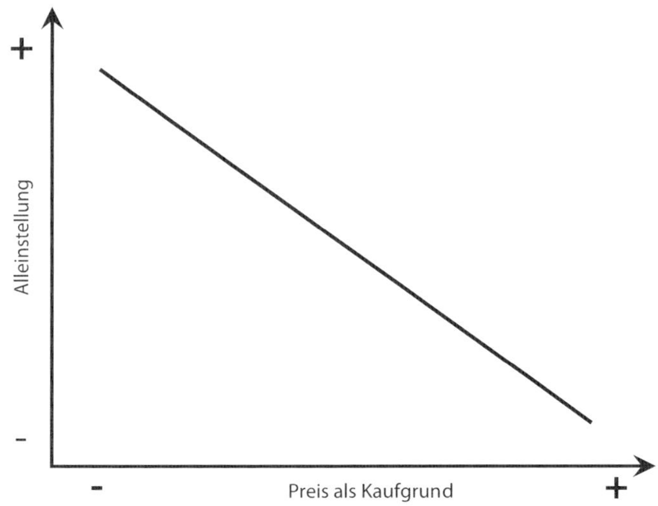

Abb. 2: Alleinstellung versus Preiswettbewerb

Für die Position des Kosten- und/oder Nutzenführers bedarf es der Innovation. Nur die planvolle und zielgerichtete Weiterentwicklung von Verfahrensweisen (Prozessen), Strukturen, Produkten, Dienstleistungen oder des eigenen Geschäftsmodells garantiert einem Unternehmen, immer wieder als Kostenführer günstiger als der Wettbewerb oder als Nutzenführer Anbieter qualitativer und/oder emotionaler Mehrwerte zu sein.

Mögliche Innovationen zur Kostenführerschaft	Mögliche Innovationen zur Nutzenführerschaft
• Kostenvorteile durch Prozess- bzw. Verfahrensinnovationen • Produktinnovationen (z. B. mit weniger Komplexität oder verbesserter Qualität zwecks reduzierten Garantie- und Wartungskosten) • Innovative, schlankere Organisationsstrukturen (z. B. Franchising, Outsourcing, Konzentration auf Kernkompetenzen) • Innovative Arbeitsstrukturen (z. B. flexible Arbeitszeiten, agile Projektteams) • Innovationen in der Beschaffung (E-Procurement, neue Beschaffungsmärkte und Lieferanten, Lieferantenrating) • Innovationen im Finanzwesen (z. B. Forderungsmanagement, Cash- und Liquiditätsmanagement, FinTech)	• Produktinnovationen (Qualität eines Produktes bzw. einer Dienstleistung, Service, Image, zielgruppengerechte Differenzierung) • Innovative Absatzmärkte und Distributionskanäle (z. B. Online-/Offline-Verkaufsstandorte, Vertriebspartner) • Innovationstransfer durch Lieferanten und Dienstleister (Beschaffungsmarkt) • Prozess- bzw. Verfahrensinnovationen (z. B. Time-to-Market, Kanbaan, 3D-Druck, Blockchain) • Imagevorteile durch innovative, emotionale Kommunikationskonzepte (z. B. Werbekampagnen, PR und Events)

Abb. 3: Innovationen zur Kosten- bzw. Nutzenführerschaft

Nur wenige Firmen schafften es in der Vergangenheit, die beiden Strategien der Kosten- bzw. Nutzenführerschaft gleichzeitig realisieren zu können. Diese besonderen Champions starteten meist als Kostenführer, um dann aufgrund der dennoch hohen Qualität bzw. Emotionalität auch Nutzenführer zu werden. Firmen wie Aldi, Motel One oder Engelbert-Strauss haben diesen Sprung vom Kosten- zum gleichzeitigen Nutzenführer (zumindest für einige Zeit) geschafft.

Aktuelle Entwicklungen, wie z. B. der Digitalisierung, ändern dies gerade! Dank sich immer weiter entwickelten technologischer Produkt- und Prozessinnovationen kann ein Unternehmen auf einem Schlag Kosten- und Nutzenführer werden.

Beispiel: Simultane Kosten- und Nutzenführer

Aktuell zeigt dies das Speedfactory Projekt von Adidas. Zusammen mit dem Mittelständler Oechsler Motion GmbH betreibt Adidas seit Dezember 2015 im fränkischen Ansbach die adidas Speedfactory. Etwa 160 Angestellte sollen auf einer Fläche von 4.600 m^2 jährlich eine halbe Millionen Schuhe produzieren (weltweiter Jahresabsatz 300 Mio. Schuhe). Die kommerzielle Serienproduktion nutzt dabei auch die 3D-Drucker-Technik: Während eine Strickmaschine zunächst den Stoff für die Oberfläche der Schuhe herstellt, der dann von einem Laser zugeschnitten wird, erfolgt die Sohlen-Produktion aus dem 3D-Drucker. Eine weitere Maschine schweißt dann Oberteil und Sohle zusammen (www.adidas-group.com). Mehrere Kosten- und Nutzenvorteile kann dieses Verfahren bieten: Erstens sind für die Produktion kaum noch Mitarbeiter nötig, zweitens erfolgt ein Abbau von Lagerkapazitäten, da die Fertigung erst nach Auftragseingang erfolgt, und drittens erlaubt die hoch automatisierte, zeitnahe Produktion die Herstellung personalisierter Modelle – ganz im Sinne der Mass Customization.

Gerade für den deutschen Mittelstand ergeben sich durch die Verbindung von Industrie 4.0 und modernen Produktionstechniken wie 3D-Druck erhebliche Potenziale, um simultan Kosten- und Nutzenführer zu werden. Nicht nur überkommene Produktionstechniken werden dabei modernisiert und der Standort Deutschland gewinnt für die Produktion wieder an Bedeutung. Vielmehr entstehen bisher ungeahnte Möglichkeiten für neue Leistungen und Geschäftsmodelle sowie zur Erschließung neuer Märkte. Mit seiner bekannten Innovationskraft und Umsetzungsstärke kann insbesondere der deutsche Mittelstand von dieser Entwicklung profitieren. Denn es braucht weniger Größe, sondern vielmehr den Willen und die Flexibilität, um die Chancen der Digitalisierung zu nutzen.

Hinweis: Wettbewerbsfähigkeit, Innovationen und Digitalisierung
Basierend auf dem sog. MIT Sloan Digital Business Model beschreibt Thorsten Petry in seinem Buch »Digital Leadership« die folgenden Digitalstrategien (Petry T., 2016, S. 51 ff.), die mehrfach zu den bisherigen Aussagen dieses Buches passen: auf die oben skizzierten Wettbewerbsstrategien »Kostenführer« oder »Nutzenführer«, auf die verschiedenen Formen der später noch ausführlicher diskutierten Innovationsarten (Produkt-, Prozess-, Markt-, Geschäftsmodell- und Organisationsinnovationen) sowie auf die Möglichkeiten einer gleichzeitigen Positionierung als Kosten- und Nutzenführer.

Demnach kann die Digitalstrategie eines Unternehmens primär intern und/oder extern positioniert werden. Bei einer primär externen Ausrichtung orientiert sich das Unternehmen bei seinen Digitalisierungsaktivitäten am Kunden, seinem Nutzen, seinen sich verändernden Bedürfnissen und der sog. Customer Journey. Bei einem primär intern ausgerichteten Fokus auf operationale Exzellenz dominieren Prozess-, Kosten-, Ressourcen- und Qualitätsoptimierung. Unternehmen können aber auch den internen Fokus mit dem externen Fokus kombinieren und durch die Nutzung der Chancen der Digitalisierung und Vernetzung neue Geschäftsmodelle initiieren.

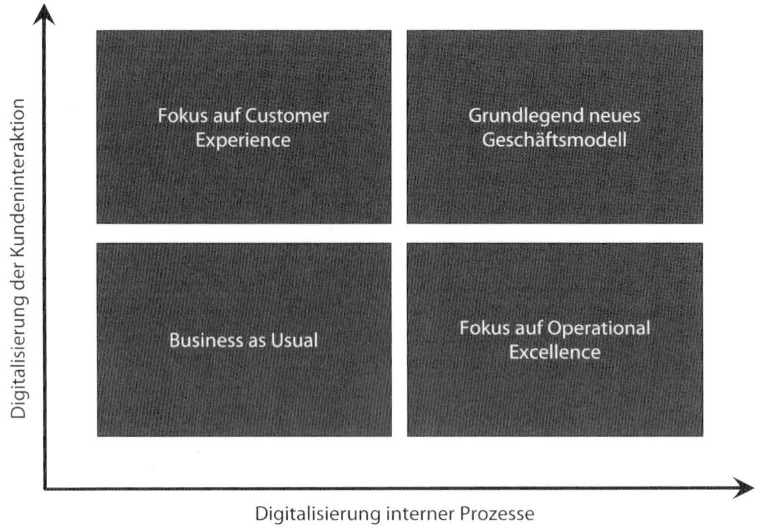

Abb. 4: Digitalstrategien

Aktuelle Beispiele neuer Geschäftsmodelle sind z. B. das Carsharing System von DriveNow, der Wettbewerber des klassischen Hotelmarktes AirBnB oder der chipgesteuerte Thermomix von Vorwerk. Digitalisierung oder 3D-Druck sind nicht die einzigen Trends, die Chancen und Risiken für unternehmerische Innovationen eröffnen. Zur Prüfung der Innovationsrelevanz verschiedener Trends aus der Unternehmensumwelt kann die PESTEL-Analyse (► Kap. 1.3.1.4) herangezogen werden.

1.1.2 Arten von Innovationen

Innovationen sind erfolgreich umgesetzte Ideen mit einem merklichen Unterschied zu den vorherigen Lösungen, der von den Abnehmern aufgrund eines neuen Nutzens geschätzt und honoriert wird! Schon im lateinischen Ursprung bedeutet das Wort »innovatio« nicht nur »Erneuerung«, sondern auch »sich Neuem hingeben«. Innovationen müssen nämlich nicht unbedingt etwas vollständig Neues sein, sondern können auch lediglich eine sinnvolle Weiterentwicklung oder die Wiederaufnahme eines alten Gedankens darstellen!

Eine solche Aussage steht aber im Widerspruch zu vielen öffentlichen Definitionen, die Innovation stets als etwas vollkommen Neues bezeichnen. Neue Produkte, neue Verfahren, neue Vertragsformen, neue Vertriebswege oder neue Werbeaussagen – häufig wird der Aspekt der Neuerung in den Vordergrund gestellt. Dies ist aber nur zum Teil richtig. Innovationen können auch alte Ideen sein, die zum jetzigen Zeitpunkt ihre ersten Chancen auf Erfolg haben. Entscheidend ist, dass die Innovation einen Vorteil für eine Anwendergruppe (z. B. Kunden, Mitarbeiter oder Aktionäre) haben und diese den Vorteil auch finanziell honorieren.

Die drei wichtigsten Eigenschaften einer Innovation sind demnach:

- **Realisation:** Innovation sind erfolgreich umgesetzte Ideen.
- **Originalität:** qualitativ neuartige Lösungen mit merklicher Unterscheidung.
- **Anwendernutzen:** werden von Zielgruppe als nützlich anerkannt und entsprechend honoriert.

Diese Zusammenhänge verdeutlicht Abbildung 5.

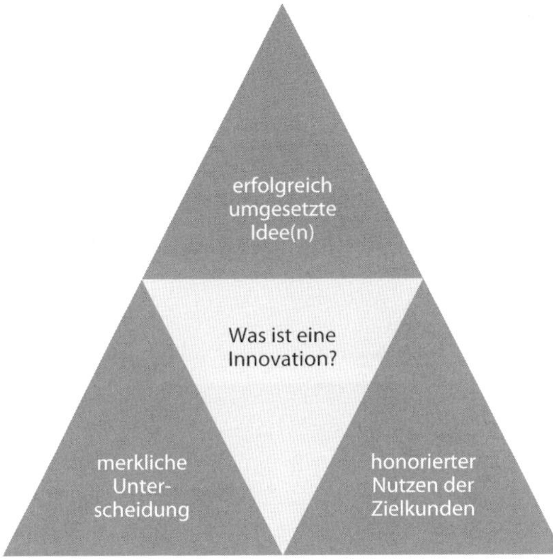

Abb. 5: Charakteristika einer Innovation

Innovationen basieren stets auf Ideen. Eine Idee ist ein plötzlicher Einfall oder Plan, eine Vorstellung, ein Grundsatz, eine Einstellung oder sogar eine Philosophie. Ideen sind zwar plötzliche Einfälle, doch können sie auch auf alten Einfällen und längst vorhandenen Erkenntnissen und Erfahrungen basieren. Was früher schon angedacht wurde, aber aus bestimmten Gründen verworfen wurde, dessen Zeit kann nun gekommen sein. Wichtig ist nur, dass die Idee jetzt erfolgreich umgesetzt.

Innovationen weisen eine Originalität auf. Man muss kein Pionier sein, aber der Anwender muss die Innovation als neuartig empfinden, selbst wenn die Grundidee hinter der Innovation schon sehr alt ist. Viele heutige Innovationen basieren auf alten Grundideen, wie beispielsweise die E-Mobilität, Big Data oder die Innovationen vieler Start-ups. Sie schaffen es aber, durch Modifikationen und Weiterentwicklungen neuartig zu erscheinen.

Ohne Nutzenvorteil für die Anwender ist eine Innovation keine Innovation, es besteht sogar die Gefahr, dass ein wirtschaftlicher Flop entsteht. Innovationen bieten hingegen Vorteile bei der Verwendung, Qualität, Preis, Schnelligkeit, Größe, Gewicht,

Service, Risiko oder Emotionen. Aber nicht jede Innovation muss eine dramatische Neuerung sein!

Innovationen bestehen nicht nur aus neuartigen Produkten. Vielmehr lassen sich Innovationen in die fünf Arten der Produkt-, Prozess-, Markt-, Geschäftsmodell- und Organisationsinnovationen unterscheiden. Die einzelnen Innovationsarten sind dabei miteinander kombinierbar und können Interdependenzen darstellen. Denn so repräsentieren Geschäftsmodellinnovationen meistens neue Lösungen (Produkte) mit neuen Geschäftsprozessen und nicht selten auch neue Märkte.

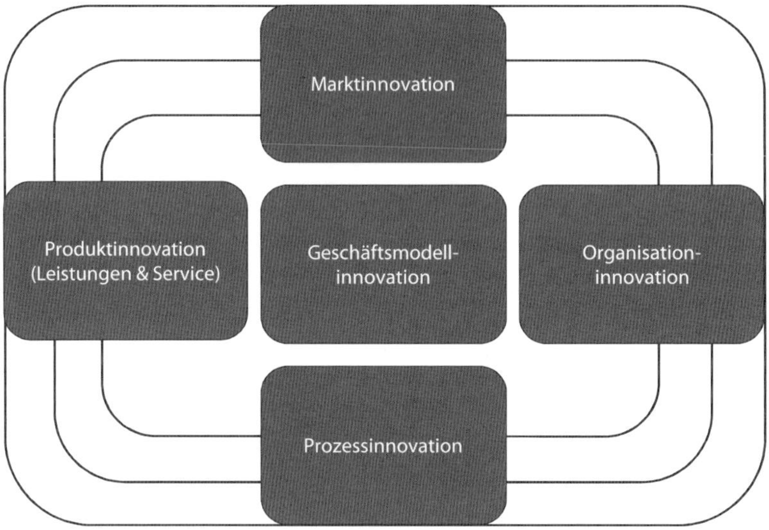

Abb. 6: Innovationsarten

Hinweis: Die Produkt-Markt-Matrix

Die fünf Innovationsarten und ihre jeweiligen wirtschaftlichen Bedeutungen korrespondieren gut mit den Wachstumsstrategien von Harry Igor Ansoff, die er in der bekannten Produkt-Markt-Matrix aus dem Jahr 1957 zusammengefasst hat (Ansoff H.I., 1957, S. 113 ff.).

Die Produktinnovation entspricht der Wachstumsstrategie der Produktentwicklung mit dem Etablieren neuer Produkte in etablierten Märkten. Die Marktinnovation, die bei Ansoff als Marktentwicklung bezeichnet wird, zielt auf die Eroberung neuer (Teil-)Märkte mit bestehenden Produkten. Kombiniert man Produkt- und Marktinnovationen eröffnet sich die Strategie der Diversifikation, also der Entwicklung in neue Märkte mit neuen Produkten im Rahmen neuer Geschäftsmodelle. Möchte man mit seinen etablierten Produkten in bestehenden Märkten wachsen, so benötigt man Prozessinnovationen (z. B. zwecks Kostenreduktion) zur Marktdurchdringung.

	Bestehende Märkte	Neue Märkte
Bestehende Produkte	Marktdurchdringung Prozessinnovationen	Marktentwicklung Marktinnovation
Neue Produkte	Produktentwicklung Produktinnovation	Diversifikation neue Geschäftsmodelle

Abb. 7: Produkt-Markt-Matrix

1.1.2.1 Produktinnovationen

Produktinnovationen sind neue und verbesserte Produkte, die von den Kunden als nützlich anerkannt und dementsprechend gekauft werden. Bei Produkten handelt es sich nicht nur um Waren, sondern auch um Dienstleistungen. Denn gerade in der heutigen Zeit entscheiden häufig erst die ergänzenden Leistungen darüber, ob der Kunde eine Ware oder Dienstleistung kauft.

Entscheidend ist bei Produktinnovationen nicht, wie neu ein Produkt ist, sondern ob es einen neuen Nutzen für eine Anwendergruppe bringt. Dieser Nutzen kann bereits aus einer reinen Weiterentwicklung einer bisherigen Leistung resultieren. Der Konsumgüterhersteller Henkel produziert bereits seit dem Jahr 1907 sein erfolgreiches Waschmittel Persil. Dank ständiger Weiterentwicklung und Verbesserung konnte der Lebenszyklus des Produktes immer wieder verlängert werden, so dass Henkel in diesem Bereich auch heute mit 37 % Marktanteil in Deutschland noch Marktführer ist.

Abbildung 8 zeigt die drei unterschiedlichen Stoßrichtungen von Produktinnovationen: die Verbesserung, die Erweiterung und die disruptive Innovation. Die Verbesserung zielt – wie gerade am Beispiel von Persil gezeigt – auf eine kontinuierliche Optimierung von Leistungen und Mehrwerten. Sie orientiert sich nicht nur an der reinen Produktqualität und -Funktionalität, sondern auch auf Faktoren wie Lager-, Transportfähigkeit bzw. die Möglichkeiten der Schulung oder Wartung.

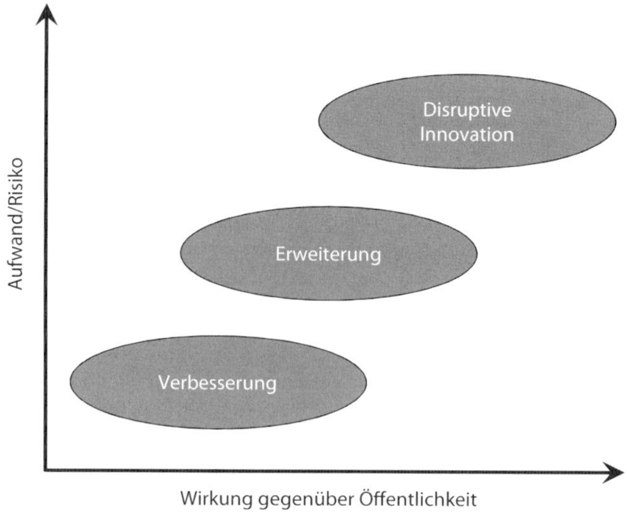

Abb. 8: Innovationsziele und Konsequenzen

Verbesserung

Produktinnovationen müssen nicht immer sensationell und bahnbrechend sein. Ganz nach dem Motto »Schlechter geht immer, zehn Prozent besser aber auch« sind es gerade die kleinen Schritte, mit denen man vorhandene Leistungen kontinuierlich verbessern kann. Die akademische Lehre bezeichnet solche Innovationen durch Verbesserungen als »inkrementelle« Innovationen oder ergänzend als »sustaining« (erhaltende) Innovationen (Christensen C., 2016, S. XIX).

Ihnen gemeinsam ist es, die eigene Marktposition gegenüber schon vorhandenen Kunden dank kontinuierlichen Weiterentwicklungen zu erhalten, die meist klaren Regeln, Prozessen und Verantwortungen unterliegen. Nicht umsonst hat sich aus dieser Denkhaltung ein ganzes Managementmodell entwickelt, welches in Japan als Kaizen entwickelt wurde und in Deutschland unter dem Namen Kontinuierlicher Verbesserungsprozess (KVP) bekannt ist.

Hinweis: Kontinuierlicher Verbesserungsprozess
Bekannt wurde der Begriff »Kaizen« in der westlichen Welt durch Imai Masaakis gleichnamige Publikation von 1986. Kaizen steht für die Pflicht, Produkte und Prozesse kontinuierlich zu verbessern. Die Gradwanderung, sich regelmäßig in Frage zu stellen und gleichzeitig stabile Unternehmenswerte und Strategien zu vereinbaren, wird im Abschnitt »Laufende Weiterentwicklung« (► Kap. 2.2.1.2) behandelt.

Produktverbesserungen resultieren nicht nur aus der Forschung & Entwicklung. Sie fußen vielmehr oft auf Anregungen all jener Personen, die direkt mit dem Produkt und/oder Kunden zu tun haben (Produktion, Vertrieb, Marketing oder Service). Diese Zielpersonen für die Ideenfindung sammeln Erfahrungen bei der Erstellung bzw. Verwendung des Produktes und stehen im direkten Kontakt mit den Käufern und Anwendern. Ihnen muss man nur zuhören, um immer wieder Anregungen über kleinere oder größere Verbesserungen zu erhalten. Allerdings kann nicht jede Anregung umgesetzt werden, denn wie schon mehrfach betont, bringen nur vom Kunden (mit Geld) honorierte Mehrwerte dem Unternehmen auch einen Nutzen.

Der Vorteil von Verbesserungen an bestehenden Produkten und Prozessen ist die schnelle und sukzessive Implementierung bei reduzierten Kosten und Risiken. Solange sie von den Anwendern honoriert werden, schaffen sie kurzzeitige Wettbewerbsvorteile, die allerdings mittelfristig von Wettbewerbern kopiert werden.

Bereits einfache Kreativitätstechniken wie das Brainstorming oder die Umkehrmethode holen aus dem Unterbewusstsein dieser Zielpersonen Ideen zur schrittweisen Verbesserung vorhandener Leistungspakete. Solche Kreativitätstechniken werden im Verlauf der Publikation noch ausführlicher behandelt.

Beispiel: Umkehrmethode

Bei dieser Technik wird die vorliegende Problemstellung in ihr Gegenteil verkehrt und zur Grundlage eines Brainstormings gemacht. Die übliche Marschroute, die man bei der Bewältigung einer Aufgabe normalerweise einschlägt, wird damit mental umgekehrt.

Anstatt nach den Lösungsmöglichkeiten für ein kundenfreundliches stationäres Kaufhaus oder einen Onlineshop zu fragen, kann ein möglichst kundenunfreundlicher Shop entworfen werden.

Die Umkehrmethode vereinigt eine Reihe der Vorteile des lateralen Denkens (► Kap. 1.3.6.2). Sie weckt dank des spielerischen Elementes bei müden Teilnehmern oder stagnierendem Ideenfluss neue Impulse. Der Perspektivenwechsel ins »Negative« führt zudem zu weit mehr Ideen und beweist, dass die besten Verbesserungen meist aus kleinen Maßnahmen resultieren.

Verbesserungen betreffen die unterschiedlichsten Charakteristika und Eigenschaften eines Produktes oder einer (Dienst-)Leistung. Diese Eigenschaften lassen sich wiederum in vier Gruppen klassifizieren: Der Produktkern umfasst die Qualität, Funktion, Geschmack, Größe, Volumen und Farbe, so dass bei einem Fernseher der Produktkern aus der Leistungsstärke wie Bildschirmgröße, Bildauflösung etc. besteht. Bei einem Linienflug sind der Abflugs- und der Zielort sowie die Reisezeit der Produktkern. Eine Verbesserung wäre dementsprechend beim Fernseher eine höhere Auflösung bzw. beim Linienflug z. B. ein direkter Flug ohne Zwischenstopp.

Um den Produktkern ermöglichen weitere zusätzliche Produkteigenschaften die Schaffung von besonderem Kundennutzen sowie die Differenzierung vom Wettbewerb. Als eine zusätzliche Eigenschaft zählt zuerst das (Produkt-)Design mit dem Styling des

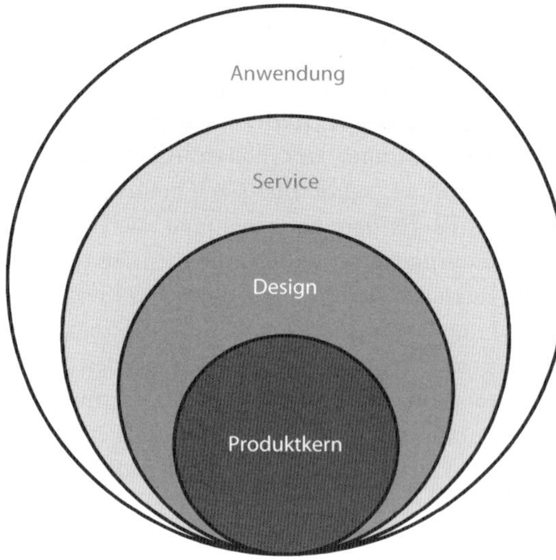

Abb. 9: Produkteigenschaften

Produktes, die Etablierung einer Marke oder die Verpackung. Dabei bezieht sich Verpackung nicht nur auf Produkte im engeren Sinn, sondern auch auf Dienstleistungen. So kann Software mittels eines Mediums (DVD, USB Stick etc.) oder eine zusätzliche Beratungsleistung »verpackt« werden.

Der Service stellt neben dem Design eine weitere, wichtige Produkteigenschaft dar. Zum Service zählen dabei:

- Leistungen vor dem Kauf (Beratung, Information, Individualisierung, Reservierung)
- Leistungen beim Kauf (Transport, Installation, Finanzierung, Leasing)
- Leistungen bei Nutzung (Schulung, Instandhaltung, Garantieleistungen)
- Leistungen nach der Nutzung (Aktualisierung, Veranstaltungen, Club, Rücknahme)

Die vierte Produkteigenschaft umfasst die Anwendungsfälle, für die das Produkt oder die Dienstleistung zum Tragen kommt. Dabei lautet die zentrale Frage (bzw. sog. »User Story«):

- Wer (welcher Kunde)
- will (welche Situation)
- was (welches Funktion)
- und warum (die zentrale Frage)?

Auch wenn der Begriff einer User Story ursprünglich aus der (agilen) Softwareentwicklung stammt, so ist es ratsam, für jedes Produkt die konkreten Anforderungen zu spezifizieren, wann und warum ein Nutzer ein Produkt oder eine Dienstleistung kauft bzw. anwendet. Gefragt wird nach der Anwendungssituation (Zeitpunkt, Standort, Personenkreis) und nach dem Anwendungsbereich (Art der Bedürfnisbefriedigung, konkreter Einsatz). So hat beispielsweise Clayton Christensen von der Harvard Business School herausgefunden, dass der Kauf und Konsum von Milkshakes in den USA oft nur dazu dient, Abwechslung für die lange Autofahrt zur Arbeit zu bieten (Christensen C., 2012). Eine sinnvolle Verbesserung wäre an dieser Stelle weniger eine Veränderung beim Geschmack, sondern eher an der Verpackung (Tragfähigkeit, Sauberkeit, Kühlung etc.) oder am Service (Drive In, Vorbestellung etc.).

Tipp! Customer Journey
Eine Möglichkeit zur Bestimmung der Anwendungsfälle von Kunden ist die sog. Customer Journey (»Reise des Kunden«). Der Ansatz der Customer Journey wird im Zusammenhang mit dem Innnovationsprozessschritt »Verstehen« (▶ Kap. 1.3.2) diskutiert. Produktverbesserungen bedeuten hier, das Wissen um die Customer Journey in optimierte Produktkerne, Design oder Service umzusetzen.

Bewusstes Lernen aus Fehlern führt zu Verbesserungen und oft zu Produktinnovationen! Wichtig ist daher eine offene Fehlerkultur als Teil der Unternehmenskultur. Im Lean Management ist neben Kaizen der offene Umgang mit Fehlern ein weiterer zentraler Bestandteil. Sobald ein Fehler vorkommt, ist nach dem Erfinder des Toyota-Produktionssystems Taiichi Ohno ein Produktionsvorgang (z. B. am Fließband) sofort zu stoppen (Ohno, T., 1993). Als Konsequenz bekommt der Fehlerverursacher – nicht wie in vielen Unternehmenskulturen üblich – Ärger wegen seiner Fehler, vielmehr soll sich das ganze Team über die Möglichkeit einer Verbesserung freuen.

Erweiterung

Produktinnovationen können auch Erweiterungen des bestehenden Produktportfolios bedeuten, solange sie einen neuen Nutzen für die Kunden generieren, wie beispielsweise zusätzliche Serviceleistungen wie Wartung, Schulung, Finanzierung oder Installation. Hersteller von Sportgeräten oder Medizintechnik verkaufen heute ihre Leistungen nicht nur über die eigentliche Produktqualität, sondern überzeugen ihre Kunden auch dank ihrer Serviceleistungen wie Leasing oder Investitionsplanung. Mit anderen Worten: Diese Hersteller gewinnen dank weiterer Eigenschaften (Merkmale) ihre Kunden – ganz wie im bekannten Kano-Modell gefordert.

Hinweis: Kano-Modell der Kundenbindung
Das sog. Kano-Modell von Noriaki Kano zeigt auf, dass Kundenzufriedenheit nicht nur über die grundlegenden Basis- und Leistungsmerkmale eines Angebotes, sondern vielmehr über sog. Begeisterungsmerkmale erreicht wird (Kano N. u. a., 1984, S. 147 ff.).

Bei einem Auto werden Basismerkmale wie Sicherheit oder Rostschutz als selbstverständlich angenommen. Ihr Fehlen führt zur Unzufriedenheit, aber umgekehrt gewinnt man mit ihnen keinen weiteren Kunden. Leistungsmerkmale wie Fahreigenschaften, Lebensdauer, Sonderausstattung, Design oder Verbrauch sind dem Kunden bewusster als die Basismerkmale und führen zur Zufriedenheit des Käufers. Doch erst Begeisterungsmerkmale wie innovative Funktionen (z. B. Fahrassistent), die PKW-Marke, der sog. Snobeffekt, oder die Zugehörigkeit zu einem exklusiven Kreis (z. B. Zugang zum Porsche Club) rufen starke Emotionen beim Kunden hervor und sind die Basis für die Nutzenführerschaft des Anbieters.

Mit den Begeisterungsmerkmalen hat der Kunde nicht unbedingt gerechnet, aber umso mehr wecken sie seine dauerhafte Bindung an das Produkt und seinen Anbieter.

Aktuell erfolgreiche Firmen fokussieren oft zu stark auf gegenwärtige Kundenbedürfnisse. Ihr Dilemma ist es, dadurch den Anschluss an neue Technologien oder Geschäftsmodelle und damit an zukünftige Kundenbedürfnisse zu verlieren. Dies ist eine der Kernthesen von Professor Clayton Christensen (Havard) in seinem Buch »The Innovator's Dilemma« (1997). Im Sinne des Kano-Modells orientieren sich diese Unternehmen primär an den Basis- und Leistungsmerkmalen und weniger an zukünftigen Trends, Bedürfnissen und Möglichkeiten.

Dies lässt sich leicht erklären: Die Suche nach Begeisterungsfaktoren ist verbunden mit dem Risiko, Fehler zu machen, Kosten ohne Erträge zu produzieren und viel Zeit zu verlieren. Aber ohne die Bereitschaft, immer wieder neue Wege zu gehen und neue Mehrwerte zu finden, sind Innovationen undenkbar.

Tipp! Ergänzende Services

Erweiterungen können auch ergänzende (Service-)Dienstleistungen zu einem Produkt umfassen, die zwar schon für sich alleine im Markt bekannt sind, jedoch die erstmalige Kombination vom Markt neuartig akzeptiert wird.

Der Vorteil von Verbesserungen und Erweiterungen sind der (meist) überschaubare technische, personelle und zeitliche Aufwand sowie das damit verbundene geringere Finanz- und Marktrisiko. Dies bei den sog. disruptiven Innovationen anders. Hier sind die Aufwendungen und Risiken höher, aber auch die Außenwirkung auf Kunden, Geschäftspartner, Aktionäre oder die Presse hat eine andere Dimension.

Hinweis: Frugale Innovation

Ganz im Gegensatz zur Erweiterung steht der Innovationsansatz der sog. frugalen Innovation. Frugal bedeutet dabei so viel wie einfach, sparsam oder nutzbar, man spricht deshalb auch von einer »Low-cost«-Innovation.

Frugale Innovationen zielen darauf, Produkte derart zu vereinfachen, dass sie auch für preissensiblere Käufergruppen bezahlbar sind. Die Konzentration auf absolut notwendige Funktionen (Simplifikation) und die Verwendung bereits existierender und zugekaufter Komponenten hilft dann, schlanke und kostengünstige Lösungen für diese Käufergruppen zu entwickeln.

Aufmerksamkeit erregte der Begriff der frugalen Innovation erstmals im April 2010 dank eines Artikels der englischen Zeitung »The Economist« mit Verweis auf den aus Asien (v.a. Indien) stammenden Trend. Neu ist der Ansatz, wonach Verbesserungen aus einer Reduktion oder Vereinfachung entstehen können, aber nicht. Beispiele wie IKEAs Billy Regal (1978) oder Henry Fords Modell T (1908) halfen ihren Erfindern, neue Kundengruppen zu erschließen. Apples gesamtes Sortiment unterliegt dem Grundgedanken einer einfachen Nutzeroberfläche nach dem Motto »Keep it simple«.

Wichtig und teilweise neu ist an dem frugalen Innovationsansatz jedoch der Ausgangspunkt, sich zuerst an den Bedürfnissen der preissensibleren Käufergruppen zu orientieren. Dieser Kerngedanke spielt auch gleich im Zusammenhang mit disruptiven Innovationen eine wichtige Bedeutung.

Disruption

Als disruptive Innovation (engl. disrupt – unterbrechen, zerreißen) bezeichnet man bahnbrechende radikale Innovationen, welche die bestehenden Technologien, Produkte oder Geschäftsmodelle vollständig verdrängen. Der Begriff der disruptiven Innovation geht wiederum auf Claytons Buch »Innovators Dilemma« zurück.

Während die sustaining (erhaltenden) Innovationen darauf zielen, die eigene Marktposition gegenüber schon vorhandenen Kunden zu erhalten, schaffen disruptive Innovationen nach Christensen auf zwei Arten neue Märkte: Erstens erreichen sog. »Low-end–Disruptionen« in etablierten (sustaining) Märkten dank reduzierten Leistungsangeboten jene Käuferschichten, die keine zu hohen Erwartungen in die Produktangebote haben und/oder die vorhandenen, hochwertigen Angebote nicht mehr zu zahlen bereit sind. Als Beispiel wird hier gerne die Firma Xerox genannt, deren leistungsfähige und daher kostspielige Kopierer nur für Profikunden bezahlbar waren. Dadurch wurde der Markt der Privatkunden vernachlässigt, bis dann Wettbewerber wie Canon mittels einfacherer Produkte zuerst den Privatkundenmarkt eroberten, um dann auf dieser Basis mittels (inkrementeller) Verbesserungen auch den Geschäftskundenmarkt zu erschließen.

Zweitens nennt Christensen mit sog. »New-market–Disruptionen« jene Innovationen, die zusätzliche, neue Käufergruppen erreichen. Während »Low-end-Disruptionen« in vorhandenen Märkten grundsätzlich kaufinteressierte aber preissensible Kunden dank reduzierten Leistungen und Preisen ansprechen, erreichen »New-market Disruptionen« bisherige »Nicht-Kunden«. Solche Nicht-Kunden sind in zwei Bereichen denkbar: als »Nicht-Kunden« in einem etablierten Markt (z. B. bisher noch nicht vom Nutzen des Angebotes überzeugte Personen) sowie als Nicht-Kunden in komplett neuen Märkten (z. B. neue Anwendungen dank neuer Technologien).

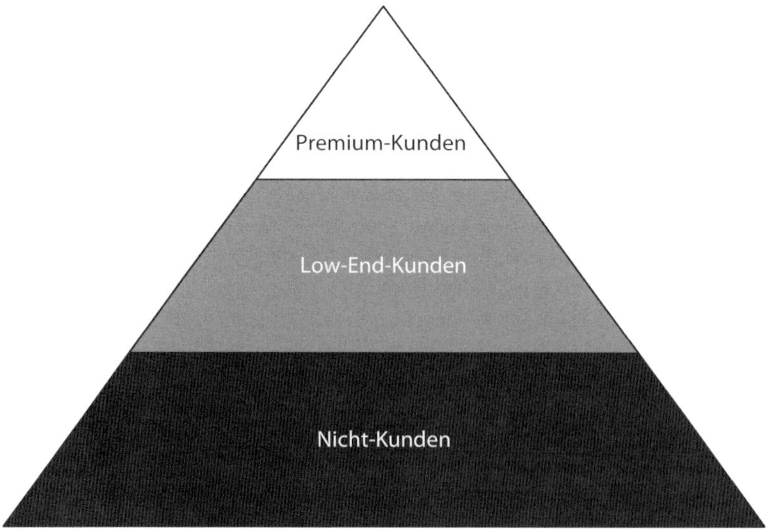

Abb. 10: Zielkunden für frühe Disruptionen

Oft erkennen etablierte Marktanbieter die besondere wirtschaftliche Gefahr disruptiver Innovationen zu spät. In der Anfangsphase gehen den etablierten Anbietern noch keine ihrer Kunden verloren, da die disruptiven Innovationen entweder die bisher vernachlässigten, unteren »Low-end-Konsumenten« oder gar die bisherigen »Nicht-Kunden« ansprechen. Etablierte Anbieter richten hingegen ihre eigene Strategie eher an den anspruchsvolleren (Premium-)Kunden aus, welche auch höhere Gewinnmargen versprechen. Somit stellen disruptiven Innovationen zuerst keine wahrnehmbare Bedrohung dar. Sobald aber die eigene, bisher anspruchsvolle Kundschaft anfängt, sich ebenfalls für die neuen Technologien oder Geschäftsmodelle zu interessieren, ist es dann für eine Gegenreaktion der etablierten Anbieter häufig zu spät. Klassische Beispiele für das Übersehen einer disruptiven Bedrohung waren die frühe Ablehnung des hochpreisigen Multimedia Anbieters Loewe gegenüber den – anfangs qualitativ schwachen – Flachbildschirmen, oder das Zögern des Warenhausbetreibers und Versandhändlers Karstadt Quelle gegenüber dem Online Shopping. Beide Unternehmen hatten zwar die neuen Trends rechtzeitig identifiziert, aber diese zu spät für das eigene Geschäftsmodell adaptiert.

Christensen kritisiert in seinem oben genannten Buch, dass viele Firmen erst gar nicht versuchen, dank neuer Technologien, neuer Trends oder zukünftiger Kundenbedürfnisse disruptive Lösungen zu erarbeiten. Oder in der Sprache der Kosten-/Nutzenführer formuliert: Viele Firmen ruhen sich auf ihren (Kosten- oder Nutzen-) Erfolgen der Vergangenheit aus oder sie fühlen sich gewissermaßen wohl im Sumpf der Vergleich- und Austauschbarkeit. Anders bei jungen Firmen, den Start-ups. Aufgrund ihrer Unbekümmertheit, dem Fehlern vorhandener Strukturen und Sortimente sowie der Gruppendynamik kleiner, neu zusammen gefundener Einheiten, zielen Firmengründungen vielmehr auf disruptive Innovationen als auf reine Verbesserungen.

Wichtig: Megatrends ermöglichen Disruptionen
Aktuelle Megatrends eröffnen auch für kleinere Unternehmen die Möglichkeit, disruptive Innovationen hervorzubringen! Diese Trends erhöhen gleichzeitig die Intensität des zukünftigen Wettbewerbs.

Die Verbindung von Digitalisierung, Industrie 4.0 und Produktionstechniken wie 3D-Druck erlaubt es auch kleineren Unternehmen, mittels disruptiver Innovationen simultan Kosten- UND Nutzenführer zu werden. Ob als Automotivzulieferer, Maschinenbauer, Nahrungsmittelhersteller oder Planungsbüro, bei den neuen Technologien und Verfahren dominieren nicht mehr zwangsläufig die großen Marktteilnehmer, sondern jene, die am schnellsten und effektivsten die Trends zu ihrem eigenen Vorteil nutzen. Besonders Start-ups, aber auch etablierte mittelständische (Familien-)Unternehmen können ihre Innovationskraft und konsequenten Umsetzungsstärke bei dieser Entwicklung einsetzen. Denn es braucht weniger Größe, sondern vielmehr den Willen und die Flexibilität, um die sich aus disruptiven Änderungen ergebenden Innovationsmöglichkeiten als Chance zu nutzen.

Hinweis: Abgrenzung vertikaler oder horizontaler Innovation
Vertikale Innovationen zielen auf neue Anwendungen dank bestehender Technologien, bei horizontalen Innovationen werden bestehende Anwendungen durch neue Technologien optimiert.

Kann eine bereits bekannte Technologie bei einem Produkt oder Prozess einen bislang nicht bekannten Zweck erfüllen, so nennt man dies eine vertikale Innovationen. Hierzu ein Beispiel: Dank des etablierten Smartphones entwickeln sich ständig neue Anwendungen (Apps) mit bisher nicht bekannten Lösungen, wie beispielsweise der »WhatsApp«-Kommunikationskanal, das Buchungssystem »My Taxi« oder die »Drive Now« Carsharing-App.

Erfolgt die Erfüllung eines bekannten Zweckes (Anwendung) hingegen mittels einer neuen Technologie, so wird dies als horizontale Innovation bezeichnet. Beispiele für solche technologiegetriebenen disruptiven und horizontalen Innovationen sind die Entwicklung der Digitalkamera oder des Flachbildschirms. Diese Anwendungsfelder gab es schon früher, aufgrund der neuen Technologie entstanden signifikante Mehrwerte für die Kunden.

Neue Technologien wie der 3D-Druck oder die Blockchain-Technologie erlauben es Innovatoren sogar, auf einen Schlag vertikal als auch horizontal innovativ zu sein. Die neuartige 3D-Drucktechnik ermöglicht es beispielsweise schon heute, neue Dimensionen von miniaturisierten Anlagen oder sogar menschlichen Körperteile als bisher nicht bekannte oder technisch nicht mögliche Anwendungen zu produzieren. Die Blockchain-Technologie ermöglicht etwa Maschinenbauunternehmen neue Geschäftsmodelle, bei denen z. B. die »verkauften« Maschinen nur nach Gebrauch des Kunden (Pay-per-Use) via Blockchain-Zahlungsverkehr bezahlt werden. Ein solches Geschäftsmodell kombiniert Ideen aus dem Leasing mit einer neuartigen und kostengünstigen Zahlungstechnik.

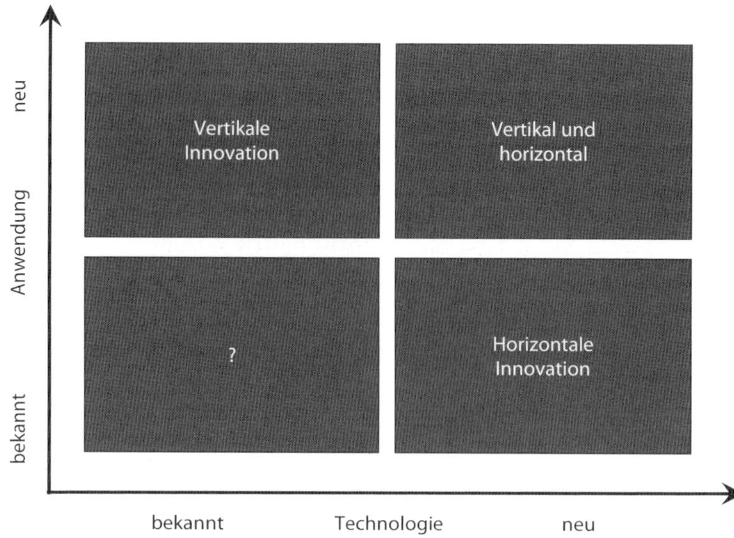

Abb. 11: Horizontale und vertikale Innovation

1.1.2.2 Prozessinnovationen

Prozess- oder Verfahrensinnovationen beziehen sich auf die Leistungserstellungsprozesse im Unternehmen. Sie starten mit den jeweiligen Arbeitsaufgaben/Prozessanforderungen, sind aufgabenorientiert und ersetzen Schwächen in bestehenden Produkten/Verfahren durch Verbesserungen oder komplett neue Lösungsansätze. Prozessinnovationen verfolgen Ziele wie z. B. die Erhöhung der Sicherheit, der Produktivität, der Kundenzufriedenheit oder die Schonung der Umwelt. Die Einführung des Fließbandes in der Automobilproduktion, des Online-Checkin bei Flugreisen, des E-Banking oder das Kanban-Verfahren in der Logistik sind bekannte Beispiele für Prozessinnovationen.

> **Hinweis: Prozessinnovation und Marktdurchdringung**
> Prozessinnovationen dienen der Strategie der Marktdurchdringung nach Ansoff. Sie reduzieren Fehler, Kosten und erhöhen die Produktivität. Alles zusammen eröffnet Unternehmen Wettbewerbsvorteile aufgrund der kürzeren Prozesszeiten, höherer Lieferzuverlässigkeit und Preisreduktionen – ganz im Sinne einer Marktdurchdringung.

Prozessinnovationen nutzen Optimierungsmöglichkeiten und vermeiden jegliche Verschwendung, wobei Verschwendungen alles umfasst, was der Kunde nicht zu bezahlen bereit ist. Die Japaner nennen Verschwendung entsprechend »Muda«, also »sinnlose Tätigkeit«.

Taiichi Ohno, der Erfinder des Toyota-Produktionssystems und damit Vordenker des heutigen Lean Managements, formuliert sieben Arten von Verschwendungen, die in Abbildung 12 zusammengefasst sind (Firmenborschüre Toyota Material Handling, 2010, S. 18).

Abb. 12: Verschwendungsarten

Hinweis: Lean Management
Das japanische Toyota-Produktionssystem (TPS) mit seinem Vordenker Taiichi Ohno diente in den 1990er Jahren Wissenschaftlern des US-amerikanischen Massachusetts Institute of Technology (MIT) zur Entwicklung ihres Lean Management-Ansatzes. Dieser Ansatz kombiniert eine Vielzahl von Denkprinzipien, Methoden und Verfahrensweisen mit dem Ziel der effizienten Gestaltung der gesamten Wertschöpfungskette industrieller Güter. Kombiniert wurden dabei Prinzipien wie die Kunden-, Team-, Qualitäts- und Kostenorientierung dank einer Konzentration auf die eigene Stärke und Kundenanforderungen sowie der Optimierung von Geschäftsprozessen dank der Vermeidung jeglicher Verschwendung.

Als Überproduktion gilt die Produktionsmenge, die weder bestellt noch geplant war. Wartezeiten, große (innerbetriebliche) Transporte, überflüssige Bewegungen von Materialen oder Werkzeugen führen zu Zeitverlusten und Kostennachteilen, während hohe Lagerbestände unnötige Kapitalkosten hervorrufen. »Muda« entsteht auch aus der Übererfüllung der von den Kunden geforderten Standards sowie aus Fehlern, welche zu Nacharbeit oder Schwund und somit erneut erhöhten Kosten führen.

Die einzelnen Verschwendungsarten stehen häufig in Wechselwirkungen zueinander, was im Einzelfall genau zu analysieren ist: Beispielsweise reduziert die Verkleinerung großer Fertigungslose auch die Bestände. Im Gegenzug erzeugen reduzierte Bestände sowohl den Bedarf nach häufigeren Materialbewegungen als auch nach häufigerem Um-/Einrichten von Maschinen.

Tipp! Müllabfuhr-Technik
Stellen Sie sich einfach mal vor, Sie wären die offizielle Müllabfuhr in Ihrem Unternehmen. Ihre Aufgabe ist es, aus allen Unternehmensbereichen den Müll, also die Rückstände der Produktion/Leistungserstellung, einzusammeln. Dieser Perspektivwechsel führt zu einer sachlicheren, unabhängigen Sicht auf Ineffizienzen und Verschwendungen.

Tipp! Business Process Reengineering
Umfassender kann das Business Process Reengineering (BPR) betriebliche Ineffizienzen identifizieren. Nach dem Motto »Wir bauen unseren Bereich noch einmal ganz neu auf der grünen Wiese auf« eröffnet dieser Perspektivwechsel, dass radikal alle unnötigen Prozesse, Strukturen und Aufgaben auf den Tisch kommen. Allerdings sollte man die BPR-Erkenntnisse nicht ohne weiteres 1:1 umsetzen, da hier die später noch ausführlich beschriebenen, emotionalen Barrieren stark gegenwirken.

Unternehmen profitieren von der Vermeidung/Reduktion von Verschwendungen dank Prozessinnovationen nicht nur in der klassischen Produktion, sondern bei vielen weiteren Abläufen:

- **Produktentwicklung und -einführung**: Unter dem Begriff »Time-to-Market« (englisch, etwa: Vorlaufzeit, Produkteinführungszeit) versteht man die Dauer von der Produktentwicklung bis zur Platzierung des Produkts am Markt. Diese Zeit ist für Unternehmen kostspielig und riskant, da noch keine Umsätze erwirtschaftet werden bzw. noch gar nicht sicher ist, ob überhaupt jemals Umsätze folgen werden.
- **Beschwerdemanagement**: Die Abläufe im Beschwerdemanagement reichen von dem Aufruf zu Reklamationen (Stimulation), der Annahme der Beschwerde über die unterschiedlichsten Kommunikationskanäle, der Bearbeitung (Prüfung, Beratung, Rücknahme, Austausch, Instandhaltung etc.) bis zur Rückkoppelung (Reaktion) an den Beschwerdeführer.
- **Bestell- und Rechnungswesen**: Der gesamte Prozess vom Angebot, der Bestellung, der Auftragsbestätigung, der Lieferung, der Wareneingangsprüfung, des Rechnungsversandes, der Rechnungsprüfung sowie der Zahlung ist ein oft hochkomplexer Ablauf, der Türen für Fehler und Verschwendung öffnet. Trotz diverser elektronischer Verfahren und Standards (z. B. EDI) fallen in vielen Unternehmen hier immer noch unnötige Kosten und Probleme an.

- **Produktionssynchrone Beschaffung**: Diese auch als Just-in-Time bezeichnete Anlieferung von Waren liegt vor, wenn die Bestellung von Material und Waren in Abstimmung mit der Produktion so stattfindet, dass der Zeitraum zwischen Wareneingang und Bereitstellung von Material für die Produktion so klein wie möglich ist. Dies bewirkt eine starke Reduzierung der Material- und Warenbestände und somit eine geringere Kapitalbindung, die sich vorteilhaft auf die wirtschaftliche Situation des Unternehmens auswirkt.

Wichtig: Prozessinnovationen dank kollaborativer Zusammenarbeit
Prozessoptimierungen benötigen oft eine für etablierte Unternehmen ungewöhnliche, partnerschaftliche Form der Zusammenarbeit mit ihren Lieferanten und Geschäftspartnern.

Wie das Beispiel der produktionssynchronen Beschaffung zeigt, benötigen manche Prozessinnovationen die Zusammenarbeit zwischen mehreren Geschäftspartnern (hier Kunde und Lieferant). Dies verlangt die Bereitschaft, offen Informationen (z. B. Produktions- und Absatzplanung) zwischen den Partnern zeitnah und kompatibel auszutauschen. So erhalten immer häufiger Lieferanten über Schnittstellen oder Online-Leseberechtigungen direkten Zugriff auf interne, vertrauliche Daten (z. B. aktueller Umsatzzahlen) ihrer Kunden, um daraus rechtzeitig die Nachbelieferung der Roh-, Hilfs- und Betriebsstoffe oder Vorprodukte zu veranlassen.

Hinweis: Kollaboration mit Geschäftspartnern
Jene Unternehmen, die ihre Lieferanten hingegen nur über preisorientiere Einkäufer betreuen, verlieren die Chancen kollaborativer Zusammenarbeit und daraus resultierender Prozessinnovationen. Auch die aktuell oft anzutreffende, schlechter werdende Zahlungsmoral mit immer längeren Zahlungszielen fördert kaum eine kollaborative Zusammenarbeit mit externen Partnern.

1.1.2.3 Marktinnovationen

Innovative Unternehmen sehen ihre Chancen nicht nur in verbesserten bzw. disruptiven Produkten oder in Prozessinnovationen, sie verstehen auch die Möglichkeiten von Marktinnovationen. Sie zielen dabei auf jene Märkte, die bisher wenig bis gar keinen Wettbewerb aufweisen. Dies entspricht der Wachstumsstrategie der Marktentwicklung von Ansoff, bei welcher Unternehmen derartige Märkte mit ihren etablierten Produkten oder Dienstleistungen erobern wollen.

Im Jahr 2004 veröffentlichten die Managementprofessoren W. Chan Kim und Renée Mauborgne, ihr vielbeachtetes Werk über »Blue Oceans«. Exakt wie Ansoff rufen sie Unternehmen dazu auf, nicht immer nur in ihren etablierten, gut bekannten, sicheren aber auch wettbewerbsintensiven Märkten zu agieren (Kim W.C., Mauborgne R., 2004, S. 76 ff.).

Hinweis: Blue Ocean-Strategie
Blue Oceans werden als unberührte Märkte oder Industriezweige verstanden, die wenig bis gar keinen Wettbewerb aufweisen. Derjenige, der in den Blauen Ozean eintauchen würde, würde somit unentdeckte Märkte oder Industriezweige mit entsprechenden Gewinnchancen auffinden.

Red Oceans hingegen bezeichnen gesättigte Märkte, charakterisiert durch harte Konkurrenz, überfüllt von Mitbewerbern, welche alle den gleichen Service oder die gleichen Produkte anbieten.

Nur durch die Entwicklung neuer Märkte, die der breiten Masse der Kunden und Nicht-Kunden wirklich differenzierende und relevante Nutzen bieten, können dauerhafte Erfolge erzielt werden. Solche innovativen Märkte lassen sich in bisher vom Unternehmen vernachlässigten Branchen, Käufergruppen, Regionen oder Trends finden.

Themen	Fragestellungen
Alternative **Branchen**	Welche alternativen Branchen haben ähnliche Bedürfnisse, die wir mit unseren Leistungen bedienen könnten?
Alternative **Käufergruppen**	Welche anderen Käufergruppen kämen ebenfalls für unsere Leistungen und Kernkompetenzen in Frage?
Alternative **Regionen**	Welche übrigen Regionen (Kontinente, Länder, Bezirke, Ortschaften etc.) könnten Interesse an unserem Leistungsangebot haben?
Erlebnisse	Welche unterschiedlichen Erlebnisse kann ein Kunde mit unserem Leistungsangebot erleben?
Trends	Welche Trends eröffnen uns neue (Produktions- oder Absatz-)Märkte?

Abb. 13: Alternativen für Marktinnovationen

Marktinnovationen betreffen nicht nur neue regionale Märkte. Auch neue Branchen, Trends oder Käufergruppen eröffnen Märkte für das unternehmerische Wachstum. Gerade alternative Käufer- oder Zielgruppen ermöglichen es Unternehmen, ihre schon vorhandenen Leistungen mit Erfolg und weniger Preissensibilität in neue Märkte zu verkaufen.

Zur Identifikation alternativer Käufer- bzw. Zielgruppen können klassische Segmentierungsmethoden aus dem Marketing angewendet werden. Hierzu zählen geographische Merkmale wie die regionale Herkunft aber auch die Ortsgröße, Erreichbarkeit und Infrastruktur. Die demographischen Merkmale von Käufergruppen umfassen die Aspekte Geschlecht, Alter, Nationalität, Konfession, Beruf, Einkommen und Familienstand. Zu den psychographischen Merkmalen gehören die Persönlichkeitsmerkmale, Werte, Interessen, der Lebensstil, soziale Schicht und die Bildung. Die vierte Gruppe der Segmentierung von Käufergruppen bilden die verhaltensorientierten Merkmale wie Muster des Käuferverhaltens, Markentreue, Verwendung, Preisverhalten oder Medienwahl.

Tipp! Marktentwicklung dank Stadt-Land-Fluss-Kreativitätstechnik
Wir alle kennen das Kinderspiel »Stadt-Land-Fluss«, bei dem zu einem vorher gewählten Anfangsbuchstaben Städte, Länder und Flüsse aufzuzählen sind. Versuchen Sie aber dieses Spiel einmal mit Regionen, Branchen, Käufergruppen, Erlebnissen und Trends. Sie werden sich wundern, wie viele kreative Vorschläge für mögliche Marktinnovationen sich finden lassen.

Aber Achtung: Nicht jede Marktinnovation bringt den Nutzen, aus dem sich der Begriff »Innovation« definiert. So manche Expansion in neue Märkte ist am Ende ein Misserfolg oder gar existenzgefährdend für das ganze Unternehmen. Denn Schritte in neue Märkte bedeuten nicht nur einen erheblichen finanziellen und zeitlichen Aufwand, sondern bergen auch das Risiko der Verzettlung und Vernachlässigung von Kernkompetenzen.

Beispiel: Marktexpansion Yahoo!
Früher war Yahoo! die weltweit führende Suchmaschine. Mit der Entscheidung, Yahoo! in ein Portal zu überführen, in welchem die Suchmaschine nur noch ein Teil ist, verlor Yahoo! gegenüber den Bestandskunden seine Kernkompetenz und damit das bisherige Alleinstellungsmerkmal. Anders Google: Trotz aller sonstigen Angebote landet der Besucher auf www.google.com zuerst einmal bei Googles Suchmaschine.

1.1.2.4 Geschäftsmodellinnovationen

Unter einem Geschäftsmodell (Business Model) versteht man die logische Funktionsweise eines Unternehmens und insbesondere die spezifische Art und Weise, mit der es dauerhaft Gewinne erwirtschaftet.

Ein Geschäftsmodell (► Abb. 14) definiert sich aus drei zentralen Einzelaspekten: Erstens gibt es Auskunft über das Nutzenversprechen (»Value Creation«) eines Unternehmens oder eines Unternehmensbereiches. Ein Geschäftsmodell ist weit mehr als eine reine Auflistung des Leistungsangebotes. Es beschreibt die Anwendungsfälle der Nutzer, mögliche Problemlösungen sowie die Mehrwerte für Käufer und/oder Nutzer.

Zweitens erläutert ein Geschäftsmodell die Architektur der Leistungserstellung. Es geht um die konkrete Frage, wie ein Produkt oder eine Dienstleistung erstellt wird. Welche (internen/externen) Prozesse, Strukturen und Ressourcen benötigt das Unternehmen, um seine Leistungen mit dem vorher beschriebenen Nutzenversprechen liefern zu können? Dabei beschreibt ein Geschäftsmodell nicht nur diese Anforderungen, sondern diese werden auch auf die Realisierbarkeit und Effizienz hin geprüft.

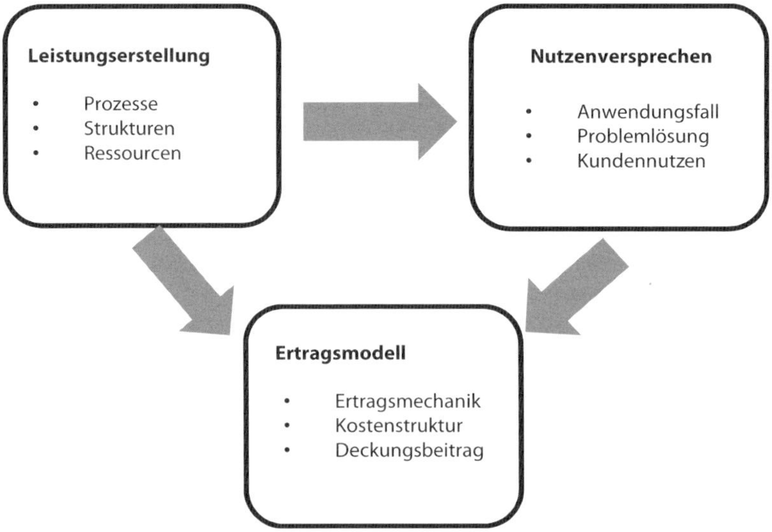

Abb. 14: Grundzüge eines Geschäftsmodells

Drittens definiert ein Geschäftsmodell das Ertragsmodell (Value Capture), um sicherzustellen, dass die Leistungen mit ihrem Nutzen bei der beschriebenen Leistungserstellung auch profitabel sind. Dazu gehört die Beschreibung der Ertragsmechanik mit Themen wie der Preisgestaltung, Vergütungsstruktur (z. B. Abonnement) und Zahlungssysteme (z. B. Kreditkarte, Edifact, Blockchain).

Hinweis: Toxische Geschäftsmodelle dank Digitalisierung
Toxizität bedeutet Giftigkeit. Und wie Gift wirken die aktuellen Megatrends der Digitalisierung (z. B. Cyber-physisches Systeme, 3D-Druck oder Blockchain) auf etablierte Geschäftsmodelle in vielen Branchen: Dank Blockchain könnte der gesamte Zahlungsverkehr auch ohne Banken stattfinden bzw. das Factoring dank besserer Zahlungsmoral unnötig werden. E-Mobilität reduziert den Bedarf an Motortechnik, klassischen Treibstoffen, Raffinerien.

Eine Geschäftsmodellinnovation ist nun die bewusste Veränderung eines bestehenden bzw. die Schaffung eines neuen Geschäftsmodells. Beispiele solcher neuen Geschäftsmodelle sind z. B. das Carsharing-System von DriveNow, der disruptive Wettbewerb auf dem klassischen Hotelmarkt durch AirBnB sowie der Musikstreamingdienst von Spotify. Auch schon früher gab es erfolgreiche Beispiele für Geschäftsmodellinnovatoren, welche die Grundstrukturen und die Wettbewerbsregeln ihrer Branche verändert haben: Das schwedische Möbelunternehmen IKEA lagerte einen Teil der Wertschöpfung zum Kunden aus (Transport und Zusammenbau), während der Hardwarelieferant Dell auf den Zwischenhandel verzichtete und ein Build-to-Order-Verfahren in der Produktion einführte.

Hinweis: Geschäftsmodellinnovation und Diversifikation
Als Diversifikation bezeichnet Ansoff die Entwicklung von neuen Produkten in neuen Märkten – korrespondierend zur heutigen Diskussion um Geschäftsmodellinnovationen. Neu bezieht sich dabei auf neue Märkte und neue Produkte aus Sicht des Unternehmens, aber nicht notwendigerweise aus Sicht des Marktes. Vorwerk diversifizierte beispielsweise 1961 mit dem Thermomix in ein neues Geschäftsfeld der Küchenmaschinen, nachdem man vorher vorwiegend Staubsauger produziert hatte. Küchenmaschinen selbst gab es schon vorher. Der Thermomix ist aber nicht nur eine Diversifikation, sondern er lebt seit Jahren von regelmäßigen Produkt- und Prozessinnovationen. Das aktuelle Modell (sog. TM5) läuft quasi vollautomatisch und verbindet über einen Chip Rezepte aus Kochbüchern mit den notwendigen Arbeitsschritten zur Speisenzubereitung.

Diversifikationen sind immer auch neue Geschäftsmodelle! Bei Ansoff unterscheidet man drei Arten von Diversifikationen bzw. Geschäftsmodellinnovationen: die horizontalen, vertikalen und lateralen Diversifikationen. Horizontale Diversifikation bedeutet, dass das Unternehmen sein Leistungsangebot mit neuen Produkten erweitert, die den bisherigen Produkten ähnlich sind und auf der gleichen Wirtschaftsstufe stehen. Wenn beispielsweise Adidas elegante Herrenschuhe anbieten würde, wäre dies eine horizontale Diversifikation. Bei der vertikalen Diversifikation erweitert das Unternehmen seine Wertschöpfungskette. Dies kann entweder in Richtung Absatz geschehen (z. B. durch eigene Verkaufsorte/Geschäfte) oder in Richtung Produktion (z. B. durch Aufkauf eines Rohstofflieferanten). Bei der riskanteren Alternative der lateralen Diversifikation weitet das Unternehmen sein Leistungsprogramm auf Produkte und Märkte aus, die in keinem Zusammenhang mit den bisherigen Leistungsangeboten und Märkten stehen. Wenn ein Hotel eine eigene Bank aufbaut oder kauft, wäre dies eine laterale Diversifikation.

Peter Drucker erwähnte bereits 1986 Beispiele für Geschäftsmodellinnovationen in Verbindung mit der Diversifikationsstrategie, so etwa bei Gillette, einem bekannten Hersteller von Rasierklingen (Drucker P., 1986, S. 345). Da der Rasierapparat von Gillette in der Herstellung viel teurer war als die meisten Konkurrenzprodukte, subventionierte Gillette das Produkt, um so einen marktüblichen Ladenverkaufspreis zu erhalten. Das Unternehmen konnte bei diesem Verkaufspreis gerade ein Fünftel seiner Herstellkosten abdecken. Gillette konstruierte den Rasierapparat aber so, dass nur seine Patentklingen verwendet werden konnten. Die Klingen kosteten in der Herstellung weniger als einen Cent pro Stück, wurden jedoch für fünf Cent pro Stück verkauft.

Der Innovationsführer Apple wählte ebenfalls ein neues Geschäftsmodell, um seine erfolgreichen Abspielgerät von MP3-Musikstücken (zuerst iPod gefolgt von iPhone und iPad) im Markt zu positionieren. Erst in Kombination mit seiner Musiksoftware iTunes, welche für alle PC-Betriebssystemen gratis angeboten wurde, konnte der Anwender seine bereits vorhandenen Musikdateien abspielen und weitere Dateien im Internet kaufen. Oder mit anderen Worten: Damit Apple's Nutzenversprechen umgesetzt werden konnte, bedurfte es beim Start des iPods einer neuartigen Leistungserstellung (iTunes) sowie eines innovativen Ertragsmodells (iStore).

Tipp! Corporate Management Canvas
Zur Erarbeitung innovativer Geschäftsmodelle bietet sich die sog. Corporate Management Canvas (CMC) an (► Kap. 1.3.3.5).

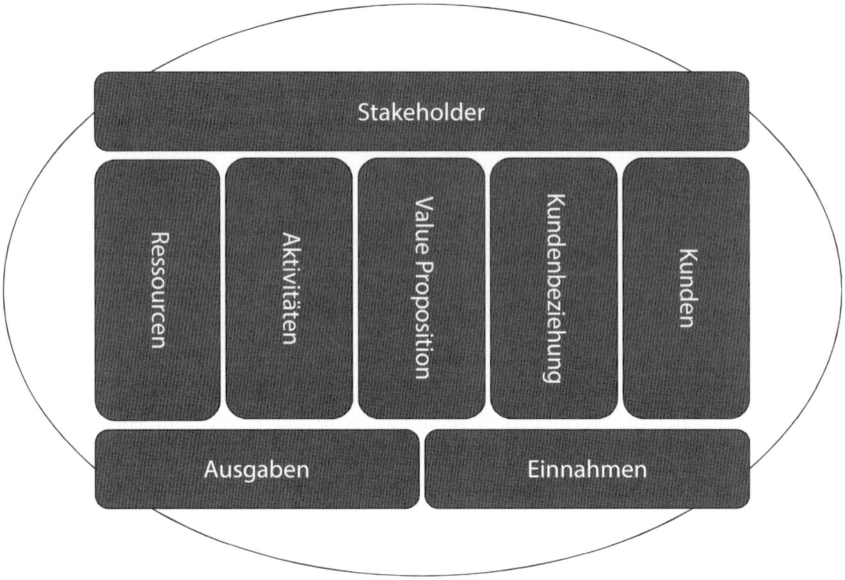

Abb. 15: Vereinfachte Darstellung des Corporate Management Canvas

1.1.2.5 Organisatorische Innovationen

Organisatorische Innovationen dienen der Verbesserung, Weiter- und Neuentwicklung von innerbetrieblichen Strukturen, Instrumenten und Abläufen. Sie wirken aber nicht wie die Prozessinnovationen vorwiegend auf Effizienzsteigerung hin, sondern auf die Steigerung der Mitarbeitermotivation und -qualifikation oder die Bildung neuer, effizienterer Organisationsformen. So reicht die Bandbreite der Organisationsinnovationen von der Einführung neuer Arbeitszeit- und Arbeitsplatzmodelle, verbesserten Verfahren der Personalentwicklung bis zu neuen Formen der Zusammenarbeit zwischen selbständigen Fachkräften und einer Organisation.

Gerade im Management von Projekten haben sich in den letzten Jahren unter dem Begriff »agiles Management« interessante organisatorische Innovationen ergeben. Ziel des agilen Managements ist der proaktive Umgang mit Veränderungen und das schnelle Entwickeln neuer Produkte und Lösungen für die Kunden. Organisatorische Veränderungen sind hierbei die Auflösung starrer Informations- und Entscheidungsstrukturen, der Einsatz von Social Media innerhalb einer Organisation und das kontinuierliche Weiterentwickeln von Produkten.

Hinweis: Projektifizierung (engl. Projektification)
Immer mehr Routine-Tätigkeiten wandeln sich in Unternehmen zu Projekt-Tätigkeiten, bei denen sich die agilen Methoden anbieten. Diesen Megatrend bezeichnet der Autor gerne mit »Projektifizierung«. Digitalisierung, War of Talents, Zinstief, Globalisierung etc. führen zu einer Automatisierung vieler Routine Tätigkeiten. Die Aufgaben der (dann noch vorhandenen) Mitarbeiter verlagert sich verstärkt auf die Umsetzung von Projekten. Diese unterscheiden sich dann in strategische Projekte (wie Produktentwicklung, Business Process Reengineering, Übernahmen & Fusionen oder Neuausrichtung / Reorganisation) bzw. operative Projekte (wie Bearbeitung von Reklamationen, Kundenakquise, Schulung, Auswahl neuer Lieferanten, Wartung vor Ort, Reparaturen oder Erstellung des Jahresabschlusses).

Agile Strukturen erarbeiten schneller eine Lösung, auch wenn dabei der Leistungsumfang (bis hin zur Qualität) reduziert wird. Eric Raymond, der als Softwareentwickler der Hacker- und Open Source-Szene nahesteht, charakterisierte das agile (Projekt-)Management durch den Vergleich zwischen dem Bau einer Kathedrale und einem großen Bazar. Beim Bau einer Kathedrale folgt alles dem Plan eines großen Baumeisters. Die Arbeiter befolgen nur dessen Anweisungen. Ein Basar ist organischer, er entwickelt sich entsprechend der aktuellen Bedürfnisse und folgt keinem Plan, der eventuell längst überholt sein könnte.

Wichtig!
Gerade agile Unternehmensformen fördern Kreativität und zeitnahe Ideenumsetzungen in erfolgreiche Innovationen!

Ein bekanntes Beispiel für eine Methode des agilen Projektmanagements ist Scrum. Scrum beruht auf der Erfahrung, dass viele Entwicklungsprojekte zu komplex sind, um in einen vollumfänglichen Plan gefasst werden zu können, der dann Schritt für Schritt abgearbeitet wird. Nach der langen Entwicklungsdauer ist das Ergebnis der Entwicklung nicht selten schon überaltert bzw. trifft nicht mehr die neuen Bedürfnisse des Kunden. Anders bei Scrum: Hier sind bewusst viele Anforderungen an das Projekt zu Beginn noch unklar. Diese Unklarheit lässt sich beseitigen, indem Zwischenergebnisse geschaffen werden, anhand derer sich die fehlenden Anforderungen und Lösungstechniken effizienter finden lassen als durch eine abstrakte Definition (z. B. Lasten- und Pflichtenheft) zu Projektbeginn.

Hinweis: Referenz auf Scrum
Im Laufe der folgenden Kapitel wird häufiger auf Scrum Bezug genommen. Scrum ist nicht die einzige agile Projektmanagementmethodik, aber mit ihr und den möglichen Abwandlungen hat der Autor schon sehr gute Erfahrungen gesammelt und sie unterstützt sinnvoll eine Vielzahl von Aktivitäten im Innovations- und Veränderungsmanagement.

Bei Scrum wird neben dem Produkt auch die Planung iterativ und inkrementell entwickelt. Der langfristige Plan wird mittels eines Anforderungskatalogs (sog. Product Backlog) kontinuierlich verfeinert und verbessert. Der Detailplan (sog. Sprint Backlog) wird nur für den jeweils nächsten Zyklus (sog. Sprint) erstellt, der nur über einen Zeitraum von 30 Tagen laufen darf.

Neben der iterativen Planung ist die Organisation der Projektteilnehmer wichtig. Drei Rollen sind zentral für Srcum: der Product Owner als Verantwortlicher für den wirtschaftlichen Erfolg des Produktes und für die dafür notwendigen Produkteigenschaften, der Scrum Master als Führungskraft des Projektes und des Projektteams, sowie das Entwicklungsteam selbst, welches für die eigentliche Projektarbeit und die Erfüllung des Projektauftrages verantwortlich ist. Während der Product Owner nach jedem Sprint Zwischenlösungen präsentiert bekommt (sog. Sprint Review), und diese mit den Anforderungen der möglichen Kunden abgleicht, achtet der Scrum Master auf die Vorgehensweise im Projekt, mit täglichen Reviews (so. Daily Scrum), den 30tägigen Teilprojekten bzw. Sprints sowie der Weiterentwicklung des Product Backlogs.

Hinweis!
Scrum hat die drei (Projekt-)Rollen und die Projektabläufe nicht neu erfunden, sondern nur weiter perfektioniert. Die Rollen und Abläufe selbst werden im Laufe dieser Publikation an verschiedenen Stellen ausführlicher angesprochen und diskutiert.

Ein Unternehmen, dass viele Ideen des agilen Managements in seiner Unternehmensorganisation implementiert hat, ist Spotify, ein schwedischer Musikstreaming-Dienstleister. Wie Spotify selbst berichtet, sind alle Mitarbeiter zuerst einmal in einem Pool organisiert und werden für bestimmte Projekte in interdisziplinären Teams (sog. Squads) mit 6 bis 20 Teilnehmern zusammengeführt und von einem Product Owner geführt (Spotify, 2014). Jene Squads, die im gleichen Bereich arbeiten, gehören demselben Stamm (sog. Tribe) mit maximal 150 Mitgliedern an, über welchen sie regelmäßig ihre Informationen, Anregungen und Entscheidungen austauschen. Besondere Experten und Spezialisten gehören zusätzlich einem Squad-übergreifenden Chapter an, das einen Chapter Leader hat. Die Ebene über den Stämmen wird von den Gilden eingenommen. Sie haben die Aufgabe, Wissen überall im Unternehmen zugänglich zu machen. Bei Spotify existieren keine festen Hierarchien – nur Projekthierarchien. Geht es um Entscheidungen wie z. B. Produktfreigaben oder einfach nur einen Urlaubsantrag, so sind vor allem die Product Owner sowie die Chapter Leader gefordert.

Hinweis: Reifegrad der Mitarbeiter
Nicht jeder Arbeitnehmer fühlt sich in einem solchen Umfeld, frei von Hierarchien und Vorgaben wohl! Schon das Reifegradmodell von Paul Hersey und Ken Blanchard aus dem Jahr 1977 schildert, dass nicht alle Mitarbeiter den Reifegrad zur Partizipation bzw. gar Übernahme von Verantwortung hat (Hersey P., Blanchard K., 1982). Vielmehr warten viele auf klare Anweisungen bzw. Erklärungen für Entscheidungen. Mitarbeiter eines niedrigeren Reifegrades benötigen wahrscheinlich weiterhin langfristige Strukturen und klare Hierarchien mit disziplinarischen Vorgesetzten.

Der Reifegrad des Mitarbeiters selbst ist abhängig von seiner »job maturity« (Fähigkeit, Wissen) und seiner »psychological maturity« (Wille, Bereitschaft, Motivation). Entsprechend des Reifegrades eines Mitarbeiters sollte eine Führungskraft ihren passenden Führungsstil wählen. Gleichzeitig dient der Reifegrad eines Mitarbeiters zur Planung seiner eigenen Personal- und Führungsentwicklung.

1.1.3 Quellen für Innovationen

Ein Unternehmen kann und soll von vielen Seiten wichtige Impulse und Unterstützung bei der Umsetzung von Innovationen erhalten. All die Personengruppen, die einen Anteil (englisch: Stake) am Erfolg oder Misserfolg eines Unternehmens haben, sind als Quellen für Anregungen und Innovationen zu sehen. Diese sog. Stakeholder lassen sich wie Abbildung 16 dargestellt klassifizieren.

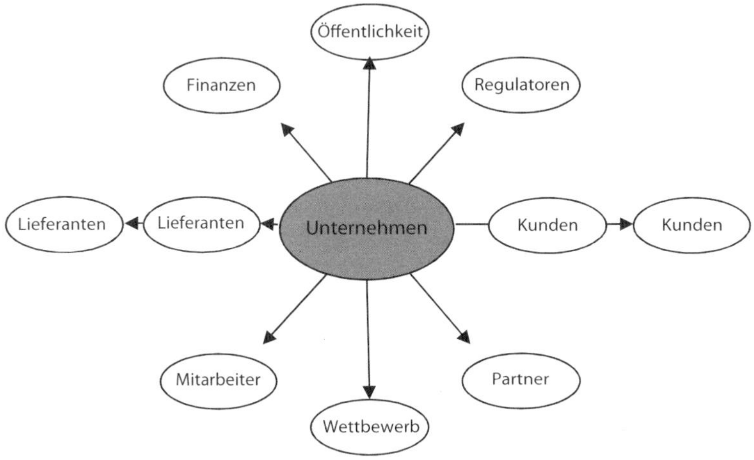

Abb. 16: Stakeholder für Innovationen

Die Stakeholder-Gruppen lassen sich beliebig konkretisieren, wie z. B. die Stakeholder der Finanzen (Banken, Investoren, Analysten, Gesellschafter), der Öffentlichkeit (Presse, Soziale Medien, Non-Government Organisationen), der Regulatoren (Staat,

Behörden, Kirchen, Gewerkschaften und Verbände), der Partner (Geschäftspartner, Berater, Coaches, Freunde und Familie), der Mitarbeiter (Vorgesetzte, Kollegen und Arbeitnehmervertreter) oder der Lieferanten (Lieferanten im klassischen Sinne, aber auch Dienstleister wie z. B. für EDV, Recht & Steuern, Werbung oder Facility Management).

Impulse für Innovationen können von den unterschiedlichsten Stakeholder-Gruppen in ein Unternehmen fließen: Mitarbeiter haben eigene Ideen, Kunden äußern direkt ihre Wünsche und geänderte Bedürfnisse, Berater zeigen mit Benchmarking-Datenbanken neue Wege auf, Coaches stellen die richtigen Fragen zur Ideenfindung, Werbeagenturen habe eigene kreative Konzepte, Behörden fordern oder fördern neue Produktionsverfahren oder der Arbeitsmarkt zwingt zu Struktur- oder Kulturinnovationen. Banken regen zu Prozessinnovationen wie einem effizienteren Cash- und Liquiditätsmanagement an und Lieferanten zeigen Prototypen, die entweder aus eigenen Ideen entstanden sind oder die auf Wunsch anderer Kunden entwickelt wurden.

Drei Aspekte bilden bei den Stakeholdern die Grundlagen für Produkt-, Prozess-, Markt-, Geschäftsmodell- oder Organisationsinnovationen: Das vorhandene Wissen, neue oder alte Ideen sowie vorhandene oder moderne Technologien (► Abb. 17).

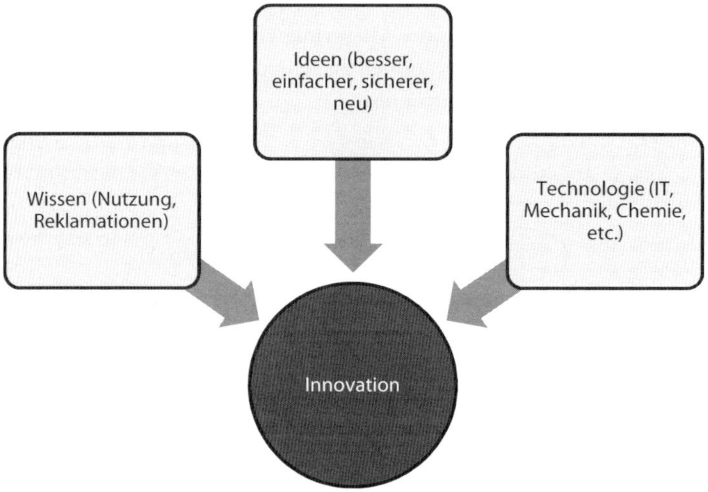

Abb. 17: Basen für Innovationen

Das vorhandene Wissen ist die Basis für jegliche Innovation. Nur wer überhaupt weiß, wie die aktuellen Produkte, Prozesse und Märkte funktionieren, kann Ideen zur Verbesserung, Erweiterung oder Disruption beitragen. Aber genau dies wird in so mancher Organisation missachtet. Zwar können betriebsfremde Personengruppen (z. B. externe Berater) den Blick über den Tellerrand vermitteln, aber Verbesserungen oder Erweiterungen resultieren primär durch jene Personengruppen, die im eigenen Unternehmen direkt mit den Produkten, Prozessen und Anwendern befasst sind. Diese wissen von der

Art und Weise der Nutzung, von internen Problemen und Schwachstellen sowie von externen Reklamationen und Anregungen.

Innovationen sind erfolgreich umgesetzte Ideen. So gehören die Ideen selbst natürlich auch zu den Grundlagen für Innovationen. Eine Idee ist ein plötzlicher Einfall oder Plan, eine Vorstellung, ein Grundsatz, eine Einstellung oder gar eine Philosophie. Innovationen weisen eine Originalität auf, aber sie können gerne auf alten Einfällen und längst vorhandenen Erkenntnissen und Erfahrungen (»Wissen«) basieren. Was früher schon angedacht wurde, aber aus bestimmten Gründen verworfen wurde, dessen Zeit kann nun gekommen sein.

Drittens führen neue Technologien zu Innovationen. Beim sog. »Technology-Push« entstehen Innovationen aufgrund neuer oder kostengünstigerer Technologie. Ein Beispiel dafür sind E-Bikes, bei denen es durch die Entwicklung des elektrischen Nabenmotors und der (Weiter-)Entwicklung leistungsfähiger Batterien möglich wurde, alltagstaugliche E-Bikes zu marktfähigen Preisen zu produzieren.

Hinweis: Market-Pull und Technology-Push

Geht die Initiative zu einer Innovation rein von den Stakeholdern (oder auch »Marktteilnehmern«) aus, so bezeichnet man dies als einen sog. Market-Pull. Umgekehrt kann der Impuls für die Innovation aus einer neuen oder kostengünstigeren Technologie kommen, was als Technology-Push klassifiziert wird.

Der Duden definiert »Technologie« als die Wissenschaft von der Umwandlung von Roh- und Werkstoffen in fertige Produkte und Gebrauchsartikel, indem naturwissenschaftliche und technische Erkenntnisse angewendet werden sowie als die Gesamtheit der zur Gewinnung oder Bearbeitung von Stoffen nötigen Prozesse und Arbeitsgänge.

Hinweis: Grundlagenforschung

Der Technology-Push benötigt neben den Stakeholdern als Quellen für Innovationen auch die klassische Grundlagenforschung. Ohne primär wirtschaftliche Ziele, erarbeitet die Grundlagenforschung Elementarwissen für die weitergehende, angewandte Forschung. Allerdings sollte sich auch die Grundlagenforschung an neuen Möglichkeiten für nachfrageorientierten Lösungen orientieren.

Ein gutes Beispiel für die Kombination von Grundlagenforschung mit wirtschaftsorientierter Forschung bietet der Google Mutterkonzern »Alphabet«. Mit Google Inc., Calico, Verily, Nest Labs, Google X, Google Fiber, Google Capital und Google Ventures betreibt der Konzern ganze sieben Tochterfirmen, die in den Bereichen Internetdienste, Biotechnologie, Automatisierung, Forschung, Infrastruktur oder Investitionen unterwegs sind. Alleine drei davon betreiben aktiv auch Grundlagenforschung: Verily im Gesundheitsbereich, Google X mit den Moonshot-Projekten, also Projekten, die technologische Grenzen erforschen sollen und Calico als Unternehmen, das Methoden gegen das Altern entwickelt.

1.1.4 Prozess des Innovationsmanagements

Die Entwicklung von Innovationen kann vom Management gezielt gefördert werden. Sie ist erlernbar und steuerbar. Innovationsquellen müssen gezielt aufgespürt und freigesetzt werden. Die Ideen sollten nach den Prinzipien eines strukturierten Innovationsmanagements im Rahmen eines Innovationsprozesses entwickelt und in erfolgreichen Innovationen umgesetzt werden. Erst dann schöpft ein Unternehmen einen Vorteil aus der Ideenvielfalt und dem Wissen seiner Mitarbeiter. Die langfristige Sicherung der Rentabilität und Liquidität ist die mögliche Folge.

Schon seit Jahrzehnten werden in der Wissenschaft die nötigen Prozessschritte von Innovationen diskutiert, wie z. B. von Brim, Glass, Lavin und Goodman (1962), Szyperski (1971), Hoff (1986) oder Drucker (1986). Eine gute Übersicht der frühen Diskussionen bieten Hauschildt (Hauschildt J., 1997, S. 351 ff.).

Zusammenfassend bestehen diese Prozessschritte aus der Identifikation eines Problems, der Gewinnung notwendiger Informationen, der Ideenfindung, der Evaluierung von Lösungsalternativen sowie der endgültigen Fertigung der Lösung.

Diese älteren Prozessschritte des Innovationsmanagements orientieren sich an dem klassischen Wasserfall-Modell des Projektmanagements, einem linearen (nicht iterativen) Vorgehensmodell. Hier hat jede Phase einen vordefinierten Start- und Endpunkt mit eindeutig definierten Ergebnissen. In Meilensteinsitzungen am jeweiligen Phasenende werden die Ergebnisdokumente verabschiedet und erst dann darf zur nächsten Phase übergegangen werden. Bei Produktentwicklungen nach dem Wasserfallmodell wird zuerst einmal auf die grundsätzliche Vorplanung in Form einer Problembeschreibung (Lasten- und Pflichtenheft) Wert gelegt. Das Wasserfall-Modell wurde erstmalig 1956 von Herbert D. Benington im Rahmen der Softwareentwicklung erwähnt.

Gerade die Softwareentwicklung hat die Vorgehensweise für Produktentwicklungen in der Zwischenzeit signifikant weiterentwickelt. Ein Fortschritt war das V-Modell des amerikanischen Softwareingenieurs Barry Boehm aus dem Jahre 1979. Bei diesem wird ein Softwareentwicklungsprozess in Entwicklungsphasen und Phasen zur Qualitätssicherung definiert. Das »V« ergibt sich bildlich aus einer linken Seite, wo mit einer funktionalen, fachlichen Spezifikation begonnen wird, die immer tiefer detailliert zu einer technischen Spezifikation und Implementierungsgrundlage ausgebaut wird. In der Spitze erfolgt die Implementierung, die anschließend auf der rechten Seite gegen die entsprechenden Spezifikationen der linken Seite getestet wird.

Hinweis: Staatlich geförderte oder international anerkannte Projektmanagementmodelle
Einige staatlich geförderte bzw. für staatliche Projekte geforderte Projektmanagementmodelle basieren auf dem V-Modell, so etwa in Deutschland das »V-Modell XT« vom Bundesministerium des Innern (BMI) sowie dessen sog. »Praxisleitfaden für Projektmanagement« (www.bmi.bund.de). In der Schweiz gilt HERMES für alle IT-Projekte des Bundes als verbindlich, wobei HERMES für »Handbuch der Elek-

tronischen Rechenzentren des Bundes, eine Methode zur Entwicklung von Systemen« steht (www.hermes.admin.ch).

Neben staatlich geförderten Projektmanagementmodellen existieren weitere Projektmanagementmethoden namhafter Organisationen, wie vom Project Management Institute (PMI) aus der USA mit über 700.000 Mitgliedern und Zertifikatsinhabern in über 200 Ländern, oder vom International Project Management Association (IPMA) aus der Schweiz mit ihren nationalen Landesorganisationen (zum Beispiel die GPM Deutsche Gesellschaft für Projektmanagement e. V.).

Auf dem Wasserfall-Modell basiert des Weiteren das Stage Gate Verfahren von Robert G. Cooper für die Entwicklung von Produktinnovationen (Cooper R., 2011). Bei diesem gliedert sich der Entwicklungsprozess in mehrere nicht iterative Abschnitte/Phasen mit so genannten Toren (Gates) als Meilensteine, die nur passiert werden dürfen, wenn das zuständige Team eine entsprechende Entscheidung getroffen hat. Die Anzahl der Phasen selbst kann in Abhängigkeit von den Bedürfnissen einer Branche bzw. des konkreten Unternehmens variieren. So kann es in Entwicklungsprojekten bis zu 10 Phasen mit weit über 100 Gates geben.

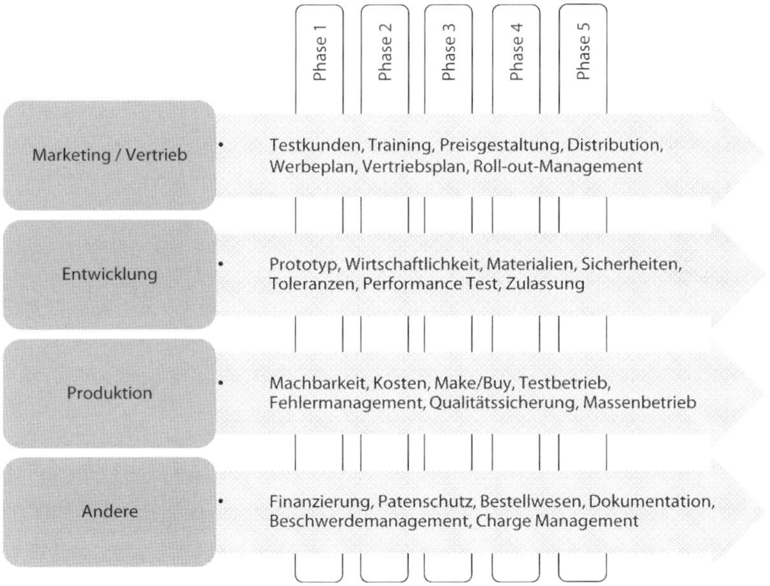

Abb. 18: Stage Gate-Methodik

Der Vorteil des Stage Gate-Verfahrens liegt – wie beim Wasserfallmodell üblich – in der konsequenten Ausrichtung auf den erfolgreichen Abschluss konkreter Meilensteine und der damit verbundenen Sicherstellung einer gewünschten Qualität, Dokumentation und Haftung. Dieser Grundgedanke wird im Stage Gate-Verfahren mit unterschiedlichen, am Innovationsprozess beteiligten Organisationseinheiten verbunden, so dass es einen eigenen Wasserfallprozess für die eigentliche Produktentwicklung sowie für die Bereiche Marketing/Vertrieb, Produktion etc. gibt. Ferner wird der gesamte Innovationsprozess in mehrere Phasen unterteilt (die Abbildung 18 verwendet beispielsweise 5 Phasen), in denen die Organisationseinheiten parallel ihre Beiträge zur Innovation beisteuern. Während die Entwicklung in der ersten Phase ihre Ideen an sehr frühen Prototypen ausprobiert, arbeiten Marketing und Vertrieb bereits an der »Produktstory« vor und prüfen die Chancen des erfolgreichen Vertriebs. Die Produktion nutzt diese Zeit, um die generelle Machbarkeit zu prüfen, während weitere Organisationseinheiten beispielsweise die Finanzierung der eigentlichen Produktentwicklung sicherstellen.

Das Stage Gate-Verfahren ist heute in vielen Branchen ein Standard in der Produktentwicklung, so z. B. in der Pharma- oder Automobilindustrie. Sie hat aber den Nachteil der fehlenden Flexibilität, um kurzfristig auf Marktveränderungen reagieren zu können.

Moderne Methoden wie der Customer Development Prozess (bzw. Lean Startup) haben bewusst einen iterativen Projektablauf, um die Nachteile des Stage Gate Vorgehens zu kompensieren. Auf den ersten Blick ähnelt auch die von Steve Blank entwickelte Methodik des Customer Development Prozesses dem Wasserfall-Modell. Mit vier Schritten dient sie jungen Unternehmen innovative Produkte zu entwickeln, zu validieren und als Start-up die eigene Geschäftsgrundlage mit realen Kunden zu sichern (Blank S., Dorf B., 2014, S. 19). Dieser Ansatz wurde später unter dem Namen »Lean Startup« popularisiert.

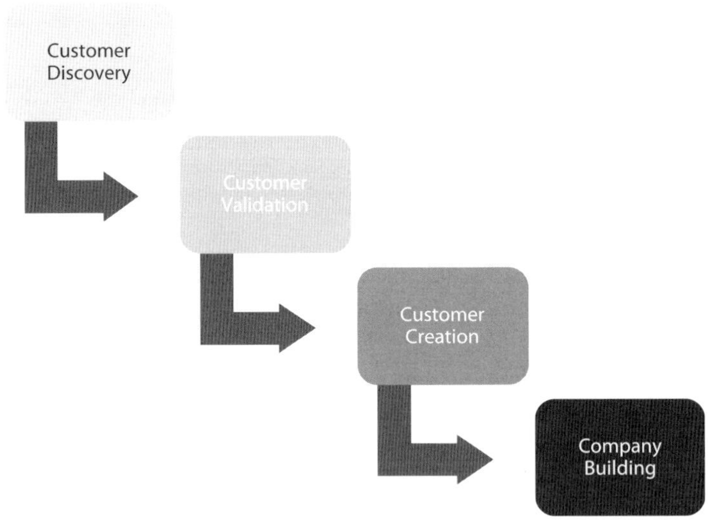

Abb. 19: Customer Development Prozess

In der ersten Phase, der Customer Discovery, formulieren die Unternehmensgründer ihre Unternehmens- und Produktvision. Sie identifizieren anhand von Hypothesen zu ihrem möglichen Geschäftsmodell potentielle Kunden und lernen diese persönlich kennen. In der zweiten Phase, der Customer Validation, prüft das junge Unternehmen die Marktakzeptanz sowie Skalierbarkeit seines Geschäftsmodells. In dieser Phase erfolgt die eigentliche Produktentwicklung anhand eines iterativen Prozesses. Schrittweise werden die Hypothesen des Geschäftsmodells sowie die angedachten Leistungen mittels mehrerer Prototypen im Entwicklungsverlauf validiert, verfeinert und bis zu marktfähigen Produkten weiterentwickelt. In der dritten Phase, der Customer Creation, erfolgt dann die eigentliche Marktdurchdringung dank Vertrieb, Werbung etc., während in der vierten Phase, dem Company Building, Investitionen in die nachgelagerten Prozesse (z. B. After Sales Services oder Buchhaltung) stattfinden.

Das Herzstück von Eric Ries' Konzept »Lean Startup« ist die sog. »Bauen-Testen-Lernen-Feedback-Schleife« (Ries E., 2011, S. 18). Da Kunden mit den Prototypen bzw. Produkten interagieren, erzeugen sie Rückmeldungen (Feedback) und Daten auf qualitativer (z. B. was gefällt, was nicht) und quantitativer Ebene (z. B. wie viele Menschen würden das Produkt nutzen?). Alle Prototypen und Produkte sind in dieser Gedankenwelt Experimente um zu lernen und sich zu verbessern.

Hinweis: Kurswechsel oder Pivoting
Basierend auf den Erkenntnissen der Feedback-Schleifen, kann ein signifikanter, strategischer Kurswechsel für das junge Unternehmen nötig werden. Eric Ries bezeichnet eine solche Anpassung als Pivot (englisch für Dreh- und Angelpunkt) bzw. Pivoting. Auslöser für einen Pivot können konkrete Kundenfeedbacks, Tests, Konkurrenzsituationen oder generell neue Marktumstände sein. Die unterschiedlichen Arten der Kurskorrekturen werden im in Kapitel 1.4.3 eingehend beschrieben.

Das Design Thinking ergänzt den iterativen Projektablauf um ein grundlegendes Denkmodell mit den drei gleichwertigen Grundprinzipien Team, Raum und dem iterativen Prozess. Nicht nur der Innovationsprozess ist wichtig, sondern er muss in ein funktionierendes Team mit attraktiven (Frei-)Räumen eingebunden sein. Damit bekommt im Design Thinking das Innovationsteam sowie die Räume und Flächen, die dieses Team nutzen kann, erstmals eine prominente Rolle.

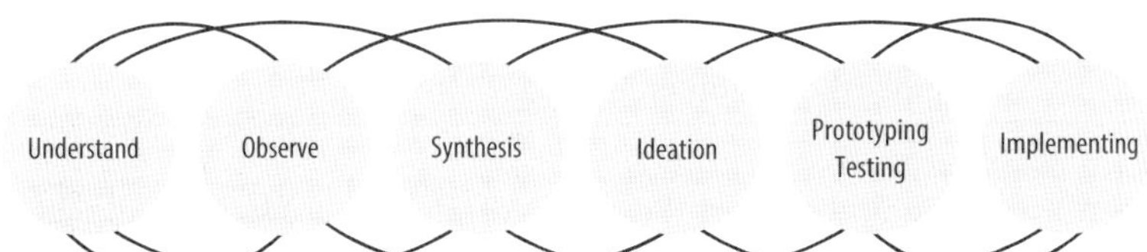

Abb. 20: Design Thinking

Design Thinking kommt aus dem Umfeld der Fakultät für Ingenieurwesen der Stanford University. Breiter bekannt wurde die Methodik durch die drei Gründer der US-amerikanischen Design- und Innovationsagentur IDEO, Terry Winograd, Larry Leifer und David Kelley, die seit dem Jahr 1991 Tagungen unter dem Namen »Design Thinking Research Symposia« organisieren. Bekannt wurde Design Thinking auch durch die

Publikation des aktuellen CEO und Präsidenten von IDEO, Tom Brown und seinem Buch »Change by Design« von 2009 (Brown T., 2009).

Design Thinking möchte nicht nur die Produktentwicklung optimieren, sondern eine Neugestaltung ganzer Nutzererlebnisse. Um dies zu realisieren, gilt die Annahme, dass Probleme besser gelöst werden können, wenn Menschen unterschiedlicher Disziplinen in einem die Kreativität fördernden Umfeld zusammenarbeiten. Gemeinsam sollen diese, unter Berücksichtigung der Bedürfnisse und Motivationen der potentiellen Kunden, neue Ansätze für Nutzererlebnisse entwickeln, die nach mehrfacher Überprüfung, zu marktfähigen Produkten oder Dienstleistungen reifen.

Hinweis!
Je nach Aufgabe und Anwendungsbereich kommen beim Design Thinking diverse, schon aus anderen Managementmodellen bekannte Instrumente zum Einsatz. Diese werden in den folgenden Kapiteln ausführlich erläutert.

Der nun folgende Innovationsprozess verknüpft die bisher genannten Methoden sowie die Erkenntnisse aus dem agilen Management. Agilität ist grundsätzlich die Fähigkeit einer Organisation, flexibel, aktiv, anpassungsfähig und mit Initiative in Zeiten des Wandels und der Unsicherheit zu agieren.

Hinweis: Resilienz und Agilität
Die Organisationsentwicklung verwendet für die Fähigkeit der Anpassungsfähigkeit an unvorhergesehene Situationen den Begriff der Resilienz (von lateinisch »resilire« zurückspringen bzw. abprallen). Dieser Begriff kommt ursprünglich aus der Psychologie und bezieht sich auf die psychische Widerstandsfähigkeit, Krisen zu bewältigen und diese als Anlass für die persönliche Entwicklung (»aus Fehlern lernen«) zu nutzen. Unter der Resilienz einer Organisation versteht man dann die Fähigkeit, unvorhergesehene Situationen, Turbulenzen und Herausforderungen nicht nur zu bewältigen, sondern hieraus Stärken und Ressourcen zu entwickeln und damit Potenziale für zukünftige Ereignisse bewusst und nutzbar zu machen. Das Gegenteil von Resilienz ist Verwundbarkeit (Vulnerabilität).

Die Softwareentwicklung diskutiert die agile Vorgehensweise spätestens seit 1999, als Kent Beck mit Kollegen das erste Buch zu »Extreme Programming« veröffentlichte. Die Bezeichnung »agil« für diese Art der Softwareentwicklung wurde im Februar 2001 bei einem Treffen in Utah ausgewählt und ein »Agiles Manifest« mit vier Kernaussagen formuliert (www.agilemanifesto.org):

- Menschen und Interaktionen stehen über Prozessen und Werkzeugen.
- Funktionierende Software steht über einer umfassenden Dokumentation.
- Zusammenarbeit mit dem Kunden steht über der Vertragsverhandlung.
- Reagieren auf Veränderung steht über dem Befolgen eines Plans.

Ziel ist es, die reine Entwurfsphase für eine neue Software oder ein neues Produkt auf ein Mindestmaß zu reduzieren und im Entwicklungsprozess so früh wie möglich zu ausführbaren Prototypen oder (Zwischen-)Produkten zu gelangen, die dann in regelmäßigen, kurzen Abständen dem Kunden zur gemeinsamen Abstimmung vorgelegt werden kann.

Hinweis: Agile Methoden

Verschiedene agile Projektmanagementmethoden haben sich in den letzten Jahren etabliert. Diese reichen in der Softwareentwicklung von Extreme Programming (XP), das Anforderungen der Kunden in kleinen Schritten übernimmt, Rapid Application Development (RAD) mit einem prototypischen Vorgehen, der RAD Weiterentwicklung Adaptive Software Development (ASD) mit vierwöchigen Fortschrittskontrollen bis zu einer ganzen Familie von Softwareentwicklungsmethoden namens Crystal und ihrer einfachsten Variante Crystal Clear.

Für die Entwicklung von Software aber auch verbesserter bzw. neuer Produkte, Prozesse oder Geschäftsmodelle haben sich die Methoden Scrum und Kanban etabliert. Scrum kommt mit sehr wenigen Regeln aus, bestehend aus fünf Aktivitäten, drei Artefakten und drei Rollen, welche in der Folge diskutiert werden. Kanban, welches gerne auch in Verbindung mit Scrum eingesetzt wird, begrenzt die Anzahl paralleler Arbeiten (sog. Work in Progress, WiP), um somit kürzere Durchlaufzeiten zu erreichen und Engpässe schnell sichtbar zu machen. Diverse Software-Tools unterstützen agile Produktentwicklungen nach Scrum und Kanban, wie Blossom (www.blossom.io), Jira und Confluence von Atlassian (www.atlassian.com), Scrumwise (www.scrumwise.com) oder Trello (www.trello.com).

Als Quintessenz aus diesen Produktentwicklungs- und Projektmanagement-Methoden zur Generierung von Innovationen kann man den strategischen Innovationsprozess in drei zentrale Schritte fassen (► Abb. 21).

Die erste Phase des Innovationsprozesses umfasst die generelle Initiative zugunsten von Innovationen und wird besonders von der Unternehmensführung beeinflusst. Sie schafft den Rahmen für die vier zentralen Faktoren »wollen, dürfen, können und machen«, die ohne das Auffinden und Umsetzen von Innovationen, wenn überhaupt, nur zufällig möglich sind. Bestandteile der Initiative sind die Formulierung einer Vision für die gesamte Organisation bis hin jener von Teilorganisationen, die Kultur und Organisation des Innovationsmanagements und die Einsetzung von notwendigen (Innovations-)Promotoren.

Hinweis: Fit for Market

Diesen Innovationsprozess und die dazu gehörenden Instrumente bezeichnete der Autor in seinen frühen Publikationen als »Kenkyudoo« bzw. seit einigen Jahren als »Fit for Market«. So hat jeder Autor hinsichtlich des Vorgehens in Innovationsprojekten seine eigene Vorgehensweise mit eigenen »innovativen« Beiträgen und ggf. eigenem Methodennamen. Es sind diese individuellen Weiterentwicklungen, Verbesserungen oder Ergänzungen, die interessierte Autoren zur öffentlichen Weiterentwicklung des optimalen Innovationsprozesses beisteuern. Ganz nach dem Motto »Ideen werden aufgegriffen, aufgenommen, umgesetzt und weiterentwickelt« entspricht dies ganz dem praktischen Verlauf von Innovationen.

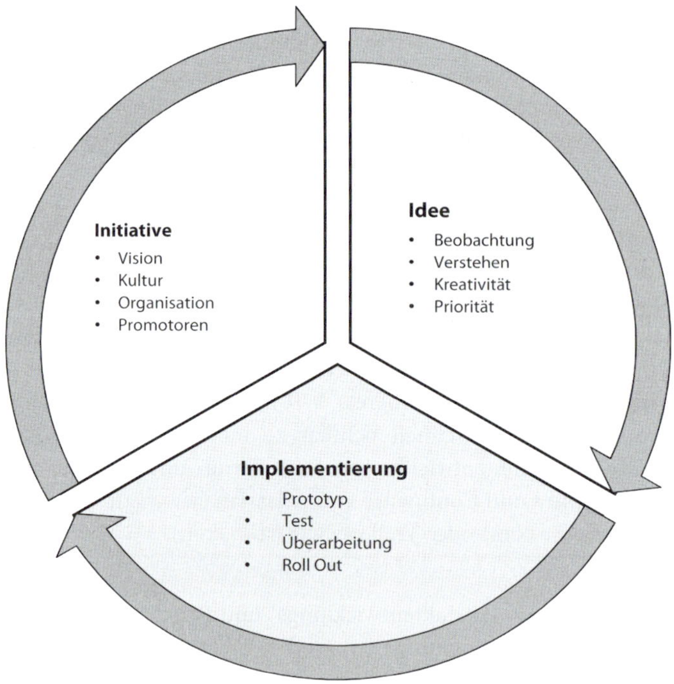

Abb. 21: Strategischer Innovationsprozess

Die zweite und dritte Phase betrifft die eigentlichen, operativen Innovationsprozesse. Dabei stellt die zweite Phase die konkreten Prozessschritte zur Ideenfindung und -auswahl dar, während die dritte Phase die erfolgreiche Implementierung von Ideen zu Innovationen zum Ziel hat. Die Unternehmensführung kann bei den beiden letzten Phasen – wie jedes Teammitglied - eigene Ideen und Lösungen beisteuern, sollte jedoch die eigentliche Steuerung der Prozessschritte an explizite Prozesspromotoren delegieren.

Ein derartiger operativer Innovationsprozess steigert die Liefer- und Leistungsfähigkeit von Unternehmen dank zweier zentraler Parameter: Erstens ermöglicht die frühe Einbindung von Kunden, Anwendern oder deren Repräsentanten, flexibel auf Kundenwünsche einzugehen und die Kundenzufriedenheit insgesamt zu erhöhen. Nur so verwirklicht man den Transfer von Produkt- oder Prozessinnovationen in effektive Preis- oder Nutzenvorteile für Kunden mit dem Ergebnis einer entsprechenden Rentabilität für das Unternehmen (► Abb. 23).

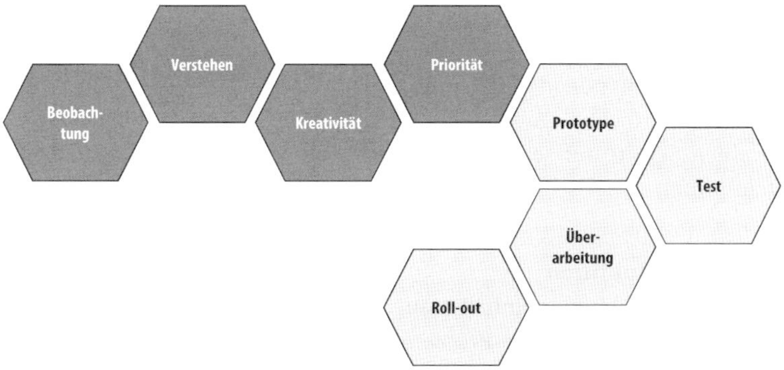

Abb. 22: Operativer Innovationsprozess

Das Problem vieler Produktentwickler ist es, dass bei frühen Kundenbefragungen diese ihre zukünftigen Wünsche und Bedürfnisse noch sehr ungenau artikulieren. Erst im Laufe eines Projektfortschritts konkretisieren sich die Kundenanforderungen oder es werden vollkommen neue Aspekte identifiziert. Nur die agile Produktentwicklung erlaubt es, auf neue, vielleicht zentrale Kundenanforderungen kurzfristig einzugehen. Die Zukunft wird mit dem Kunden gemeinsam gestaltet!

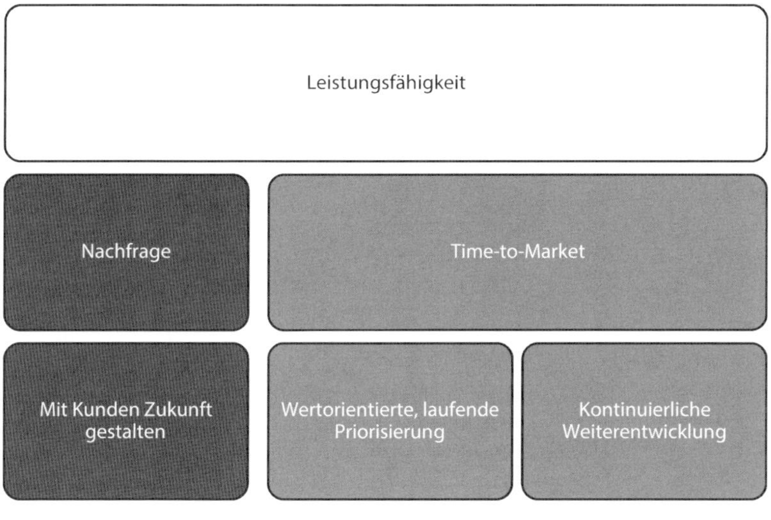

Abb. 23: Vorteile agiler Strukturen

Zweitens führt die laufende, wertorientierte Priorisierung aller Prozess- und Projektschritte sowie das Bewusstsein einer kontinuierlichen Weiterentwicklung zu einer kürzeren Dauer von der Produktentwicklung bis zur Platzierung des Produkts am Markt, also einem verbesserten Time-to-Market. Ein kürzerer Time-to-Market hilft Unternehmen bei der Kosteneinsparung, und rascher die Positionierung eines Pioniers und Innovators anzunehmen.

Wertorientierte laufende Priorisierung indiziert dabei, dass Innovationsprojekte nicht nur stur nach den Projektvorgaben abgearbeitet werden. Vielmehr gilt es immer wieder, jeden einzelnen Schritt auf seinen Beitrag zur angestrebten Kosten- und Nutzenführerschaft zu prüfen.

Hinweis: Agile Strukturen
Agile Produktentwicklung beinhaltet auch agile Team- bzw. sogar Unternehmensstrukturen mit Vorteilen sowie Problemen wie in Kapitel 2.2.1.1 noch ausführlich diskutiert wird.

1.2 Initiative

1.2.1 Wollen, Dürfen, Können, Machen

Innovationen benötigen eine Innovationskultur, in der es nicht nur erlaubt, sondern erwünscht ist, neugierig zu sein, alles verstehen zu wollen, aber auch alles in Frage stellen sowie Fehler machen zu dürfen. Es bedarf kreativer Freiräume sowie der knappen Faktoren Zeit, Geld und Personal, um neue Wege gehen und zu können. Nur dann können die Stakeholder eines Unternehmens als Quellen für Ideen fungieren und noch wichtiger, als Fundamente für die Umsetzung von Innovationen dienen.

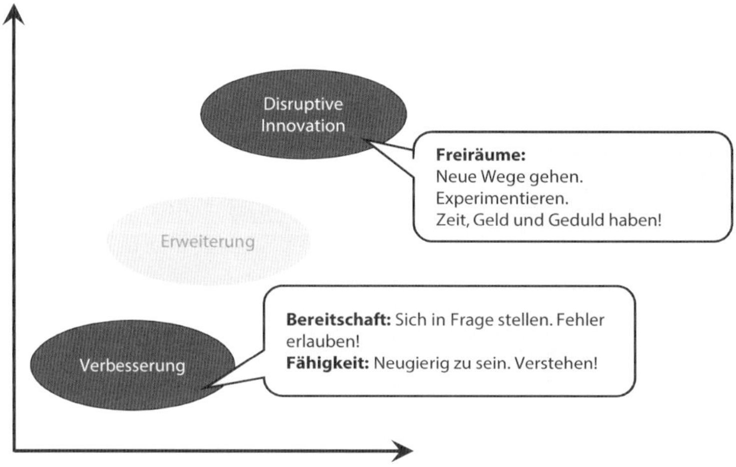

Abb. 24: Innovationskultur

Die Grundlage für Innovationen ist die Befähigung, unbefriedigte Kundenbedürfnisse, ineffiziente Prozesse oder potentielle Geschäftsmodelle zu erkennen und rentable Lösungen hierfür zu entwickeln. Damit diese Fähigkeit überhaupt zum Einsatz kommt und aus einer ersten Idee Innovationen werden, müssen in Unternehmen mindestens vier entscheidende, organisatorische Voraussetzungen erfüllt werden. Ohne diese vier Voraussetzungen haben die besten Ideen keine Chance, zu einer Innovation zu werden.

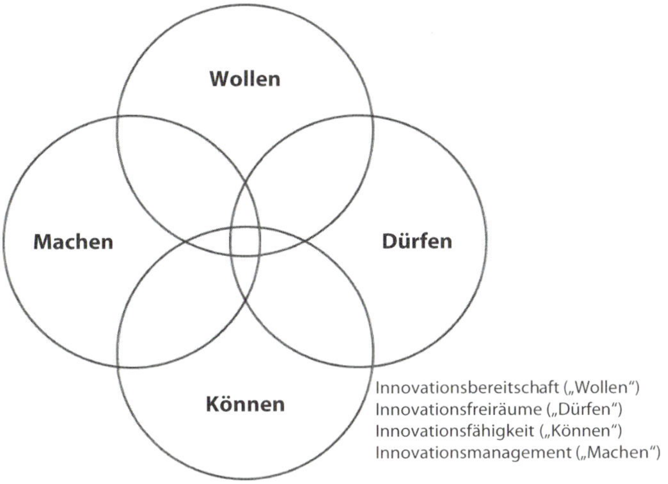

Abb. 25: Voraussetzungen der Innovationsorganisation

Die Erfolgsfaktoren für Innovationen lassen sich mit vier Verben beschreiben: Wollen, dürfen, können und machen (► Abb. 25). Wenn Innovationen nicht von oben gewollt werden, finden sie nicht statt. Mitarbeiter müssen innovativ sein dürfen. Dazu brauchen sie Strukturen und eine Unternehmenskultur, die ihnen genügend Freiräume lässt. Innovationen sind eine Frage des Könnens, der Fähigkeiten und konkreten Instrumente. Kreativitätstechniken lassen sich ebenso erlernen wie Projekt- oder Change Management-Tools. Schließlich bringt jede Idee wenig, wenn man sie nicht in eine Innovation umsetzt. Die nötige Motivation zum »Machen« bieten Anreizsysteme und Führungskräfte, die Mitarbeitern neue positive Perspektiven aufzeigen können, wenn sie sich mit ihren Ideen für das Unternehmen einsetzen.

1.2.2 Innovationsbereitschaft (»Wollen«)

Bei der Innovationsbereitschaft geht es um die Bereitschaft aller Betroffenen für neue Lösungswege. Neue Lösungswege bedeuten aber Veränderungen des Status quo. Innovationen mit neuen Produkten, Prozessen, Märkten oder Geschäftsmodellen bewirken organisatorische Veränderungen. Organisatorische Innovationen bedeuten dies umso mehr. Doch gerade die Angst vor Veränderung hemmt in vielen Betrieben Innovationen.

Das mittlere Management möchte lieber am Status quo und vorhandenen Machtstrukturen festhalten. Die Beschäftigten von Betrieben, die ständige Neuorganisationen, neue Vorgesetzte oder Abläufe erleben, ohne dass wesentliche Verbesserungen für sie selbst entstehen, verlieren das Vertrauen in Veränderungen. Erlebten sie in der Vergangenheit gar negative Auswirkungen aus Veränderungen, so entwickeln sie eine große Angst vor allem Neuem. Diese Angst wird in der Folge zu einem mächtigen Bremsklotz für Innovationen und die langfristige Wettbewerbsfähigkeit des Unternehmens. Sie verhindert notwendige Anpassungen an veränderte Märkte, sinnvolle Änderungen in der Aufbau- und Ablauforganisation und fördert stattdessen Enttäuschung und innere Kündigung.

Die Innovationsbereitschaft der Beschäftigten ist nicht immer vorhanden, kann aber durch gezielte Handlungen positiv beeinflusst werden. Zu diesen Aktivitäten gehören eine offene Information, Partizipation, verschiedene monetäre und nicht-monetäre Anreizsysteme sowie Maßnahmen der Personalentwicklung.

Nicht alle Unternehmen, die einmal innovativ waren, bleiben dies zwangsläufig dauerhaft. Manche Firmen verlieren ihre Innovationsbereitschaft und mit der Zeit auch ihre Wettbewerbsfähigkeit. Frühere Kosten- oder Nutzenführer haben die Innovationsbereitschaft aufgrund ihrer Unternehmensgröße, Komplexität oder »Saturiertheit« verloren (z. B. der Parfümhersteller 4711 oder die Suchmaschine yahoo!).

Wichtig!
Innovationen fangen »im« und »am« Kopf an. Die Innovationsbereitschaft beginnt im Kopf aller Betroffenen und sie startet am Kopf der Organisation. Das »Wollen« von Innovationen wird daher gestützt durch die klare Formulierung einer innovationsorientierten Unternehmensvision sowie von Zielen und Strategien, die unmittelbar auf Innovationstätigkeit ausgerichtet sind.

1.2.3 Visionen als Basis für Innovationen

»Wenn Du ein Schiff bauen willst, dann trommle nicht Männer zusammen, um Holz zu beschaffen, Aufgaben zu vergeben und die Arbeit einzuteilen, sondern lehre die Männer die Sehnsucht nach dem weiten, endlosen Meer.« Dieser Ausspruch von Antoine de Saint-Exupery aus seinem Werk »Die Stadt in der Wüste« (original: Citadelle, 1948) ist eine Hymne auf Visionen, um Menschen zu Leistungen zu motivieren. Motivation resultiert nicht aus sachlichen Argumenten und Bestimmungen, sondern aus Sehnsucht.

Visionen inspirieren die eigenen kreativen Potentiale (▶ Abb. 26). Sie wecken und zeigen einen gemeinsamen Traum für alle Beteiligten. Diese »Beseelung« und dieses »Einhauchen«, so wie es der lateinische Ursprung des Wortes »Vision« indiziert, braucht es zur Ideenfindung sowie zum notwendigen Umsetzungswillen, damit aus Ideen wirklich Innovationen werden. Aber Visionen inspirieren nicht nur, sie bieten Legitimation, Identifikation und Orientierung. Oder nach John P. Kotter: Dank einer klaren Vision können Mitarbeiter selbst herausfinden, was zu tun ist, ohne sich andauernd mit ihren Chefs oder Kollegen abstimmen zu müssen (Kotter J.P., 2015, S. 18).

Visionen legitimieren die unternehmerische Tätigkeit gegenüber allen Stakeholdern, von den Gesellschaftern, damit sie weiterhin in das Unternehmen investieren, über Kunden, Lieferanten bis hin zur Öffentlichkeit. Diese Legitimation beantwortet was ein

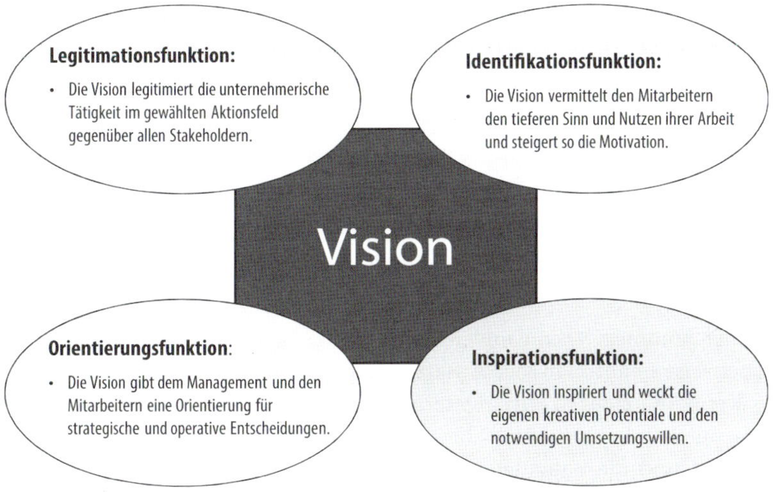

Abb. 26: Aufgaben der Vision

Unternehmen eigentlich macht, wozu es überhaupt da ist und wohin es will. Damit vermittelt die Vision den Mitarbeitern einen tieferen Sinn zu ihrer Tätigkeit (Identifikationsfunktion) und eine Orientierung für strategische und operative Entscheidungen (Orientierungsfunktion). Warum soll beispielsweise ein Unternehmen in Ideen und Innovationen investieren, wenn die Vision überhaupt keine Innovation zulässt? Die beiden folgenden Beispiele zeigen die Bedeutung von Innovationen in Visionen sowie die Korrelation von Visionen und Innovationen.

Beispiele: Visionen innovativer Unternehmen

Motel One formuliert seine Vision bzw. Strategie unter dem Motto »Viel Design für wenig Geld« und damit das Ziel, die Qualitätsführerschaft im Segment budgetbewusster, aber auch anspruchsvoller Kunden weiter auszubauen (www.motel-one.com).

Gemäß der Vision der Linde Gruppe wird das Unternehmen zum weltweit führenden Anbieter von Industriegasen und Anlagen zur Gaserzeugung, dessen Mitarbeiter höchste Wertschätzung genießen und das innovative Lösungen bietet, die die Welt verändern (www.the-linde-group.com).

Akademisch formuliert ist eine Vision ein konkretes Zukunftsbild, das so weit gefasst ist, dass wir die Realisierung noch sehen können, aber fern genug, um die Begeisterung der Organisation für eine neue Wirklichkeit zu wecken (Boston Consulting Group). Noch technischer ausgedrückt ist eine Vision ein hohes Ziel bzw. ein erstrebenswerter Zustand in der Zukunft, welcher in möglichst wenige Worte gefasst und im Präsens formuliert wird.

Die Mission unterscheidet sich von der Vision insofern, als die Mission keinen zukünftigen Zustand beschreibt, sondern einen Zweck oder Auftrag umfasst. Die Mission sagt aus, warum es das Unternehmen heute und in der Zukunft gibt. Es ergibt sich ein Unterschied bei den Adressaten: Während die Vision vor allem dazu dient, die Mitarbeiter hinter einem Ziel zu versammeln, richtet sich die Mission eher an Kunden und alle Stakeholder.

Hinweis: Vision und Mission
Die Vision fragt, was man in der Zukunft sein möchte. Sie beinhaltet eine Zeitschiene und Wünsche. Die Mission fragt, warum man in der Zukunft dort sein möchte. Sie beinhaltet Werte, Erwartungen und Gründe.

Doch woher kommen Vision und Mission als Basis für die Innovationsbereitschaft? Klassischerweise nennt man vier Ansatzpunkte für die Bestimmung einer Vision: Erstens die Kernkompetenzen eines Unternehmens, also jene Kompetenzen, die Kunden einen wesentlichen Beitrag zum wahrgenommenen Nutzen vermitteln, die schwierig zu kopieren sind und die potentiell viele Märkte erreichen. Zweitens dienen besondere Technologien als Basis für Visionen. Drittens können vorhandene oder potentielle Märkte, wie z. B. Kundengruppen oder Regionen, sowie viertens die generelle Umwelt (z. B. Wettbewerb, Politik oder Ökologie) als Ansatzpunkte für eine Vision dienen.

In Anlehnung an Jim Collins hat sich in der Praxis der Dreiklang aus Kernkompetenzen, realer Ertragsquellen und wahrer Leidenschaft als Ansatzpunkte zur Formulierung einer (Innovations-)Vision durchgesetzt (Collins J., 2014, S. 3). Am optimalsten ist es, wenn sich eine Vision aus der Schnittmenge dieser drei Quellen ergibt.

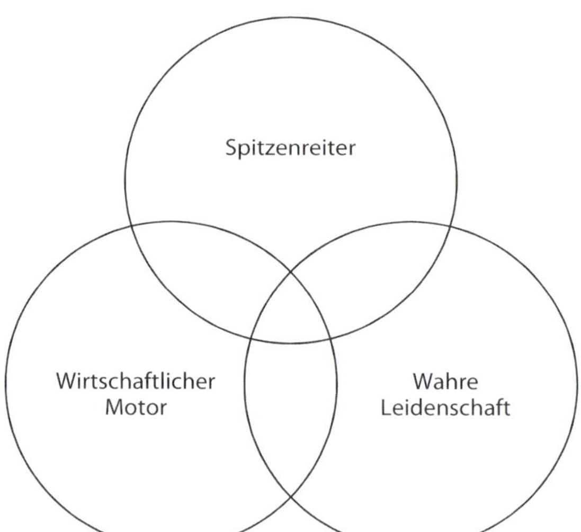

Abb. 27: Quellen einer Vision

Zur Festlegung, wo das Unternehmen wirklich ein »Spitzenreiter« ist, dienen mehrere Fragen: Wo liegen aktuell die Kernkompetenzen? Wo ist das Unternehmen besser als die

Wettbewerber? Womit kann das Unternehmen den Wettbewerb zukünftig übertrumpfen? Wo wird das Unternehmen nie zu den Besten zählen?

Tipp! Analyse der Kernkompetenzen
In Kapitel 1.3.3 werden einige Techniken zur Analyse vorhandener Kernkompetenzen wie die USP Analyse oder die Corporate Management Canvas (CMC) präsentiert.

Eine Vision sollte sich zudem daran orientieren, womit das Unternehmen bzw. der Unternehmensbereich wirklich sein Geld verdient. Denn es bringt nichts, eine Vision in komplett anderen Themenfeldern zu »erträumen«, zu denen das Unternehmen gar keinen Bezug hat. Mögliche Fragen zur Analyse des wirtschaftlichen Motors sind: Womit erzielt das Unternehmen bzw. der Bereich einen nachhaltigen Cashflow? Woraus resultieren die aktuellen Gewinne? Womit kann das Unternehmen auch in Zukunft seinen Cashflow und Gewinne erzielen?

Visionen wecken Sehnsüchte und zeigen einen gemeinsamen Traum für alle Beteiligten. Vorteilhaft ist es, wenn sich Visionen daher an vorhandenen und potentiellen Leidenschaften der Zielpersonen orientierten. So fragt man, was alle Beteiligten wirklich antreibt, um beispielsweise in einem Innovationsprojekt mitzuwirken? Wovon handeln die unternehmensbezogenen Träume?

Tipp! Visionen für den Einzelnen
Die drei Quellen Leidenschaft, wirtschaftlicher Motor und Spitzenreiter funktionieren auch bei einzelnen Personen und ihren Visionen. Überlegen Sie sich doch einfach, wo Sie besonders gut sind, womit Sie nachhaltig Ihr Einkommen verdienen können und woran Sie wirklich Freude (Leidenschaft) haben. In der Schnittmenge dieser drei Felder sollten Sie Ihre persönliche Vision ansiedeln und nach persönlichen Innovationen suchen.

Der Erfolg von heute kann der Misserfolg von morgen sein. Visionen werden dann vielleicht nicht mehr angepasst oder verlieren mit dem bisherigen Erfolg an Bedeutung. Arroganz und Ignoranz in der Vergangenheit erfolgreicher Firmen behindern die Anpassung der Vision an neue Trends, Konsumentengewohnheiten oder Regulierungen. Unternehmen, die dies erleben, verlieren glaubwürdige Visionen und damit die Basis zur Inspiration, Legitimation, Identifikation und Orientierung, sowohl für jegliche Innovationsprojekte wie auch für das gesamte unternehmerische Handeln.

Tipp! Schaffen einer gemeinsamen Teamvision
Was tun, wenn die eigene Firma keine brauchbare Vision hat und man nicht über die Macht verfügt, dies zu ändern? Führungskräfte im mittleren Management, die für ihr Unternehmen keine klare Vision vorfinden, können immerhin mit den von ihnen geleiteten Bereichen oder Teams entwickeln.

Als guter Startpunkt dient hierbei die Formulierung eines gemeinsamen Businessplan für das eigene Team bzw. Projekt. Ein solcher Businessplan umfasst neben dem Ziel und Auftrag des Teams/Projektes auch Aspekte der Organisation, Struktur, Finanzierung etc. Damit ist der Businessplan auch vielmehr als das Produkt Backlog der Scrum-Methodik, in welchem lediglich der Auftrag an das Projektteam formuliert wird.

1.2.4 Innovationsstrategien

Innovationsbereitschaft resultiert aus Visionen sowie aus innovationsorientierten Strategien. Aus den von Innovationsstrategien abgeleiteten Unternehmensstrategien definiert die Unternehmensführung daher, welche konkreten strategischen Rollen und Bedeutungen den Innovationen zukommt. Gemäß der Literatur gibt es verschiedene Innovationsstrategien, die ein Unternehmen als Reaktion auf Innovationen von Wettbewerbern (Pionieren) wählen kann (z. B. Ansoff, 1966, S. 71 ff. und Pepels W., 1999, S. 71):

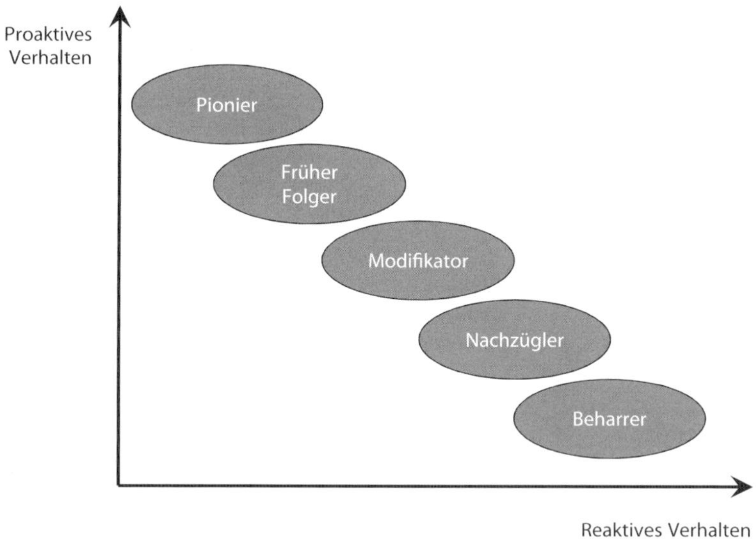

Abb. 28: Investitionsstrategien

Diese unterschiedlichen Innovationsstrategien legen fest, wie das strategische Verhalten eines Unternehmens in Bezug auf Innovationen auszusehen hat. Kernfrage der Innovationsstrategien ist, inwieweit ein Unternehmen eher aktiv oder passiv auf Marktveränderungen reagiert und wie aktiv bzw. passiv es selbst Innovationen auf dem Markt platzieren möchte. Es geht um die Neigung zu Innovationen:

- **Der Pionier** ist ein Innovationsführer, der aktiv und unablässig nach neuen Produkten, Prozessen, Märkten, Geschäftsmodellen und Strukturen Ausschau hält. Zum Selbstverständnis dieser Unternehmen gehört es, Ansätze technischen, ökologischen und sozialen Fortschritts unmittelbar umzusetzen und daraus eigene Wettbewerbsvorsprünge abzuleiten. Er möchte immer der Erste sein. Den Pionier charakterisiert eine große Risikofreudigkeit und Flexibilität. Oft sind Pioniere mittelständische Unternehmen mit einem innovativen Unternehmer als Geschäftsführer. Solche Pioniere benötigen ein hartes Innovationsmanagement, um die hohen Risiken und Kosten der Innovationsführerschaft zu begrenzen.
- **Der frühe Folger** adaptiert schnell die Innovationen von Pionieren, ohne jedoch den ersten Schritt zur Umsetzung zu wagen. Er ist kein reiner Kopierer, sondern betrachtet den Markterfolg der Pioniere genau und übernimmt Neuerungen mit dem Ziel, diese zu optimieren. Gerade durch eigene Adaptionen und einen verbesserten Kundennutzen wird der frühe Folger oft der eigentliche »Innovator« in den Augen der Abnehmer/Kunden.
- **Der Modifikator** nimmt eine Innovation erst zu einem späteren Zeitpunkt auf. Er sondiert die Erfahrungen des Pioniers und frühen Folgers und konzentriert sich auf die laufende Detailverbesserung bestehender Lösungen. Besonders die kundenspezifische Orientierung bringt dem Modifikator eigene Wettbewerbsvorteile und lässt ihn bei seinen Kunden als fortschrittlichen Anbieter erscheinen. Eine bewusste Orientierung an Kundenbedürfnissen und Marktsegmentierung schafft eine gute Kundenloyalität und nicht selten die Basis für höhere Preise.
- **Der Nachzügler** kopiert lediglich die Ideen der bereits etablierten Anbieter. Nachzügler haben keine eigenen Innovationen. Die Innovationsstrategie heißt vielmehr, den Innovationen hinterherzulaufen. Nachzügler nutzen den Input der Innovatoren und beuten diesen aus. Ursprüngliche Produkt- und Prozessideen werden in Form reiner Me-too-Angebote abgekupfert, Entwicklungskosten gespart und Risiken umgangen. Dies führt zu Preisvorteilen in der Produktion und Vermarktung, allerdings auch zum Fehlen jeglicher Alleinstellungsmerkmale. Nachzügler finden sich schnell in der Position der Vergleich- und Austauschbarkeit. Es regiert der Preis als Verkaufsargument.
- **Der Beharrer** nimmt keine Innovation vom Markt an, auch wenn diese noch so erfolgreich ist. Er beharrt auf seinem bisherigen Sortiment, den etablierten Prozessen, den eingefahrenen Strukturen, den bekannten Märkten und gelebten Kulturen. Es besteht kein Interesse an Veränderungen. Auch die Strategie der Beharrung hat ihre Existenzberechtigung im Markt. Alte Handwerksbetriebe zeigen gelegentlich, wie das Beharren auf alten Produktionsmethoden erneute Wettbewerbsvorteile hervorbringen kann.

Wichtig!
In Zeiten der dramatischen Umweltveränderungen und Megatrends (wie der Digitalisierung und Globalisierung) können sich Unternehmen kaum noch erlauben, zu spät auf Marktentwicklungen zu reagieren. Die Strategien der Nachzügler und Beharrer dürften auf Dauer nur noch in Ausnahmen erfolgsversprechend sein.

1.2.5 Innovationsziele

Innovationsbereitschaft resultiert letztlich aus konkreten innovationsorientierten Zielen. Ziele bilden generell den Ausgangspunkt jeder systematischen Unternehmensführung und der rationalen Steuerung aller Betriebsprozesse. Sie ergeben sich aus der Unternehmensvision und -strategien und übernehmen quasi die Umsetzung dieser in konkrete Handlungen. Ziele definieren, was das Unternehmen bis hinunter auf die Ebene der Abteilungen, Personen etc. erreichen soll.

Dass sich Zielvorgaben an den Unternehmensstrategien orientieren sollten ist eine grundlegende Selbstverständlichkeit. Jedoch ist dies leider nicht immer der Fall. Denn wie sonst liesse es sich erklären, dass unterschiedliche Unternehmensbereiche zueinander im Konflikt stehende Zielvorgaben erhalten. Da soll der Einkauf am günstigsten einkaufen, während die Produktion und der Kundenservice eine hohe Qualität sicherstellen soll.

Spricht nun ein Unternehmen in seinen Unternehmenszielen überhaupt nicht von Innovationen oder Verbesserungen, dann fällt es schwer, die Beschäftigten zur Entwicklung neuer Ideen zu bewegen. Denn warum soll man sich für etwas engagieren, das für die Unternehmensleitung keinen Wert hat? Umgekehrt kann das betriebliche Zielsystem Innovationen begründen. Ein Zielsystem, das klare Vorgaben über Verbesserungen und notwendige Entwicklungen hat und diese nachvollziehbar begründet, motiviert zur Teilnahme an der Zielerreichung. Mit anderen Worten: Weiß ich als Mitarbeiter, wohin das Unternehmen möchte, dann fällt es mir leichter, daran mitzuwirken.

Beispielsweise kann eine Wettbewerbsstrategie der Nutzenführerschaft am besten mit Produktinnovationen erreicht werden, während die Strategie der Kostenführerschaft sich eher durch Verfahrensinnovationen realisieren lässt. Eine auf Innovationen ausgerichteten Unternehmensstrategie kann wie folgt formuliert sein:

- Produktinnovationen fördern unsere Nutzenführerschaft im Hochpreissegment.
- Prozessinnovationen fördern unsere Nutzenführerschaft als schnellster und zuverlässigster Lieferant unserer Abnehmer.
- Prozessinnovationen fördern die Produktivität und Kostenstruktur und damit unsere Kostenführerschaft im Wettbewerb.
- Strukturelle Organisationsinnovationen fördern die Kostenführerschaft durch den Wegfall unnötiger Schnittstellen und externer Partner.
- Marktinnovationen in neue regionale Märkte oder Zielgruppen fördern die Kostenführerschaft durch Kostendegressionseffekte.
- Innovationen in neue Geschäftsmodelle fördern unsere Überlebensfähigkeit in gesättigten oder schrumpfenden Märkten.
- Kulturelle Organisationsinnovationen fördern die Nutzenführerschaft durch zufriedenere Mitarbeiter und dadurch freundlicheren Kundendienst.

Tipp!
Jeder Mitarbeiter einer Unternehmung sollte über den Stellenwert von Innovationen im betrieblichen Ziel- und Strategiesystem informiert sein. In fairen Zielvereinbarungen ist dann festzulegen, welche innovativen Beiträge der einzelne Mitarbeiter leisten kann und soll.

1.2.6 Innovationsfreiräume (Dürfen)

Es ist immer leicht, davon zu sprechen, dass die Mitarbeiter eines Unternehmens innovativ sein sollen. Viele Unternehmen kommunizieren dies auch in ihren Visionen, Strategien, Zielen, Leitsätzen und Leitbildern. Dennoch stoßen Mitarbeiter im Unternehmensalltag auf diverse Hindernisse und Barrieren gegen neue Ideen und gelebte Kreativität. Innovationen werden eher misstrauisch und argwöhnisch betrachtet. Sie stören den eingespielten Tagesablauf und etablierte Machtstrukturen. Bei der zweiten Voraussetzung für Innovationen handelt es sich daher um die Innovationsfreiräume, die den Abteilungen und Mitarbeitern eines Unternehmens wirklich gewährt werden. Innovativ sein zu »dürfen«, und nicht nur zu »sollen«, ist eine Grundvoraussetzung für jedes erfolgreiche Unternehmen, das sich immer wieder erneuern muss, um die Bedürfnisse der Kunden noch besser und profitabler zu befriedigen.

1.2.6.1 Unternehmenskultur

Unter der Unternehmenskultur versteht man die Gesamtheit aller Normen, Wertvorstellungen-lungen und Denkhaltungen, die das Verhalten der Unternehmensmitglieder aller Hierarchiestufen und somit das Erscheinungsbild einer Unternehmung bestimmen. Sie ist die Grundlage, auf der ein Unternehmen steht. Die Unternehmenskultur gilt als weicher Faktor und als eine nicht einfach beeinflussbare Größe. In Anlehnung an das Drei-Ebenen-Modell von Edgar Schein lassen sich die Ebenen der Unternehmenskultur wie folgt darstellen (Schein E., 2010, S. 23 ff.).

Demnach ist ein Teil der Unternehmenskultur für jeden sicht- und beobachtbar. Dies soll in der Abbildung 29 im Rahmen des Wellenstrichs dargestellt sein, bei der einige Ebenen der Unternehmenskultur über einer imaginären Wasserlinie liegen. Hierzu zählen die sog. Artefakte, also sichtbaren Erzeugnisse und Installationen wie Kommunikationsverhalten mit Mitarbeitern, Kunden und Lieferanten, Firmen, Architektur, Bürogestaltung, Corporate Identitiy, Rituale oder Geschichten. Bekundete, noch beobachtbare Werte sind dann die soeben diskutierte Vision, ein Unternehmensleitbild, Führungsprinzipien sowie Normen.

Auf der untersten Ebene sind die Aspekte der Unternehmenskultur, die als selbstverständlich angenommen werden für die Art und Weise, wie man auf die Umwelt reagiert. Diese Grundannahmen wie Glaubensätze, Weltanschauung, soziale Beziehungen, Status

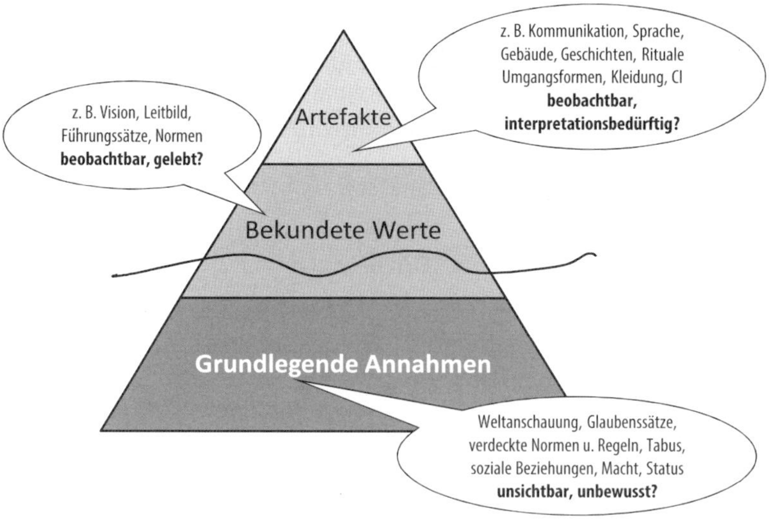

Abb. 29: Ebenen der Unternehmenskultur

und Tabus, werden nicht hinterfragt oder diskutiert. Sie sind so tief im Denken verwurzelt, dass sie von allen Mitarbeitern eines Unternehmens nicht bewusst wahrgenommen werden. Sie lassen sich nur sehr schwer und durch langfristige Eingriffe verändern.

Jedes Unternehmen und jedes Team verfügt über eine eigene Kultur, auch wenn sie mancherorts nicht explizit kommuniziert wird. Wichtige Bestimmungsgrößen, die Hinweise auf die spezifische Kultur geben, sind u. a. die Bedeutung der Bürokratie, von Innovationen, der Technik, von Spaß an der Arbeit, einer offenen und ehrlichen Information, der Risikobereitschaft, der Kunden sowie von Führung durch Angst. Mit diesen acht Parametern lässt sich die jeweilige Unternehmenskultur in vielen Unternehmen beschreiben. Dominieren beispielsweise die Parameter Bürokratie, Angst und Risikoaversion, dann fehlen jegliche Freiräume für Innovationen.

Pflegt ein Unternehmen eine Kultur der Transparenz und Information, der Freude an der Arbeit, der Kunden- und Technikorientierung, können Ideen eher entstehen und zu Innovationen werden. Dominiert in Unternehmen jedoch nur eine reine Technikkultur ohne gleichzeitige Kundenorientierung, dann fehlt der Technology-Push sowie eventuell die Marktakzeptanz und der wirtschaftliche Erfolg.

Allgemein lassen sich schon an dieser Stelle folgende Grundvoraussetzungen für die Schaffung von Innovationsfreiräumen aufzeigen:

- **Offene Information**: Innovative Unternehmen sind gekennzeichnet durch eine gelebte und kontinuierliche Informationstransparenz, und nicht durch Geheimnistuerei. Dies bedeutet nicht, dass die Unternehmensleitung alle Informationen an alle weitergeben sollte, sondern vielmehr, dass eine grundsätzliche Transparenz und ein gegenseitiges Verständnis vorhanden sind.

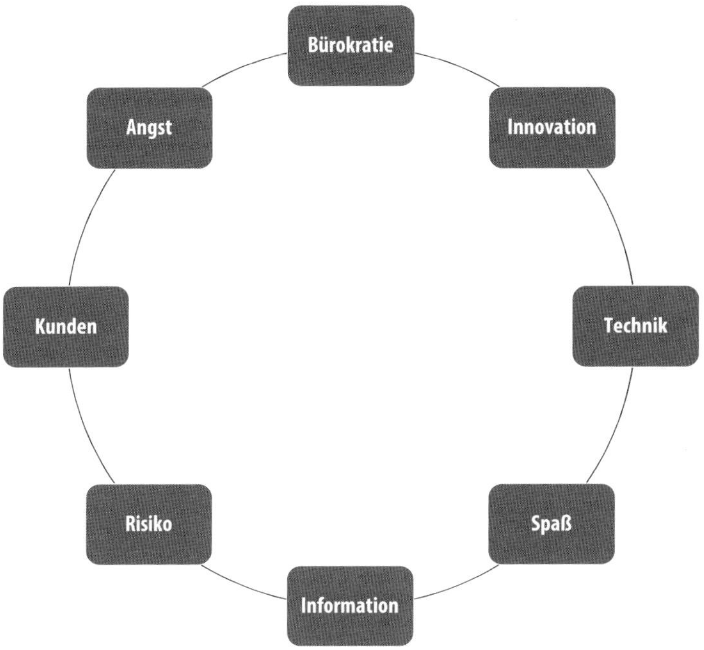

Abb. 30: Parameter der Unternehmenskultur

- **Weniger Bürokratie**: Je mehr eigene Handlungsspiel- und Freiräume ein Mitarbeiter hat, desto höher ist seine Bereitschaft, Ideen zu entwickeln, auszutauschen und umzusetzen. Je weniger in einem Betrieb geregelt ist, je mehr ein Mitarbeiter bei der Übermittlung innovativer Ideen Hierarchien und Dienstwege überspringen und umgehen kann, desto weniger lähmt die Organisation Kreativität und Innovationen. Dies bedeutet jedoch nicht, dass gar keine Regelungen existieren sollen. Nicht nur die meisten der oft wichtigen Zertifizierungen wären dadurch gefährdet, sondern ein System ohne Regeln fördert auch die Unsicherheit und Angst vieler Beschäftigter.
- **Kooperation, Konfliktbewusstsein und Fehlertoleranz**: In innovativen Unternehmen gilt das Motto »Konflikte lassen Kreativität entstehen«. Die Fehler bei Nichtroutineaktivitäten werden als Ausgangspunkte für Verbesserungen gesehen und toleriert. Konflikte müssen nur fair, sachlich und zielorientiert ausgetragen werden. Auch alle externen Bezugspersonen eines Unternehmens, wie z. B. Kunden, Lieferanten und Wettbewerber, sind als Ideenquellen zu nutzen.

In einem innovativen Unternehmen herrscht eine Vertrauenskultur. Erst bei begründetem Verdacht darf das Vertrauen in Misstrauen und sichtbare Kontrolle umschlagen. Die Mitarbeiter sind eingebunden in die Findung und Umsetzung von Ideen und informiert über die Entscheidungsprozesse. Freiräume für die persönliche Kreativität – inklusive Fehlertoleranz – sind sowohl vom Mitarbeiter als auch der Unternehmensleitung gewünscht.

> **Wichtig!**
> Innovationen müssen ein integrierter Bestandteil des Gewöhnlichen und Normalen sein.

Eine nach diesen Kriterien gelebte, innovative Kultur akzeptiert keine »Kreativitäts-Killerphrasen«. Wenn diese geäußert werden, fallen sie zwar oft nicht sofort auf, wirken aber umso sicherer ideentötend. Zu diesen Phrasen gehören beispielsweise:

- Ja, aber ...
- Das geht nicht, weil ...
- Das klappt nie ...
- Das haben wir doch schon probiert ...
- Das ist zu weit hergeholt ...
- Das ist bei uns undenkbar ...
- Dafür ist es zu früh/zu spät ...
- Das ist nicht zu bezahlen ...
- Sie übersehen, dass ...
- Das ist bei uns nicht durchsetzbar/realisierbar/machbar ...

> **Tipp!**
> Wenn Sie das nächste Kreativitätsmeeting einberufen, hängen Sie diese Sätze am besten gut sichtbar auf einem Flipchart auf. So steigt die Wahrscheinlichkeit, dass sie sofort entdeckt werden.

Doch je größer die Unternehmen sind, desto häufiger finden sich in der Praxis Schwierigkeiten bei der Verwirklichung von Innovationsfreiräumen. Großstrukturen tun sich überall auf der Welt schwer, wirklich Neues in kurzer Zeit hervorzubringen. Leider existiert eine Vielzahl von Gründen, warum die Innovationsfreiräume größerer Unternehmen und Organisationen eng begrenzt sind. Hierzu gehört beispielsweise die Aufbauorganisation mit funktional gegliederten Unternehmensbereichen, die jeweils das Spezialistentum fördern und ein ganzheitliches Denken begrenzen. Noch schlimmer sind Matrixorganisationen, in denen jeder für alles, aber niemand für etwas Konkretes verantwortlich gemacht wird. Unternehmensübergreifende Kommunikation und Projektarbeit stören in diesen Strukturen und werden oft nur als Alibi verfolgt. Neue Geschäftsideen müssen durch mehrere Hierarchieebenen durchgeboxt werden und scheitern häufig an Einzel-/Partialinteressen im (mittleren) Management, dem Tagesgeschäft als dominierender Größe oder schlicht an fehlenden Budgets.

> **Wichtig!**
> Innovationen benötigen eine konstruktive, offene, glaubwürdige und menschenfreundliche, aber auch leistungs- und zielorientierte Unternehmenskultur.

1.2.6.2 Unternehmensstruktur

Viele glauben noch immer, dass Ideen und Innovationen ausschließlich aus den Forschungs- und Entwicklungsabteilungen kommen. Das stimmt zwar sicherlich für die sog. Grundlagenforschung, aber schon lange nicht mehr für Verbesserungen von Produkten und Prozessen. Auch disruptive Innovationen entstehen nicht nur in den Forschungsabteilungen, sondern können von allen Mitarbeitern kommen, die nah an Kunden und Abläufen sind.

In anderen Unternehmen meint man gar, dass Innovationen ausschließlich von kleineren Tochterunternehmen, Spin-offs oder Start-ups kommen. Sie delegieren die Innovationen an ausgegliederten Innovationseinheiten und belassen das Tagesgeschäft bei ihren etablierten Organisationseinheiten. Sie vergessen aber, dass es a) gerade die Mitarbeiter sind, die im Tagesgeschäft arbeiten, von denen viele Anregungen für Innovationen kommen sowie b) eine Umsetzung von Innovationen ohne die Bereiche aus dem Tagesgeschäft meistens kaum möglich ist. Bei externen Innovationseinheiten weckt man direkt die Ablehnung der von Veränderungen betroffenen, etablierten Organisationseinheiten. Eine der später noch ausführlich diskutierten Grundregeln heißt entsprechend »Betroffene zu Beteiligten« zu machen.

Es empfiehlt sich vielmehr eine Unternehmensstruktur mit der Möglichkeit, interdisziplinarische, agile Projektgruppen zu initiieren und laufen zu lassen. Diese sind mit der operativen Entwicklung von Innovationen zu beauftragen und decken all jene unterschiedlichen Abteilungen und Unternehmensfunktion ab, die an früherer Stelle als potenzielle Quellen für Innovationen angesprochen wurden. Hierzu zählt beispielsweise der Vertrieb, der Kundendienst, die Produktion, die F&E-Abteilung, das Management oder auch externe Partner.

Aber wer steuert Innovationen im Unternehmen? Wer koordiniert die interdisziplinären Projektgruppen von der ersten Idee bis zur erfolgreichen Markteinführung und Umsetzung? Diese Antwort ist ausnahmsweise abhängig von der Art der gewünschten Innovation: Die letzte Verantwortung für Prozessinnovationen sollte in den betroffenen Fachbereichen und bei ihren verantwortlichen Führungskräften liegen. Die rein operative Verantwortung für die Prozessinnovation kann hingegen auf die betroffenen Personen inklusive ihrer vor- und nachgelagerten Prozessschritte delegiert werden. Ähnlich verhält es sich mit Organisationsinnovationen. Erneut können diese in der Verantwortung der einzelnen Fachbereiche und ihrer Führungskräfte liegen, während die Personalabteilung und oder eine eventuelle Abteilung für Organisationentwicklung die fachbereichsübergreifende Koordination übernimmt.

Bei Produkt-, Markt- und Geschäftsmodellinnovationen empfiehlt sich der Einsatz eines Produktmanagements. Ganz im Sinne des Gedankens der Wertschöpfungskette von Michael E. Porter aus dem Jahr 1985 sollte das Produktmanagement die zentrale Stelle sein, von der alle an den Innovationen beteiligten Kräfte und Ressourcen koordiniert und kontrolliert werden.

Hinweis: Wertschöpfungskette von Michael Porter
Die Wertkette von Michael Porter ist wohl die am Weitesten verbreitete Darstellung der Aktivitäten eines Unternehmens. Sie unterteilt diese in primäre und unterstützende Aktivitäten, die alle auf die Schaffung von Werten und auf Gewinn zielen. Die primären, vertikalen Aktivitäten bilden die eigentlichen wertschöpfenden Aktivitäten von der Produktherstellung über den Verkauf bis zur Kundenbetreuung ab. Die unterstützenden, horizontalen Aktivitäten tragen nicht direkt zur Wertschöpfung bei, sind jedoch erforderlich, damit die primären Aktivitäten durchgeführt werden können (Porter M., 1985, S. 36 ff.).

Allerdings sah Porter in seiner Originaldarstellung das Produktmanagement noch als Teil des Marketings und dieses zusammen mit dem Vertrieb als eine gemeinsame Abteilung innerhalb der primären, vertikalen Produktionsfaktoren. Die praktische Erfahrung im Unternehmensalltag hat allerdings gezeigt, dass die Trennung von Vertrieb als wertschöpfendem und dem Produktmanagement als horizontalem, koordinieren Bereich vorteilhaft ist. Hier übernimmt das Produktmanagement viele Funktionen des strategischen, produktbezogenen Marketings, von der Steuerung der Produktentwicklung und -vermarktung (u. a. Verpackung, Werbung, Vertrieb, Distribution), Qualitätssicherung, Preisgestaltung bis zur Koordination aller Serviceleistungen rund um ein Produkt (Ware oder Dienstleistung). Das unternehmensweite Marketing (z. B. Corporate Identity, Krisenkommunikation, Corporate Sponsoring) ist von diesem Produktmanagement losgelöst und kann einen eigenen, horizontalen Bereich repräsentieren.

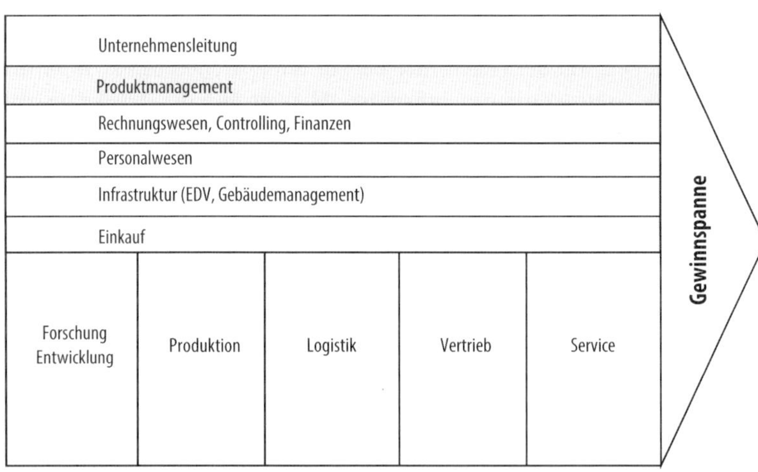

Abb. 31: Verantwortung für Produktinnovationen

Zentrales Steuerungsinstrument des Produktmanagements ist die Budget- und Deckungsbeitragsverantwortung. Unter Deckungsbeitrag versteht die Kosten- und Leistungsrechnung die Differenz zwischen den erzielten Erlösen (Umsatz) und den variablen Kosten. Es handelt sich um den Betrag, der zur Deckung der Fixkosten verfügbar ist. Der Deckungsbeitrag kann dabei auf ein einzelnes Produkt (Stückdeckungsbeitrag) oder auf die gesamte Absatzmenge (Gesamtdeckungsbeitrag) bezogen werden.

Hinweis: Marketing Mix und Pricing
Im Jahr 1960 revolutionierte Edmund Jerome Mc-Carthy das Marketing mit dem 4-P-Ansatz: Product, Price, Place und Promotion (McCarthy E.J., 1960). Unter dem Begriff »Marketing Mix« verstehen seitdem Generationen von Marketingexperten, dass nur dann eine Leistung erfolgreich vermarktet werden kann, wenn alle vier Blöcke an Marketinginstrumenten (Produkt, Preis, Kommunikation und Distribution) miteinander harmonierend in die gleiche Richtung zielen. Ein PKW lässt sich beispielsweise nicht als hochwertig (Preis) vermarkten, wenn zwar die Qualität sehr gut ist (Produkt), die Marke aber unattraktiv ist (ebenfalls Produkt), dem Kunden kein Mehrwert oder Imagevorteil kommuniziert wird (Kommunikation) und der Wagen in einem wenig ansprechenden Ambiente ausgestellt wird (Distribution).

Aber gerade beim Pricing (Preis) hat das Marketing allgemein und das Produktmanagement im speziellen in den letzten Jahrzehnten viel Einfluss verloren. In vielen Unternehmen ist das Produktmanagement vorwiegend für die Kommunikation und ein wenig für die Sortimentspflege verantwortlich. Der Vertrieb bekam mehr und mehr die Hoheit über den endgültigen Kundenpreis (u. a. dank der vielen Rabatte). Dies alles gefährdet kurzfristig die Rentabilität und langfristig jegliche Innovationskraft.

Besser ist es, wenn das Produktmanagement gegenüber der Unternehmensleitung die Verantwortung der Rentabilität (Gewinn/Deckungsbeitrag) aus den Leistungen des Unternehmens (Produkte/Dienstleistungen) trägt. Ziel des Produktmanagements ist die nachhaltige Stabilität des Deckungsbeitrages, auch wenn gemäß der Lebenskurve von Produkten bei zunehmendem Wettbewerb die Wirtschaftlichkeit sinkt. Über ihre Budgets steuern die Produktmanager daher Forschungsprojekte, Herstellungskosten, Vertriebs- und Werbemaßnahmen, Logistikkosten sowie Serviceaktivitäten für Produkt-, Markt- und Geschäftsmodellinnovationen.

Die Produktmanager repräsentieren die in Kapitel 2.2.2 beschriebenen Prozesspromotoren. Wie Kutscher kontrollieren und führen sie die übrigen Ressourcen (F&E, Produktion, Logistik, Vertrieb und Service), damit aus Produktideen am Markt erfolgreiche, rentable Innovationen werden. In der agilen Projektsteuerung Scrum erfüllen die Product Owner die Funktion als Produktmanager und Prozesspromotoren.

1.2.6.3 Innovationsfreiräume

Zu den Innovationsfreiräumen zählen neben einer innovationsorientierten Unternehmenskultur und -struktur auch die echten Räume und Flächen, in denen Innovationen stattfinden sollen. Im Rahmen der Diskussion um Design Thinking bekam erstmals auch der eigentliche Raum, in welchem ein Innovationsteam zusammentrifft, eine besondere Bedeutung. Es reicht nicht mehr aus, nur die richtigen Teammitglieder auszuwählen, freizustellen und zusammenzubringen. Vielmehr benötigen sie auch einen Raum, in dem sie gerne zusammenkommen und welcher der Kreativität förderlich ist. Fensterlose, unpersönliche Büroräume oder kalte Raucherecken im Außenbereich motivieren nicht zum Perspektivenwechsel oder freien Denken, um Kreativität zu wecken.

Teams werden gerne über große Distanzen mittels elektronischer Medien (wie Telefonkonferenzen, Mails, Chats, Dropbox) verbunden. Doch dies reicht nicht. Kreativität benötigt positive Gruppendynamik dank echter Präsenz. Durch intelligente Gestaltung, einladendes (Farb-)Design und helles Tageslicht, unterstützen die Innovationsräume die Interaktion und Dynamik aller Teamteilnehmer. Die Räume sind am besten multimedial (z. B. PC, Scanner, Drucker, Meta Plan, Flipchart, Whiteboards, Kanban Tafel), funktional (z. B. freie Tischanordnung) und können je nach Projektarbeit flexibel gestaltet werden. Wichtig ist, dass man sich wirklich in den Räumen wohlfühlt und hier am Projekt arbeiten möchte.

1.2.7 Innovationsfähigkeit (»Können«)

Innovationen kommen immer durch Menschen zustande. In den meisten Fällen sind es die Mitarbeiter eines Unternehmens, die Innovationen hervorbringen oder zumindest die Umsetzung wesentlich beeinflussen. Durch ihren Kontakt zu den Kunden, Lieferanten, Banken, Gesellschaftern und anderen möglichen Stakeholdern erhalten sie immer wieder wichtige Anregungen/Impulse für Verbesserungen und Entwicklungen. Sie selbst befinden sich in den Prozessen zur Leistungserstellung und können dort Schnittstellenprobleme oder unnötige Kostenverursacher identifizieren und Optimierungsvorschläge ausarbeiten. Sie müssen allerdings über die notwendigen Instrumente des Innovationsmanagements verfügen, um diese wichtige Rolle im Innovationsprozess auszufüllen.

Die Qualifizierung aller Mitarbeiter eines Unternehmens bewirkt die Innovationsfähigkeit (das »Können«). Der zentrale Punkt der Innovationsfähigkeit ist das Vorhandensein ausreichender Instrumente zur Ideenfindung, Strukturierung, Bewertung, Auswahl, Planung, Vermarktung, Umsetzung, Kontrolle und Weiterentwicklung von Ideen zu erfolgreichen Innovationen. Die Vermittlung dieser Techniken an alle Beschäftigten muss ein Kernziel der Personalentwicklung sein, die somit eine wichtige Rolle beim Aufbau eines innovativen Unternehmens übernimmt.

Die Liste der konkreten Instrumente umfasst eine Vielzahl von Techniken des Projekt- und Change Managements, der Kreativitätslehre, Moderations-, Führungs- und Organisationstechniken, dem Controlling sowie des Marketings. All diese Instrumente werden in den folgenden Kapiteln ausführlicher behandelt.

All diese Instrumente werden im Kapitel 1.3.6 jeweils kurz beschrieben und im Hinblick auf mögliche Anwendungsfälle diskutiert.

Stufe im Innovationsprozess	Mögliche Innovationsinstrumente
Beobachtung	• Empathiekarte • MUDA Canvas • SWOT-Analyse • PESTEL-Analyse
Verstehen	• Customer Journey • Customer Experience • Pain sowie Gain Spotting • Unique Selling Point Analyse (Sweet Spot) • Corporate Management Canvas (CMC) • Product Backlog
Kreativität	• Perspektivenwechsel: Provokation, Walt Disney, Wargaming etc. • Assoziationstechniken: Brainstorming und Co., Mindmapping, M.A.R.K.E.T., Morphologischer Kasten • Analogien • Moderationstechniken: Open Space, World Café, Barcamps, Zukunftskonferenz, Innovation Canvas
Priorität	• Nutzen-/Machbarkeits-Analyse • Innovation Scorecard
Prototype	• Paper Protoyping und Mock Ups • Wizard of Oz • Rapid Prototyping • MVP Canvas
Test	• Split- bzw. A/B-Test • Conjoint Analyse
Überarbeitung	• Korrekturkatalog
Roll-out	• Abschlussbericht und Projektdokumentation • Reflexionsmeeting • Patent, Gebrauchsmuster, Geschmacksmuster, Markenzeichen und Urheberrecht

Abb. 32: Innovationsinstrumente

1.2.8 Innovationsmanagement (»Machen«)

Die bisher diskutierten Voraussetzungen befähigen ein Unternehmen, aktiv Innovationen zur Sicherung der langfristigen Unternehmensexistenz, des Eigenkapitals und der Arbeitsplätze zu erarbeiten und zu kommunizieren. Viele Verbesserungsvorschläge scheitern jedoch an der nicht konsequenten Steuerung des Innovationsprozesses. Projekte werden begonnen und nicht bis zum erfolgreichen Ende durchgehalten. Ein zielorientiertes Innovationsmanagement ist daher Grundvoraussetzung für die erfolgreiche Umsetzung einer Idee in eine echte, wirtschaftlich relevante Innovation.

Das Innovationsmanagement umfasst die Führung und Steuerung, eben das »Machen« des gesamten Innovationsprozesses. Es reicht von der ersten Initiative, der Rahmengestaltung, der Prozessbegleitung über die Problemlösung bis zur erfolgreichen Verwirklichung und Einführung. Das Management des Innovationsprozesses (▶ Kap. 1.1) erstreckt sich dabei über verschiedene Prozessschritte und organisatorische Dimensionen.

> **Wichtig!**
> Innovationsprojekte müssen praktisch gelebt und gesteuert werden.

Der Unternehmensleitung und den Projekt- oder Innovationsmanagern kommt dabei eine besondere Funktion zu. Sie motivieren und fördern die Mitarbeiter, sie sponsern innovative Projekte und sorgen als Kontrolleure und Qualitätssicherer für die Realisierung und Umsetzung. Daher wird in der Folge auf die drei besonderen Rollen der Hauptpersonen im Innovationsmanagement den Macht-, Prozess- und den Fachpromotoren, ausführlich eingegangen.

1.3 Ideenmanagement

Die Entwicklung von Innovationen kann gezielt gefördert und gemanagt werden. Sie ist erlernbar und steuerbar. Innovationsquellen sind aufzuspüren und freizusetzen. Die Ideen sollten nach den Prinzipien eines strukturierten Innovationsmanagements im Rahmen eines Innovationsprozesses entwickelt und in erfolgreiche Innovationen umgesetzt werden. Erst dann schöpft ein Unternehmen einen Vorteil aus der Ideenvielfalt und dem Wissen seiner Mitarbeiter.

Schon lange vor der Einführung der modernen Methoden zur Produkteinführung wie Design Thinking oder Customer Development Process existierten bereits vielfältige Erfahrungen und Vorschläge für Prozessabläufe von Innovation.

> **Wichtig!**
> Die Techniken und Vorgehensschritte des Innovationsmanagements sind zu einem großen Teil nicht neu, aber sie müssen konsequent verfolgt und erfolgreich umgesetzt werden.

Allen Methoden gemeinsam ist die Abstufung des Prozesses in die Phasen der Identifikation eines Problems, der Gewinnung notwendiger Informationen, der Produktion möglicher Lösungen, der Evaluierung der Lösungsalternativen, der Auswahl und Realisation. Neuere Methoden erweitern diese Stufenfolge um den Aspekt, dass der Käufer und/oder Nutzer der möglichen Innovationen noch intensiver und früher in den Innovationsprozess eingebunden wird. Anhand von Prototypen, Tests und

Feedback-Schleifern lässt sich die Kundenakzeptanz einfach prüfen und ggf. schnell optimieren.

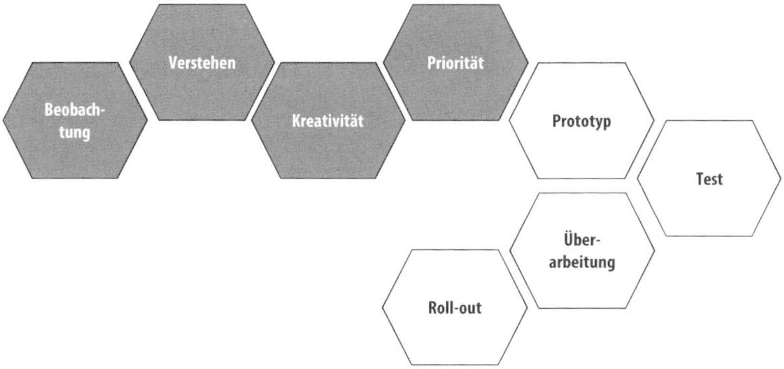

Abb. 33: Prozess des Ideenmanagements

Erste Ideen sind das Fundament für jede erfolgreich umgesetzte Innovation. Doch was bringt es, wenn neue Ideen erst gar nicht geäußert werden? Was bringen geäußerte Ideen, wenn diese nicht diskutiert und bewertet werden? Was bringen bewertete Ideen, wenn nicht versucht wird, diese umzusetzen? Das Management der Ideen stellt sich diesen Fragen und offeriert konkrete Instrumente, damit Ideen identifiziert, strukturiert und selektiert werden.

1.3.1 Beobachtung

Grundgedanke dieser ersten Phase im Innovationsprozess ist die Vor-Ort Beobachtung von Kundenbedürfnisse, Prozessen, Hindernissen, Wettbewerbern u.v.a. Schon das Lean Management fordert gemäß dem Gedanken des »Genchi gembutsu« (► Kap. 2.2.1.1), dass man sich vor Ort und mit den Betroffenen selbst ein Bild der Stärken, Schwächen, Chancen und Risiken machen soll. Diesen Grundgedanken zeigt Abbildung 34.

Vor-Ort-Beobachtungen sind unmittelbar, d. h. sie erfolgen während des eigentlichen Phänomens (z. B. Kaufen, Produktion, Lieferung, Reklamation). Sie erfassen dabei die unterschiedlichen Umwelteinflüsse (Verkaufs- und Produktionsort, Wettbewerb, Infrastruktur, Wetter, Uhrzeit). Beobachtungen erfolgen unabhängig von der Auskunftsbereitschaft der Testpersonen und betrachten auch das unbewusste Verhalten.

Die Marktforschung gliedert Beobachtungen in Feld- sowie in Laborbeobachtungen auf. Beispiele für Feldbeobachtungen sind Kundenreaktionen, Testkäufe, Beobachtung von Fertigungsverfahren, Verkaufsgesprächen, Kundenkontaktstudien, verdeckte Beobachtungen als auch Kundenlaufstudien. Beispiele für Laborbeobachtung sind Produkt- und Verpackungstests, sog. tachistoskopische Tests (Erinnerungsfähigkeit an Werbung), die Messung psychogalvanischer (Haut-)Reaktionen, Blickaufzeichnungen oder Stimmfrequenzanalysen.

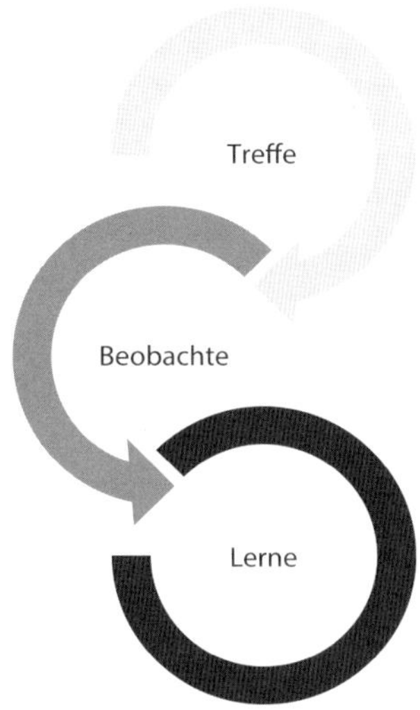

Abb. 34: Grundgedanke der Beobachtung

Das Controlling liefert ebenfalls wichtige Instrumente für die Beobachtung wie die ABC-Analyse, Lebenszyklen, Stärken-/Schwächen oder die Portfolio Analyse. Auf vier, allzeit einsetzbare Instrumente der Beobachtung sollen nun kurz weiter eingegangen werden.

1.3.1.1 Empathiekarte

Die Zielsetzung der Empathiekarte ist es, sich in die Lage einer Person (hier des Käufers bzw. Anwenders) zu versetzen. Sie verwandelt abstrakte Zielgruppen und potenzielle Kunden in konkrete Personen – einschließlich eigener Gefühle, Bedürfnisse, Probleme und Wünsche. Betrachtet wird zudem, was der Kunde ablehnt oder ihm Kopfschmerzen bereitet. Gleiches gilt für die Dinge, die er liebt und von denen er nicht genug bekommen kann.

Im Rahmen eines Perspektivenwechsels übernimmt man die Rolle des Kunden bzw. Anwenders und fragt sich dabei, was dieser hört, denkt, sieht, sagt und fühlt. Damit eignet sich die Empathiekarte gut, um genaue Bedürfnisse zu analysieren und daraus die eigenen Leistungen (z. B. Produkte, Dienstleistungen, Vertriebs- und Kommunikationskanäle, Einnahmequellen) zu gestalten. Produkt-, Markt- und Geschäftsmodellinnovationen resultieren aus dem Verständnis über die möglichen Käufer und Anwender.

Die Erstellung der Empathiekarte vollzieht sich in drei Schritten: Zuerst werden mittels eines Brainstormings alle möglichen Kundensegmente gebildet und davon ausgehend drei relevante Segmente ausgewählt. Dann verbindet man diese drei Segmente mit konkreten Personen, in die man sich hineinversetzt, um anschließend alle »erlebten« Gefühle in der Karte notieren zu können. Im dritte Schritt erstellt man aus den gesammelten Informationen konkrete Profile der relevanten Kundensegmente.

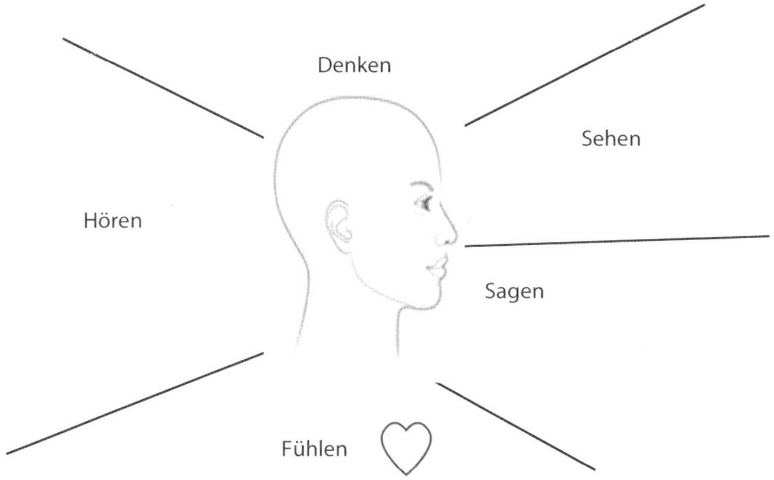

Abb. 35: Empathiekarte

> **Tipp! Empathiekarte mit Umweltfaktoren**
> Spannend wird die Empathiekarte, wenn nicht nur die reinen Gefühle eingetragen werden, sondern auch beeinflussende Umweltfaktoren. So kann man bei »Hören« die Quellen eintragen, wie z. B. Freunde oder Multiplikatoren. Bei »Sehen« interessieren die Art und Weise, Häufigkeit oder die Fundstelle der wahrgenommenen Informationen.

1.3.1.2 Muda Canvas

Taiichi Ohno, der bereits erwähnte Erfinder des Toyota-Produktionssystems, formulierte die schon beschriebenen sieben Arten von Verschwendungen: Überproduktion, überflüssige Bewegungen, Wartezeiten, Bestände, Übererfüllung, Transporte und Fehler. Diese bezeichnet er mit dem japanischen Wort »Muda« (= Verschwendung/sinnlose Tätigkeiten).

Im Rahmen der neuen Kreativitätstechnik »Muda Canvas« sammeln Teilnehmer nun Ideen, mit deren Hilfe man aktuelle »sinnlose Tätigkeiten« reduzieren kann und gruppieren diese nach den sieben Verschwendungsarten an eine Metaplan- oder Leinwand (engl. Canvas).

Ein Moderator kann Anregungen zur Ideenfindung einbringen, indem er die sieben Verschwendungsarten jeweils kurz erläutert. So bezeichnet man als Überproduktion jene Produktionsmenge, die über die aktuelle Abnahmemenge durch die Kunden hinausgeht und nicht abgesetzt werden kann. Gründe für Überproduktion sind beispielsweise Fehleinschätzungen über den tatsächlichen Bedarf der Kunden/Abnehmer. Aber auch eine unerwartete Konkurrenz oder steigende Kosten für die Herstellung bzw. den Unterhalt führen zu einer Reduktion der Nachfrage und damit zu einer Überproduktion.

Zur unnötigen Bewegung zählt jede Form des unnötigen bzw. unnötig schwierigen Werkzeughandlings. Gründe für unnötige Bewegungen liegen in einer ungünstigen oder

Abb. 36: Muda Canvas

fehlenden Arbeitsplatzergonomie, in einer unzureichenden Anordnung von Komponenten und Betriebsmitteln auf dem Montagetisch oder einer unvollständigen Verfügbarkeit der benötigten Materialien und Werkzeuge.

Hohe Bestände an Rohmaterialen oder Zwischenprodukten resultieren beispielsweise aus mangelnder Termintreue, unpassenden Losgrößen, langen Rüstzeiten oder um mögliche Maschinenausfälle zu kompensieren. Hohe Bestände an Fertigwaren dienen der Gewährleistung einer schnellen Anlieferung trotz langer Durchlaufzeiten sowie dem Ausgleich von Schwankungen auf dem Absatzmarkt. Sie können jedoch auch aus einer schlechten Planung resultieren.

Von einer Übererfüllung (Over-Engineering) spricht man, wenn Fertigungs- oder Betriebsprozesse ohne Vorteile für das spätere Endprodukt unnötig komplex ausfallen. Dies kann beispielsweise durch das Herstellen eines Produktes mit einem unnötigen Leistungsumfang, einer zu intensiven Qualitätssicherung oder zu ausführlichen Genehmigungsverfahren bei internen Prozessen entstehen.

In der Produktion oder Verwaltung kann so ziemlich alles transportiert werden, was sich bewegen lässt, insbesondere z. B. Rohmaterial, Werkstücke, Fertigprodukte, Werkzeuge oder Betriebsmittel. Die Notwendigkeit von Transporten ergibt sich u. a. aus der schon erwähnten Überproduktion, bei welcher Bestände bewegt werden, oder aus einer unzureichende Gestaltung des Arbeitsplatzes. Auch die Trennung einzelner, weit voneinander entfernter Wertschöpfungsschritte erhöht den Bedarf an innerbetrieblichen Transporten, um die Werkstücke von einer Bearbeitungsstation zur nächsten zu bringen.

Wartezeiten sind pure Verschwendung. Während des Wartens finden keinen weiteren Aktivitäten und Wertschöpfung statt. Wartezeiten können aufgrund einer fehlenden oder unzureichenden Austaktung von verschiedenen Prozessschritten auftreten. Genauso kann es vorkommen, dass nach dem sog. Trichterprinzip an jedem Arbeitsplatz ein bestimmter Vorrat an Aufträgen in einer Auftragswarteschlange (dem Trichter) eingereiht ist, mit dem Ziel, dass die Maschinen oder Montagearbeitsplätze immer voll ausgelastet sind und keine Stillstandzeiten entstehen. Entgegen dieser Intention kann gerade dies zu Störungen in anderen Prozessschritten führen.

Fehler, die zur Nacharbeit oder gar Aussortierung führen, kosten Geld. Die Wertschöpfung ist bereits teilweise oder im schlechtesten Falle sogar komplett vollzogen, wenn die Qualitätssicherung während der Endprüfung die Leistung als fehlerhaft identifiziert. Solche Fehler entstehen beispielsweise wegen schlecht gewarteter Maschinen, die fehlerhafte Teile produzieren, wegen unzureichend geschulter Mitarbeiter, Lieferung defekter Komponenten durch Zulieferer oder unpräzise Messmittel.

Wichtig: Fehler und Innovationen
Fehler, die zur Nacharbeit oder gar Aussortierung repräsentieren für die klassische Lehre des Lean Managements eine enorme Verschwendung. Für das Innovationsmanagement stellen sie gleichzeitig eine wichtige Quelle des Erkenntnisgewinns für zukünftige Verbesserungen/Neuerungen dar, weshalb in modernen, agilen Methoden diese gezielt mittels Prototypentests und Feedback-Schleifen in die Innovationsprozesse integriert werden.

Die einzelnen Verschwendungsarten besitzen häufig gegenseitige Wechselwirkungen, so dass die Ideen, wie man aktuelle »sinnlose Tätigkeiten« reduzieren kann, in mehrere Felder der Canvas passen. In diesem Fall können gerne Mehrfachnennungen der Ideen in der Muda Canvas aufgeführt werden. Ganz nach dem Motto »lieber einmal zu viel, als keinmal«.

1.3.1.3 SWOT-Analyse

Ein sehr einfaches Instrument zur Analyse möglicher Stärken und Schwächen des aktuellen Leistungssortiments und der Leistungsprozesse sowie der zukünftigen Opportunitäten und Bedrohungen stellt die zwar sehr bekannte, aber oft zu wenig genutzte SWOT (Strengths-Weakness-Opportunities-Threats)-Analyse dar. Dieses klassische Instrument des Controllings sammelt und visualisiert die Stärken, Schwächen, Chancen und Risiken zu einem definierten Thema (▸ Abb. 37).

Dank der Vier-Felder-Matrix werden beide Gehirnhälften angeregt und es werden sowohl die Themen der Gegenwart als auch der Zukunft betrachtet (klassischerweise spricht man hier nur von einer internen bzw. externen Sicht). Genau damit dient die SWOT-Analyse der Ideenfindung für die Verbesserung von Prozessen oder gar der kompletten Neuerfindung von Abläufen.

In der aus der SWOT-Analyse weiterentwickelten TWOS-Analyse werden die Stärken und Schwächen zu den Chancen und Risiken in Beziehung gesetzt, um daraus vier Gruppen von (operativen bzw. strategischen) Maßnahmen abzuleiten (▸ Kap. 1.3.6.6).

Strengths / Stärken	**Weakness / Schwächen**
Opportunities / Chancen	**Threats / Risiken**

Abb. 37: SWOT-Analyse

1.3.1.4 PESTEL-Analyse

Trends können positiv oder negativ auf den zukünftigen Erfolg eines Unternehmens wirken. Ob die Digitalisierung als technischer Einfluss, eine Niedrigzinsphase als wirtschaftlicher Einfluss oder staatliche Regulierungen wie der Verbraucherschutz, Trends bieten Chancen, aber stellen auch Risiken für die zukünftige Wettbewerbsfähigkeit dar. Eine Prüfung möglicher Trends anhand der PESTEL-Analyse verdeutlicht, dass nicht nur technologische Trends auf Unternehmen wirken. Vielmehr gefährden auch politische, soziale, wirtschaftliche, ökologische und rechtliche Trends die Existenz von Organisationen.

Umweltfaktoren		**Trends (Beispiele)**
P	**Politische Umwelt** (Political)	Corporate Governance, Normierung/Standardisierung, Corporate Social Responsibility, wachsende Bedeutung der NGOs, Russland Krise, China-Krise, England und EU, Bundesmittel, Flüchtlingspolitik
E	**Wirtschaftliche Umwelt** (Economic)	Finanzkrise, Liquiditätsüberschuss, virtuelles Geld (Bitcoin), Blockchain und »Smart Contracts«, Globalisierung, Zunahme an Übernahmen und Insolvenzen, Multi-Arbeitsplätze, Arbeitswelten 4.0 (Teilzeit, Home Working, virtuelle Teams), »War of Talents«, Währungskurse
S	**Soziale Umwelt** (Social)	Social Media (direkt, rasant, »frei«), Gender Mainstreaming, Bevölkerungsentwicklung (z. B. Polarisierung, Urbanisierung, Individualisierung, Mobilität, Konnektivität, Wissenszugang), Kundenbedürfnisse (z. B. hybrider Kunde, Generation Y, Gesundheit, Elternzeit), Uberisierung (C2C anstatt B2C), Bildung
T	**Technologische Umwelt** (Technological)	Digitalisierung, Mass Customization, Big Data, Industrie 4.0, Internet der Dinge, New Food, Medizintechnik, 3D-Druck, Biometrie, Antriebe, Instant Payment

Abb. 38: PESTEL-Trendanalyse (Beispiel)

Umweltfaktoren		Trends (Beispiele)
E	**Ökologische Umwelt** (Ecological)	Energiewende, Rohstoffverfügbarkeit, Zertifizierungen, Wasser
L	**Rechtliche Umwelt** (Legal)	Datenschutz, Arbeitssicherheit, Betreiberhaftung, IFRS, BilMoG / BilRUG, Basel II & III, Bestellerprinzip, Mietpreisbremse, Mindestlohn, Arbeitszeiten, US-Verbraucherschutz, Grenzkontrollen

Abb. 38: PESTEL-Trendanalyse (Beispiel) – Fortsetzung

1.3.2 Verstehen

Innovationen bieten einen Mehrwert/Nutzen. Bei Produktinnovationen zielt dieser Nutzen direkt auf die Käufergruppen, die bereit sein sollte, für diesen Nutzen mehr zu bezahlen. Prozess- und Organisationsinnovationen zielen auf interne und externe »Kunden«, denn sie schaffen zuerst Vorteile (Mehrwerte) innerhalb der Unternehmensbereiche, die in der Folge auch zu Kosten- bzw. Nutzenverbesserungen bei den Endkunden führen.

Im zweiten Schritt des Innovationsprozesses sowie in der Ideenfindung geht es daher um das Verständnis von Kundenbedürfnissen, Herausforderungen von Prozessen, Hintergrundwissen über Märkte oder Chancen neuer Geschäftsmodelle. Nur wer etwas verstanden hat, kann dieses auch verbessern!

1.3.3 Kundenverhalten und Kundenbedürfnisse

Interne und externe Kunden profitieren von Innovationen. Ob es die internen Teams an den nachgelagerten Prozessen sind, ob es sich um die externen Käufer einer Leistung sind oder ob es die externen Anwender sind, sie alle sind Zielgruppen für Innovationen. Verschiedene, teilweise schon etablierte Instrumente, helfen beim Verständnis dieser Kunden, ihres Verhaltens und ihrer Bedürfnisse.

1.3.3.1 Customer Journey

Eine Möglichkeit zum Verständnis von Kunden und Anwendern, ihrer Verhaltensmuster und ihrer Bedürfnisse bietet die sog. Customer Journey (»Reise des Kunden«). Der Begriff bezeichnet die einzelnen Phasen und Berührungspunkte (Touchpoints), die ein Kunde beim Kauf eines Produktes durchläuft. Hierzu zählen nicht nur die offensichtlichen Interaktionen zwischen Kunden und Anbietern, wie z. B. die Werbung, der Ort des Kaufes (Point of Sales) oder der Reklamation, die direkt vom Anbieter beeinflusst werden können.

Es zählen vielmehr alle Schritte von der ersten Idee eines Kaufwunsches, über die Information und Entscheidungsfindung, den Kaufvollzug, Lieferung, Nutzung und Erinnerung. Alleine die erste Phase zur Erkenntnis eines Bedürfnisses umfasst schon mehrere Aspekte, von der Frage, wie, wann und wo konnte ein Bedürfnis geweckt werden? Welche Medien und Multiplikatoren waren sinnvoll? Was waren die Kernbotschaften, auf die der Kunde reagiert hat? In welcher Situation befand er sich gerade? Warum hat die Botschaft oder die Situation zu dem Bedürfnis geführt?

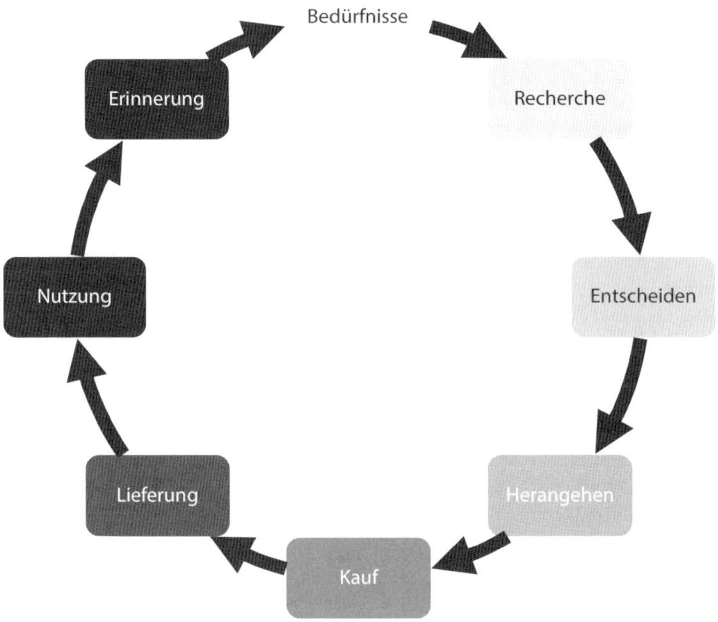

Abb. 39: Customer Journey

> **Wichtig!**
> Produktverbesserungen bedeuten im Kontext der Customer Journey, das kundenspezifische Wissen in optimierte Produktkerne, Design, Service oder Anwendungsfälle umzusetzen.

In der Phase der Recherche interessieren erneut der Ort, die Medien und die Zeit, wie sich ein potentieller Kunde über die mögliche Bedürfnisbefriedigung informiert. Werden die Recherchen im Internet vollzogen oder fragt man nach persönlichen Empfehlungen von Bekannten? Werden eigene Vertriebsinformationen in die Recherche des potentiellen Kunden eingebunden? Welche Kernbotschaften sind wichtig und überzeugen bei den Recherchen? Wie häufig informiert sich ein Kunde, bis er wirklich zu einer Entscheidung kommt? Wird die Recherche, wie im B2B-Geschäft häufig üblich, durch ein Team durchgeführt (buying center)? Wird die Recherche durch ein eigenes Verkaufsteam (Selling Center) gefördert?

Was sind schließlich die Einflussfaktoren (Selling Points) für die Kaufentscheidung des eigenen Produktes bzw. eines Konkurrenzproduktes oder warum fan der Kauf nicht statt? Wo trifft der potentielle Kunde wann und in welcher Weise die Entscheidung? Findet diese spontan nach der Recherche statt oder wird noch einmal (länger) über die Entscheidung nachgedacht? Ist der Kunde bei seiner Entscheidung alleine oder im Team? Wie fühlt sich der Kunde nach der Entscheidung?

Die Phase des Herangehens betrifft die Annäherung an den Kauf und die Art, wie diese erfolgt: Anruf beim B2B-Vertrieb (Außen- oder Innendienst), Fahrt zu einem Verkaufsort/Point of Sales (z. B. Supermarkt), Besuch der Herstellerseite im Internet. Es interessiert auch die Zeit, die zwischen einer Entscheidung und dem endgültigen Kauf vergeht und die Gründe für eine mögliche Verzögerung.

Beim Kauf selbst betrachtet die Analyse der Customer Journey folgende Parameter: Zahlungsart (Barkauf, Kreditkarte, Leasing, Finanzierung etc.), Bundling (d. h. kauft der Kunde nur ein einzelnes Produkt oder gleich ein Paket von Leistungen), Adressat (d. h. erwirbt der Kunde das Produkt für sich oder für andere) sowie das Kaufende (z. B. die Verabschiedung, Planung der nächsten Journey Schritte).

Nach dem Kauf folgt die Anlieferung der Leistung zum Kunden. Hier interessieren Fragen der Schnelligkeit, Zuverlässigkeit und Kundenfreundlichkeit der Anlieferung sowie Fragen der Aufstellung, Installation und Einweisung der gelieferten Ware.

Die Phase der eigentlichen Nutzung betrachtet die näheren Modalitäten, also den Ort und Grund der Nutzung (z. B. Milkshakes im Auto als Überbrücker der langweiligen Autofahrt), Häufigkeit und Verbrauch (z. B. nur einmalig im Jahr eine Kopfschmerztablette aus einer 10er Schachtel) sowie den eigentlichen Nutzer (z. B. Eltern kaufen Süßigkeiten für ihre Kinder).

Nach der Nutzung ist die Customer Journey noch nicht zu Ende. Es folgt die Phase der Erinnerung für die Themen wie Zufriedenheit oder Unzufriedenheit relevant sind. Kommt es dank der Zufriedenheit des Kunden zu einer Weiterempfehlung? Kauft der Kunde die Leistung ein weiteres Mal? Wird hingegen bei einer Unzufriedenheit der Hersteller kontaktiert und die Leistung reklamiert?

Hinweis!
Der Begriff »Customer Journey« entstand ursprünglich im Hinblick auf die vielfältigen Kundenaktivitäten im Onlinehandel, der zunehmend auch im B2B- und B2C-Geschäft Anwendung findet

1.3.3.2 Customer Experience

Nutzen- und Kostenführer schaffen gegenüber ihren Kunden eine besonders positive Kundenerfahrung (Customer Experience) und etablieren damit eine enge emotionale Bindung zwischen sich und ihren Kunden bzw. Anwendern. Der Prozess zugunsten von Produkt-, Markt- und Geschäftsmodellinnovationen lebt daher von den bisherigen Erfahrungen der unternehmensweiten Bestandskunden. Genauso gilt es zu verstehen, warum Nicht-Kunden entweder bevorzugt Konkurrenzprodukte kaufen oder erst gar keinen Kauf vollzogen haben.

Eine positive Kundenerfahrung beruht auf Mehrwerten aus drei Erfahrungsfeldern, der erlebten Leistung, dem persönlichen Kontakt sowie der Individualisierung (▶ Abb. 40).

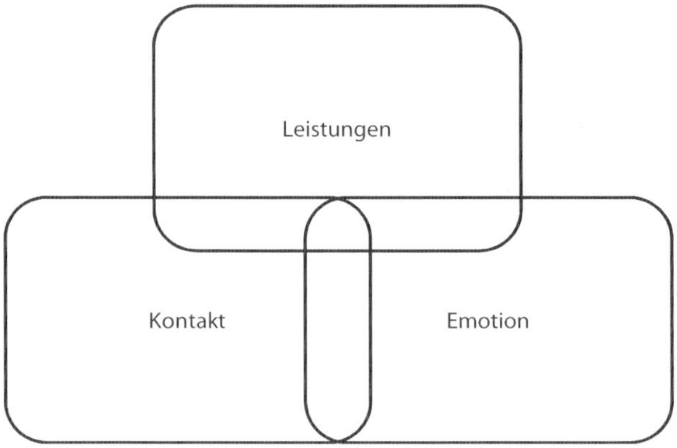

Abb. 40: Merkmale der Customer Experience

Die erlebten Leistungen stellen die erste Quelle für Mehrwerte und eine positive Customer Experience dar. Zu diesen Leistungen zählen jene, die Kunden schon vor dem Kauf erleben, wie beispielsweise die Berücksichtigung spezieller Kundenwünsche (Customizing) sowie als Hauptgrund das anbieterspezifische Preis-Leistungs-Verhältnis. Während des eigentlichen Kaufvorgangs sind zusätzliche Services und Finanzierungsangebote sowie Rabatte relevant (▶ Kap. 1.3.3.2).

Die erlebten Leistungen ergeben sich ferner während der Produktnutzung durch den Kunden. Hierzu zählen Schulungen, Implementierung, Installation, Instandhaltung, Wartung, Mitgliedschaft in einem Club, Einladungen zu exklusiven Veranstaltungen oder Zahlungsabrechnungen während der Nutzung. Zusätzlich runden die Leistungen nach der Nutzung, wie Rücknahme, Austausch, Entsorgung, die ein positive Kundenerlebnisse prägen.

Tipp!
Die erlebten Leistungen und ihre positiven wie negativen Wirkungen auf die Kunden gilt es in dieser Phase des Innovationsprozesses zu verstehen und daraus Anregungen für Verbesserungen, Erweiterungen oder gar Disruptionen abzuleiten.

Die zweite Quelle für Mehrwerte und eine positive Customer Experience resultiert aus den Emotionen, die sich aus dem Angebot eines Unternehmens beim Kunden ergeben.

Emotionen sind zuerst einmal Gefühle, Gemütsbewegungen und seelische Erregungen. Im Vergleich zu Stimmungen sind sie zeitlich relativ kurz und intensiv. Sie resultieren aus einem Dreiklang von Stimulanz, Dominanz und Balance (Häusel H.-G., 2016, S. 39 ff.). Das interessante ist dabei, dass alle drei Parameter des Dreiklangs positiv wie negativ wirken können: Im Rahmen der Stimulanz suchen Menschen die Abwechslung und Überraschung, aber keine Langeweile und Öde. Bei der Dominanz erregen Stolz und Selbstwertgefühl positive Emotionen, während Wut, Ärger und Machtlosigkeit negativ wirken. Die Balance klassifiziert die positiven Aspekte der Sicherheit und Stabilität, mit den unangenehmen Ausprägungen der Unsicherheit, Angst und Panik. Die Kunst ist es nun, Kunden eine abwechslungsreiche (Stimulanz) Customer Experience zu verschaffen, die aber auch gleichzeitig Sicherheit (Balance) vermittelt und stolz macht (Dominanz).

Hinweis: Die fünf Käufer-Risiken
Der Wunsch nach Balance korreliert mit fünf Ängsten der Käufer, wie sie bereits 1997 ausführlich von Jack Trout beschrieben wurden (Trout J., 1997, S. 36). Zu diesen zählen das finanzielle Risiko (»Ich könnte zu viel Geld ausgeben«), das technische Risiko (»Vielleicht funktioniert es nicht oder tut nicht, was es sollte«), das physikalische Risiko (»Es sieht ein wenig gefährlich aus. Ich könnte mich verletzen«), das soziale Risiko (»Was werden meine Freunde sagen, wenn ich das kaufe?«) und das psychologische Risiko (»Der Kauf könnte mir ein schlechtes Gewissen verursachen«).

Mit dem Ansatz der Mass Customization, also der an kundenindividuellen Vorgaben ausgerichteten Massenproduktion, gelingt es Unternehmen immer häufiger, alle drei Parameter des emotionalen Dreiklangs gezielt auf individuelle Kunden auszurichten. Die Individualisierung des Leistungsangebots vermittelt den Kunden das positive Gefühl, ernst genommen zu werden (Dominanz) sowie die Chance der optimalen Bedürfnisbefriedigung (Balance). Grundlagen für die Individualisierung sind ein intensives Kundenverständnis, die technische und prozessuale Steuerung der Mass Customization sowie die Anpassung (»Skalierung«) des Leistungsangebots auf mehrere zahlungskräftige Abnehmer.

Die dritte Quelle des Kundenerlebnisses betrifft den persönlichen Kontakt des Kunden mit dem Anbieter. Dieser Kontakt umfasst die Kontaktpunkte (Point of Interest / Sales), die Kontaktwege (Customer Journey), die Kontaktpersonen (direkt / indirekt), die Botschaften und Emotionen sowie die Kommunikationshäufigkeit. Schon so mancher Innovator konnte seine geplante Innovation am Markt nicht erfolgreich durchsetzen, weil er diese fachlich ungenügend, zu unpersönlich oder zu aggressiv kommuniziert hat. In einem solchen Fall kann die beste technische Errungenschaft keine positiven Emotionen und damit kein erfolgreiches Kundenerlebnis wecken.

1.3.3.3 Pain- und Gainspotting

Die Grundidee ist ganz einfach: Anstelle generell auf alle Bedürfnisse eines (externen oder internen) Kunden zu achten, konzentriert man sich beim Painspotting gezielt auf jene Themen, die dem Kunden Unannehmlichkeiten, Probleme oder andere Formen von »Schmerzen« (Pain) bereiten. Diese unbefriedigten oder schlecht befriedigten Bedürfnisse sind meistens besonders emotional. Kunden sind hier eher bereit, für eine entsprechende Problemlösung mehr zu bezahlen.

Erste Fragen zum Painspotting sind beispielsweise: Welche aktuellen Bedürfnisse werden nicht oder nur teilweise befriedigt? Über welches Produkt oder welche Dienstleistung regen sich die Kunden regelmäßig auf? Welche privaten, beruflichen, technischen, sozialen, finanziellen Probleme bestehen im Umfeld der Kunden? Wer benötigt Hilfe oder kann sein Problem nicht allein lösen? Wie und mit was könnte ein Unternehmen seinen Kunden das Leben bzw. den Alltag erleichtern? Wo entsteht aktuell am meisten Ärger und Frust?

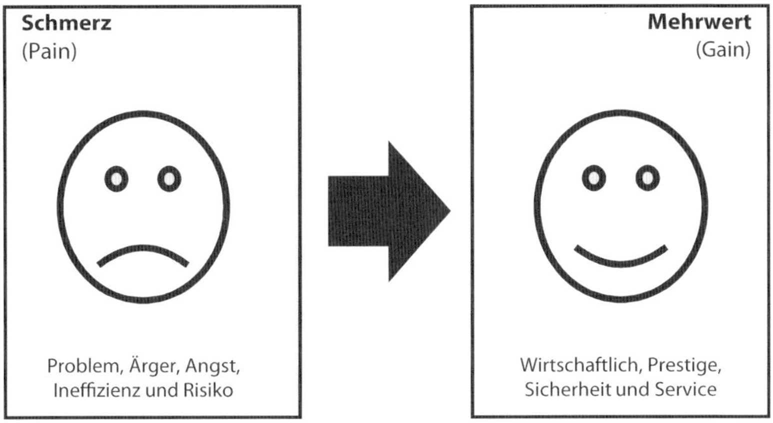

Abb. 41: Painspotting und Gainspotting

Die Abbildung 41 verdeutlicht die unterschiedlichen Quellen der Schmerzen sowie die möglichen Mehrwerte aus deren Reduzierung. Zu den Quellen der Schmerzen gehören die klassischen Gründe für Ärger und Frust der Kunden wie zu hohe Aufwendungen (z. B. Kosten, Zeit oder Ressourcenbedarf), Unannehmlichkeiten bei der aktuellen Leistung (z. B. Qualität, Funktion, Design, Anwenderfreundlichkeit) oder von Abhängigkeiten.

Neben diesen klassischen Fragen existieren »Pains« auch im Rahmen der Ängste der Kunden, wie den vier später noch ausführlich diskutieren emotionalen Barrieren der Überforderung, Ohnmacht, Unkenntnis und Schlechterstellung. Die Schlechterstellung hat dabei nicht nur mit dem Faktor Macht zu tun, sondern auch mit der Angst vor möglichen Risiken. Zu diesen zählen die gerade erwähnten fünf Risiken, die Kunden bei einem Kauf möglicherweise empfinden, also das finanzielle, technische, physikalische, soziale und psychologische Risiko.

Beispiel:
Bereits in der Einleitung zu den Grundlagen der Produktinnovationen (▶ Kap. 1.1.2.1) zeigt das Beispiel von Christian Christensen, dass Milkshakes nicht unbedingt nur den »Schmerz« des Hungers oder Dursts stillen sollen. Vielmehr bekämpft das Milkshakes die Langeweile während der langen Autofahrt zur Arbeit.

Abbildung 41 verdeutlicht zudem die Grundidee des parallelen Gainspottings. Diesmal abgeleitet vom englischen »gain« für Gewinn/Vorteil und »spot« für entdecken. Beim Gainspotting versucht man gezielt Mehrwerte (auch auf Basis der vorher gefundenen Pains) für interne bzw. externe Kunden zu identifizieren. Im Rahmen des Innovationsschritts »Verstehen« identifiziert man die Grundlagen für verschiedene Mehrwerte, wie beispielsweise konkrete Voraussetzungen für Kostenersparnisse der Kunden, Zeitgewinn, Qualitätsvorteil, Servicenutzen, Informationsgewinn, Sicherheitsvorteil, Risikoreduzierung, Unabhängigkeit, positive Emotion oder Prestigegewinn. Im Fall des Milkshakes Beispiels ist der Gewinn (gain) die Abwechslung während der langen Autofahrt.

Hinweis: Value Proposition Canvas

Gerade die Technik des Pain- und Gainsspottings eignet sich gut für die Suche nach neuen Geschäftsideen und -modellen. Ein Team um Alexander Osterwalder hat deshalb die Value Proposition Canvas entwickelt. Beim Value Proposition Canvas geht es vor allem um die Analyse der möglichen Werte und Nutzen für die Zielkunden, indem explizit die möglichen Pains und Gains der Zielkunden abgefragt werden (Osterwalder A. u. a., 2016, S. 18 f.).

Der Begriff Nutzenversprechen (Value Proposition) beschreibt, welchen Nutzen ein Anbieter seinen Kunden mit einem bestimmten Produkt oder einer bestimmten Dienstleistung verspricht und hoffentlich am Ende auch hält. Diese Value Proposition ist umso wirksamer, je mehr sie die Schmerzen (pains) der Kunden verhindert bzw. die Mehrwerte (gains) generiert.

In seinem Buch »Customer Strategy« hat Phil Winters einige der möglichen Value Propositions übersichtlich zusammengefasst (▸ Abb. 42) (Winters P., 2016). Ratsam ist es, wenn die Value Propositions nicht wirksam werden, sondern mehrere dieser Parameter zu einer überzeugenden Value Proposition kombiniert werden.

So bieten führende PKW Marken sicherlich einen Nutzen (z. B. Fahren, Sicherheit, Transport), aber je nach Marke auch soziale Vorteile (z. B. Prestige, Gruppengefühlt) und Emotionen (z. B. Freude, Glück, Stimulation).

1.3.3.4 USP (Unique Selling Proposition)-Analyse

Zum Verständnis der eigenen Stärken und Schwächen im Vergleich zum Wettbewerb dient die Betrachtung der eigenen Alleinstellungsmerkmale oder USP (Unique Selling Proposition). Marketing und Verkaufspsychologie bezeichnen damit alle herausragenden Leistungsmerkmale, durch die sich das Angebot eines Unternehmens deutlich vom Konkurrenten unterscheidet.

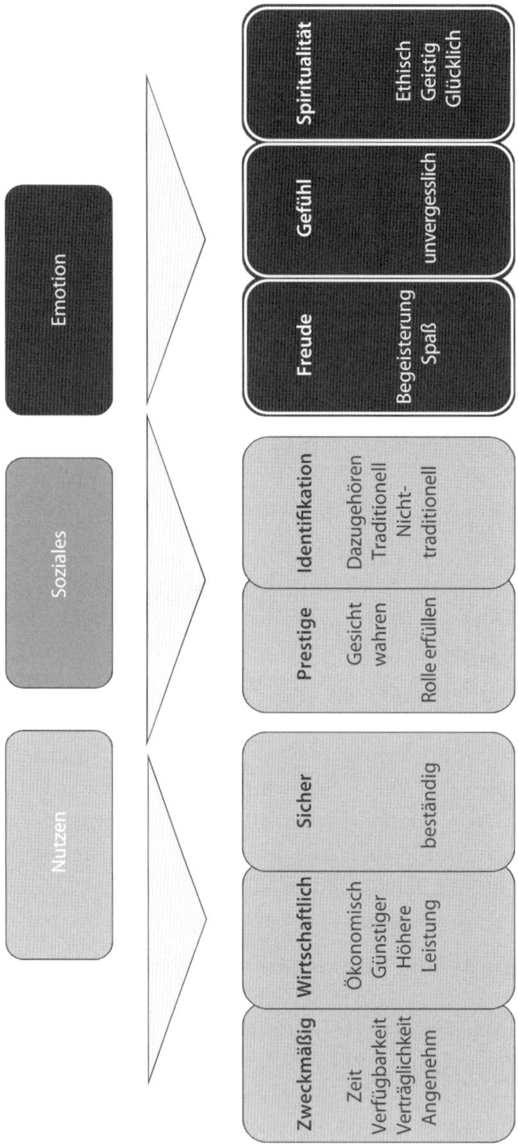

Abb. 42: Value Proposition und Bedürfnisse

Wichtig: Value Proposition und Unique Selling Proposition
Die Value Proposition ist das Versprechen eines Nutzens. Alleinstellungsmerkmale (USP) sind hingegen wirkliche Leistungsmerkmale, mit denen sich ein Anbieter vom Wettbewerb nicht nur differenziert, sondern die beim Kunden zu Bestellungen, also zu tatsächlicher Nachfrage führen.

Schon im Jahr 1940 wurde der Begriff USP von dem Werbefachmann Rosser Reeves in die Marketingtheorie und -praxis als ein einzigartiges »Verkaufsversprechen« im Rahmen der Werbung für ein Produkt (oder eine Dienstleistung) eingeführt. Für Reeves waren es primär die USPs, die Kunden zum Kauf eines beworbenen Produktes oder Services motivierten.

Um aus der Vielzahl von Produkteigenschaften, Serviceaktivitäten, Kommunikationskanälen und -botschaften, Distributionsorte und Vertriebswege jene USPs herauszufiltern, die wirklich für einen Kunden entscheidend sind, bietet sich eine sog. Sweet Spot-Analyse an. Diese vergleicht drei Eigenschaften und ihre Schnittmengen, wie im Fall der USP-Analyse die Eigenschaften: Angebot des Unternehmens, Angebot des Wettbewerbers sowie Bedürfnisse der Kunden.

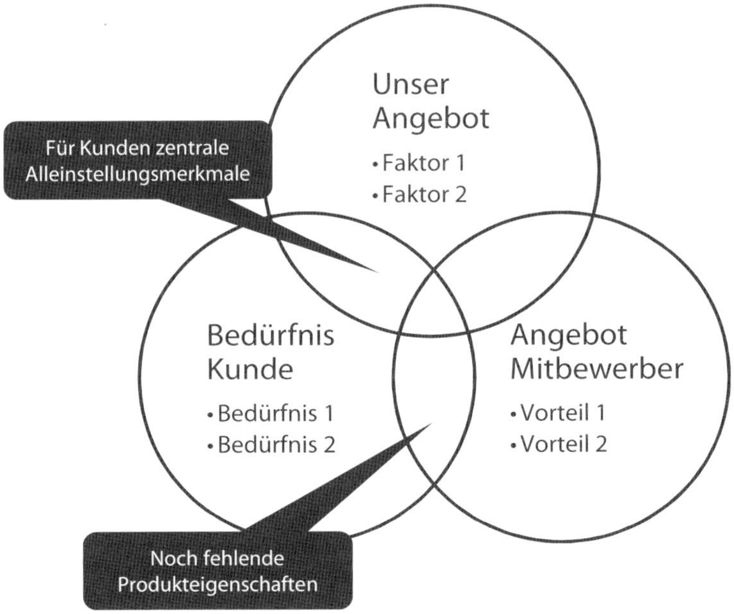

Abb. 43: USP-Analyse

Die Überschneidungen oder Sweet Spots (»Süße Stellen«) repräsentieren aus Sicht des Unternehmens zuerst einmal mögliche, noch fehlende Produkteigenschaften, die real von Kunden bereits nachgefragt und von Wettbewerbern angeboten werden. Ob diese

Produkteigenschaften allerdings für das eigene Unternehmen rentabel ergänzt werden können, beantwortet diese Analyse nicht. Es kann sich nämlich hier lediglich um Leistungen aus dem im 1. Kapitel bereits erwähnten Sumpf der Vergleich- und Austauschbarkeit handeln, die die übrigen Wettbewerber – in Preiskämpfen – anbieten. Umgekehrt können es gerade diese Eigenschaften sein, die einem potentiellen Kunden noch fehlen, um den Anbieter zu wechseln. Dann bietet sich hier eine Produktinnovation im Sinne einer Erweiterung an.

Tipp! Nightmare Competitor Analyse
Besonders spannend ist die Betrachtung des »Nightmare Competitors«, also die Leistungsfähigkeit (Produkte, Märkte, Prozesse, Strukturen) des »schlimmsten« Wettbewerbers. Klassische Fragen zur Analyse des Nightmare Competitors sind:

1. Was bietet dieser, was das eigene Unternehmen nicht bietet?
2. Was bietet es nicht, was sie aber anbieten?
3. Wer arbeitet wie für ihn?
4. Welche Unternehmenskultur herrscht beim schlimmsten Wettbewerber, insbesondere gegenüber Mitarbeitern und externen Partnern?
5. Was sagen die Kunden über diesen Wettbewerber, welche Argumente und Emotionen kommen dabei zum Ausdruck?

Die USP-Analyse schafft zweitens ein Verständnis für jene Alleinstellungsmerkmale des Unternehmens, die heute schon von den Bestandskunden nachgefragt werden. Dies ist die Schnittmenge zwischen den Bedürfnissen der Kunden und dem aktuellen Leistungsangebot des Unternehmens. Je größer diese Schnittmenge ist, desto stärker ist der Wettbewerbsvorteil des Unternehmens. Zukünftige Innovationen sollten strategisch dazu genutzt werden, die aktuellen Alleinstellungsmerkmale zu sichern und weiter auszubauen.

Wichtig: Gewichtung der Alleinstellungsmerkmale
Die Sweet Spot-Analyse betrachtet lediglich oberflächlich den Effekt der Alleinstellungsmerkmale. Es empfiehlt sich in einem zweiten Schritt, diese um eine Gewichtung der konkreten USP hinsichtlich des zukünftigen Nachfragepotentials und der Substitutionsgefahr zu ergänzen.

Ist die Schnittmenge hingegen sehr überschaubar, dann fehlen dem Unternehmen jene Alleinstellungsmerkmale, die für die heutige und zukünftige Wettbewerbsfähigkeit entscheidend sind. Gezielte Innovationen in den Bereichen Produkte, Märkte, Prozesse, Geschäftsmodelle und Organisationsformen sind derart zu planen und zu steuern, dass diese »Unterdeckung« an Alleinstellungsmerkmalen reduziert wird.

1.3.3.5 Corporate Management Canvas (CMC)

Damit in Workshops ein gemeinsames Verständnis der aktuellen Situation und möglicher Herausforderungen erarbeitet werden kann, bewährt es sich immer, die beteiligten Gruppen mit Hilfe von Vorlagen bzw. Rastern zu moderieren, die an Metaplanwänden oder Whiteboards vermittelbar sind.

Hinweis: Business Model Canvas
Die Business Model Canvas von Osterwalder enthält neun Felder mit Schlüsselfaktoren zur Strukturierung erfolgreiche Geschäftsmodelle, die nach und nach mit Inhalten gefüllt und in eine sinnvolle Beziehung zueinander gebracht werden. Die neun Felder umfassen die Schlüssel-Partner, Schlüssel-Ressourcen, Schlüssel-Aktivitäten, Nutzen-Versprechen (Value Proposition), Kunden-Beziehungen, Vertriebs- und Kommunikationswege, Kunden-Arten, Kosten sowie Einnahmequellen (Osterwalder A. u. a., 2016, S. 18 f.).

Im Sinne eines erfolgreichen Innovationsmanagements wird der Ansatz des Business Model Canvas weiterentwickelt: Gute Ideen aufnehmen und weiterentwickeln. Die neue Corporate Management Canvas (CMC) dient noch mehr als die ursprüngliche Business Modell Canvas der Gewinnung einer ganzheitlichen Sichtweise, in der auch die externen Umweltfaktoren verstärkt berücksichtigt werden.

Das Hauptziel der Corporate Management Canvas ist es, ein Verständnis für vorhandene Einflussgrößen auf den Erfolg eines Unternehmens oder Unternehmensbereichs zu sammeln, zu verstehen, um dann gezielt in diesen Einflussgrößen nach kreativen Verbesserungen oder Disruptionen zu suchen. Sie visualisiert die Chancen für Produkt-, Prozess-, Markt-, Geschäftsmodell- und Organisationsinnovationen und erlaubt sachlichere Gruppendiskussionen.

Wichtig: Innovationen dank CMC
Die Corporate Management Canvas (CMC) dient zur Erarbeitung sowohl von Produkt-, Markt- und Geschäftsmodellinnovationen, aber auch zur Ideenfindung für Prozess- und Organisationsinnovationen! Basierend auf einem Verständnis des Unternehmens können gezielter für jedes Canvas Feld Ideen zur Verbesserung oder gar Disruption gesucht werden, wie beispielsweise Innovationen hinsichtlich der Prozessabläufe oder des Kundennutzens. Als ergänzende Instrumente für die Ideenfindungen dienen die im Kapitel 1.3.6 beschriebenen Kreativitätstechniken.

Die CMC hilft in der Diskussion und Visualisierung sowohl als Instrument zur Beobachtung, zum Verständnis als auch beim Auffinden (innovativer) Ideen. In der Betrachtung der einzelnen CMC Felder werden vorhandene Organisationsstrukturen, Prozesse, Stakeholder und Trends kritisch hinterfragt. Dabei wird die CMC in zwei Moderationsstufen erarbeitet: Die als sog. General Management Canvas (GMC) bezeichnete erste Stufe startet mit der Betrachtung der eigentlichen Unternehmens- bzw. Unternehmensbereichsorganisation, während die sog. Corporate Management Canvas (CMC) jene Umweltfaktoren und Trends berücksichtigt, die das Unternehmen in ihrer zukünftigen Wettbewerbsfähigkeit beeinflussen und Impulse für Innovationen bieten.

Hinweis: Unterscheidung von General Management Canvas und Corporate Management Canvas
Während die General Management Canvas (GMC) die zu untersuchende Organisationseinheit thematisiert, berücksichtigt die Corporate Management Canvas (CMC) zusätzlich die unternehmensweiten Umweltfaktoren und Trends als Einflussfaktoren der zukünftigen Wettbewerbsfähigkeit sowie Impulse für Innovationen.

Die General Management Canvas (GMC) startet – wie schon von Osterwalder vorgeschlagen – mit der Betrachtung der Value Proposition eines Unternehmens oder Unternehmensbereiches (z. B. Abteilung, Projektteam, Standort oder Warengruppe). Hier kommen alle Techniken aus der Phase der Beobachtung und des Verstehens (z. B. SWOT und USP Analyse) erneut zur Geltung. Danach untersucht die General Management Canvas die Art und Intensität der Kundenbeziehung (wie die Kommunikation, den Vertrieb und die Distribution) und die (Bestands- und Nicht-)Kunden mit ihren Beweggründen, Wünschen und Leistungsanforderungen. Dabei helfen die bereits vorgestellten Techniken wie Customer Experience, Customer Journey und das Pain- und Gain-Spotting.

Hinweis: Externe und interne Kunden
Erneut sei der Hinweis erlaubt, dass mit dem Begriff »Kunde« nicht nur externe Personengruppen gemeint sind. Gerade zur Identifikation von Prozessinnovationen ist es wichtig, dass auch interne Unternehmensbereiche, die der eigenen Wertschöpfungskette nachgelagert sind, als Kunden verstanden werden können. Nach diesem Verständnis arbeitet man für diese nachgelagerten Bereiche, damit das Endprodukt für den Kunden herstellt, vermarktet, verkauft, angeliefert und mit unterstützenden Dienstleistungen versehen werden kann.

Bisher wurde die rechten Seite der General Management Canvas betrachtet, bei der es zusammenfassend um den Mehrwert für Kunden geht. Es folgt in der Moderation die linke Seite der GMC mit dem Fokus auf die für die Mehrwerte nötige Leistungserstellung. Hierzu zählt die Analyse der Prozesse (Produktions-, Führungs- und Unterstützungsprozesse), der Organisation (Struktur, Kultur) sowie der zentralen Ressourcen (Mitarbeiter, Lieferanten, Handels- oder Finanzpartner und Dienstleister). All diese Themen benötigt es zur Erstellung der gesamten Leistung, aber vor allem zur Umsetzung der Value Proposition. Techniken wie die Stakeholder Analyse und Rating, einfache Prozessschaubilder und SWOT-Analyse sind hier erneut dienlich.

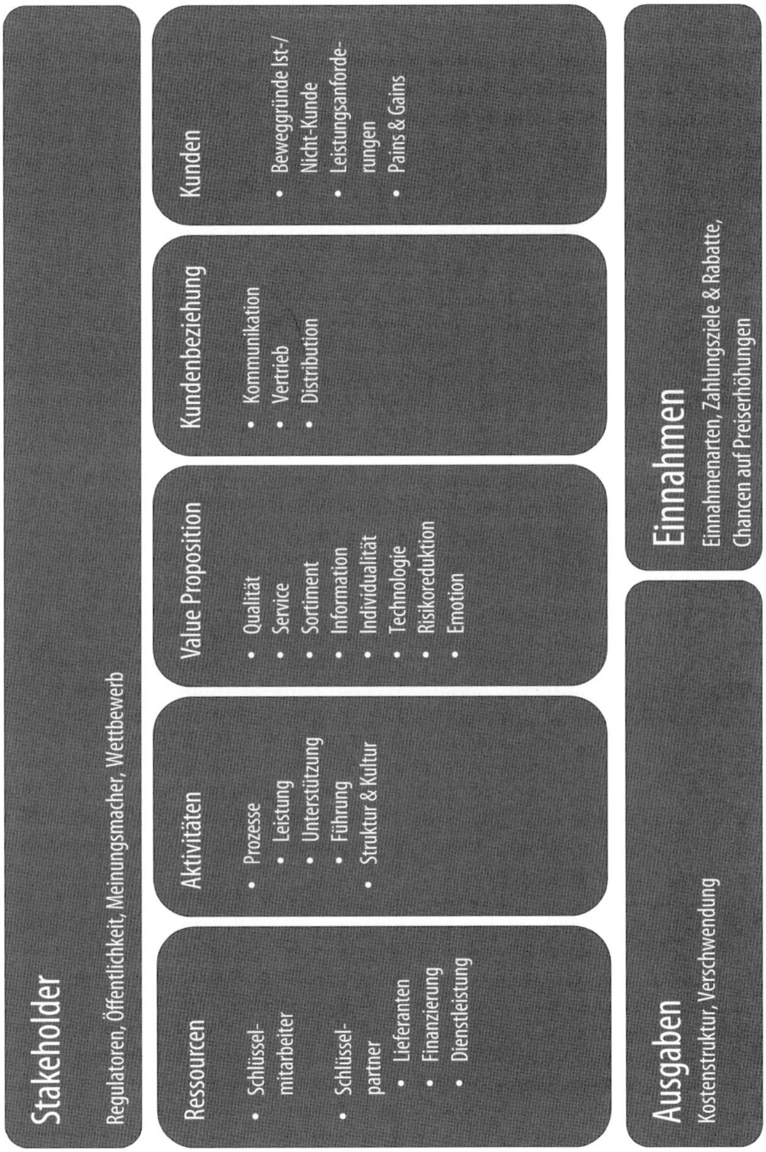

Abb. 44: General Management Canvas

Innovationen dienen bekanntlich der (zukünftigen) Rentabilität des Unternehmens. Daher umrahmen die General Management Canvas die beiden Felder »Ausgaben« und »Einnahmen«. Bei den Ausgaben werden die unterschiedlichen Kosten nach ihren Arten, Höhen und Häufigkeiten ebenso analysiert, wie die verschiedenen Arten der Verschwendung aus der Einführung zu Prozessinnovationen. Die Einnahmenseite prüft die Einnahmenarten (wie z. B. Festpreis, Pay per Use, Abonnement), Zahlungsziele, Rabatte und Chancen auf Preiserhöhungen (z. B. dank Aufteilung einer Leistung in einen Produkt- und separat vergüten Servicebereich).

Die bisherige Analyse berücksichtigte bereits Stakeholder des Unternehmens wie beispielsweise die Kunden, Lieferanten (ebenfalls interne und extern!), Handels- und Finanzpartner. Es gibt aber weitere Stakeholdergruppen, die ebenfalls einen bedeutenden Einfluss auf die zukünftige Wettbewerbsfähigkeit einer Organisation haben. Ob Regulatoren (z. B. Politik, Gewerkschaften, Verbände, Kirche), Öffentlichkeit (z. B. Presse, soziale Medien, Meinungsmacher) oder Wettbewerb, ihnen allen gilt die Aufmerksamkeit. Sie sind nach Chancen und Nutzen sowie hinsichtlich ihrer Bedeutung zu bewerten und zu priorisieren.

Hinweis: Horizontale Bedeutung der Stakeholder
Der Einfluss der Stakeholder bezieht sich nicht nur auf die Value Proposition des Unternehmens, sondern auf alle bisher analysierten Einflussgrößen. Der Wettbewerb kann Mitarbeiter abwerben, Kunden begeistern oder Lieferanten aufkaufen. Die Öffentlichkeit kann Mitarbeiter oder Handelspartner diskriminieren, Kunden manipulieren oder die Kreditwürdigkeit und Bonität eines Unternehmens gefährden.

Die PESTEL-Analyse verdeutlichte bereits, dass ein Unternehmen nicht nur von seinen internen und externen Stakeholdern abhängig ist, sondern auch von Trends aus unterschiedlichen Einflussbereichen. Sie orientiert sich dabei an den sechs Einflussbereichen Politik, Wirtschaft, Sozial, Technologie, Umwelt und Recht. Erst die Betrachtung der General Management Canvas zusammen mit diesen sechs Umweltfaktoren ergibt die Corporate Management Canvas (CMC).

Die Corporate Management Canvas stellt eine ganzheitliche Betrachtung des Unternehmens, des Stakeholder-Umfeldes und der Umweltfaktoren (Trends) dar. Sie dient dazu, eine vorhandene Organisation zu verstehen und Anknüpfungspunkte für Verbesserungen, Erweiterungen oder Disruptionen von Prozessen, Produkten und Geschäftsmodellen zu identifizieren. Erst diese ganzheitliche Betrachtung fokussiert die Ressourcen eines Unternehmens auf die elementaren Innovationsthemen. Sie schafft Transparenz über interne und externe Bedürfnisse, Herausforderungen, Entwicklungen, Schwierigkeiten und Chancen.

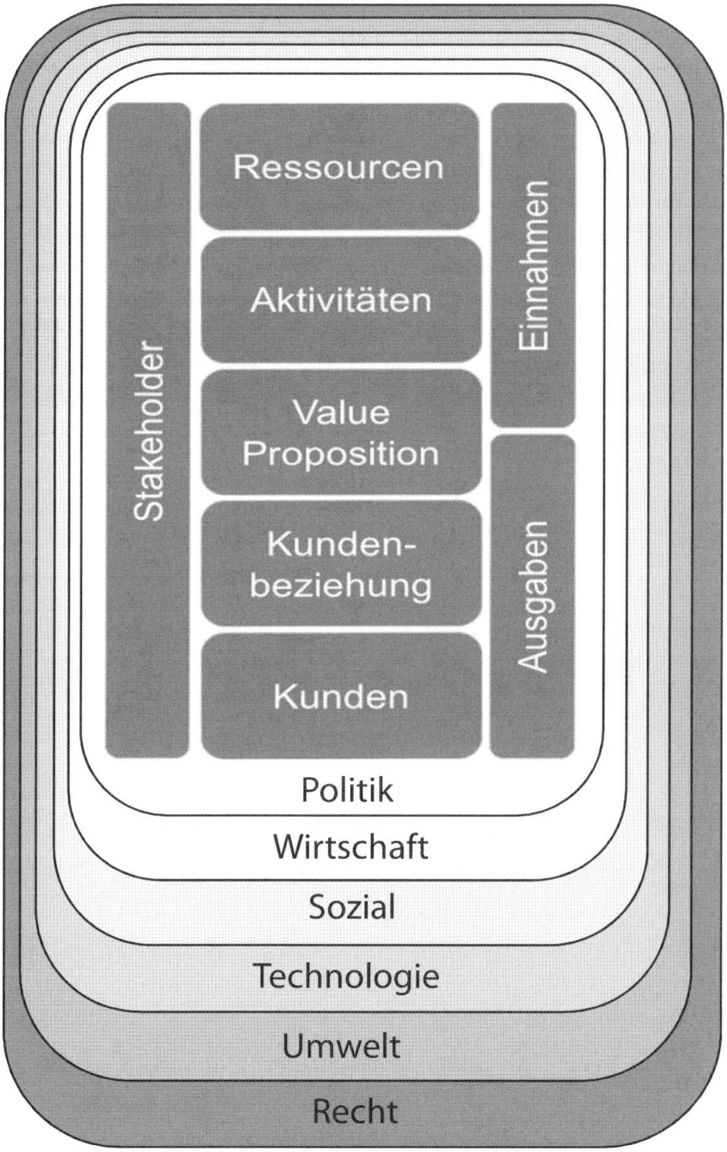

Abb. 45: Corporate Management Canvas

1.3.4 Anforderungskatalog

Als letzter Schritt in der Innovationsphase »Verstehen« werden nun alle bisherigen Erkenntnisse in einem Anforderungskatalog gesammelt, strukturiert, bewertet und damit priorisiert. Dies schafft die Basis für die folgende Phase der »Kreativität«, um zielgerichtet Ideen für die zentralen Herausforderungen des Unternehmens bzw. Unternehmensbereichs zu finden. Ansonsten resultieren aus den voraus gegangenen Schritten derart viele Informationen, dass eine effiziente Weiterbearbeitung schwierig wird.

Die agile Projektmanagementmethode Scrum, die im Kapitel 1.1.2.5 noch ausführlicher dargestellt wird, nennt den Anforderungskatalog explizit Product Backlog. In diesem werden alle Anforderungen (Requirements) an ein Innovationsprojekt aufgelistet, kontinuierlich aktualisierung, ggf. erweitert und priorisiert. Dieser Anforderungskatalog ist im Sinne der Agilität immer in Bewegung. Um ein sinnvolles Arbeiten zu ermöglichen, werden monatlich vom Innovationsteam in Kooperation mit den Entscheidern (u. a. der Product Owner und der Scrum Master) definierte Arbeitspaket aus dem Product Backlogs entnommen und innerhalb eines Zeitraums von ca. 30 Tagen (sog. Sprint) komplett in vorzeigbare (Zwischen-)Lösungen umgesetzt (inkl. Test und notwendiger Dokumentation). Diese Arbeitspakete, die sog. Increments, werden während der Sprints nicht durch Zusatzanforderungen modifiziert. Denn agile Projektmethoden fokussieren primär auf die Erreichung eines Ziels in der vorgegebenen Zeit (► Abb. 79).

Anforderungsnummer	Anforderung (Titel)	Anforderung (Kurztext)	Motivation (Anforderung, weil …)	Priorität	Status

Abb. 46: Anforderungskatalog/Product Backlog

> **Wichtig!**
> Ganz im Sinne des Veränderungsmanagements listet der Anforderungskatalog auch die Begründungen auf, weshalb bestimmte Anforderung von Bedeutung sind.

Das Innovationsteam bricht die Anforderungen (Increments) aus dem Katalog in kleinere Arbeitspakete (Tasks) herunter, denen nun verantwortliche Bearbeiter zugeordnet werden. Deren täglichen Berichte über den Projektfortschritt und den aktualisierten restlichen Aufwand sammelt das Innovationsteam in einem separaten Sprint Backlog.

Parallel können gerade jene Stakeholder eines Projektes, die nicht direkt in dem Projektteam integriert sind, neue oder geänderte Anforderungen direkt im Product Backlog verarbeiten. Die Diskussion mit dem eigentlichen Projektteam über diese Änderungen oder Erweiterungen findet jedoch erst am Ende des jeweiligen Sprints statt.

1.3.5 Kreativität

Jeder Mensch besitzt die Fähigkeit zur Kreativität, die durch verschiedene Impulse aktiviert werden kann:

- rein zufällig,
- durch Intuition oder unbewusste Selbstprogrammierung,
- durch bewusst eingesetzte Kreativitäts- und Moderationstechniken.

Kreativität beschreibt die Fähigkeit, Neues in Form von Ideen und Erkenntnissen zu formen bzw. zu finden. Es ist eine menschliche Begabung, Vorstellungen, Kompositionen, Produkte, Verfahren, Strukturen etc. hervorzubringen, die in wesentlichen Merkmalen neu sind. Die Nutzung der Kreativität steht jedem Individuum offen, es muss nur wollen! Dann können sinnvollere Wege und Prozesse gefunden, verbesserte Leistungen identifiziert oder neue Märkte angedacht werden.

> **Wichtig!**
> Kreativität kann zufällig, aber auch gesteuert freigesetzt werden. Diverse Techniken unterstützen die zielgerichtete Freisetzung von Kreativität.

Kreativitätstechniken können nach ihren Grundprinzipien klassifiziert werden:

1. **Prinzip der Assoziation:** Hier geht es darum, möglichst viele mit einem Thema zusammenhängende Aspekte und Elemente zu finden. Als Assoziation gilt dabei die gedankliche Verknüpfung von Vorstellungen und Ideen. Zum Wecken von Assoziationen dienen beispielsweise das Brainstorming und die M.A.R.K.E.T.-Methode.
2. **Prinzip des Perspektivenwechsels:** Es wird versucht, die eingefahrenen Denkmuster zu verlassen. Gewohntes Denken ist starres Denken und verläuft stets in gleichen Bahnen. Besonders Edward de Bono hat mit seinem lateralen Denken einen wichtige Begründungen für dieses Prinzip geliefert.
3. **Prinzip der Analogien:** Dieses Prinzip beruht auf dem Verfremden des gestellten Problems, d. h. auf dem Ausweichen auf sinnverwandte Probleme oder auf andere Ebenen durch Bildung von Ähnlichkeiten (Analogien). Die beiden Techniken der Bionik und Synektik beruhen auf diesem Prinzip.

Im Folgenden werden ausgewählte Kreativitätstechniken nach ihren möglichen Anwendungsbereichen in Methoden für Einzelpersonen und Teams differenziert.

Hinweis:
Die meisten Kreativitätstechniken haben das Ziel, die Teilnehmer aus ihren Alltagsgedanken und eingefahrenen Mustern zu lösen und der freien Sammlung von Ideen und einer positiven (Gruppen-)Dynamik Vorschub zu leisten.

1.3.6 Kreativitätstechniken für einzelne Personen

Wie gesagt: Jeder kann kreativ und innovativ sein – man muss es nur wollen! Doch so mancher steht sich bei der Kreativität selbst im Wege. Auf den ersten Blick nachvollziehbare Gründe werden dann aufgeführt, warum man nicht kreativ sein will, darf oder soll. Häufig gilt im Alltag die nicht ausreichende Zeit als Grund für das starre Verfolgen eingefahrener (Denk-)Wege. Dann werden fehlende Freiräume in der Firma, Familie oder im Freundeskreis genannt, aber in Wahrheit sind es meistens Bequemlichkeit oder fehlender Mut, der individuelle Kreativität und daraus resultierenden Veränderungen verhindert.

1.3.6.1 Mindmapping

Die von Tony Buzan 1971 entwickelte Methode bezieht sich auf die englischen Begriffe Mind (Gedankenwelt) und Map (Landkarte). Damit ist eine Mindmap eine Art Gedächtniskarte (► Abb. 47), welche unbegrenzt viele Themenfelder ordnet und dadurch erfassbar macht. Dies entspricht ganz dem Leitbild der Assoziationstechniken, die dank der Verknüpfung von Vorstellungen und Ideen (Assoziation) möglichst viele mit einem Thema zusammenhängende Aspekte und Elemente finden bzw. verknüpfen wollen.

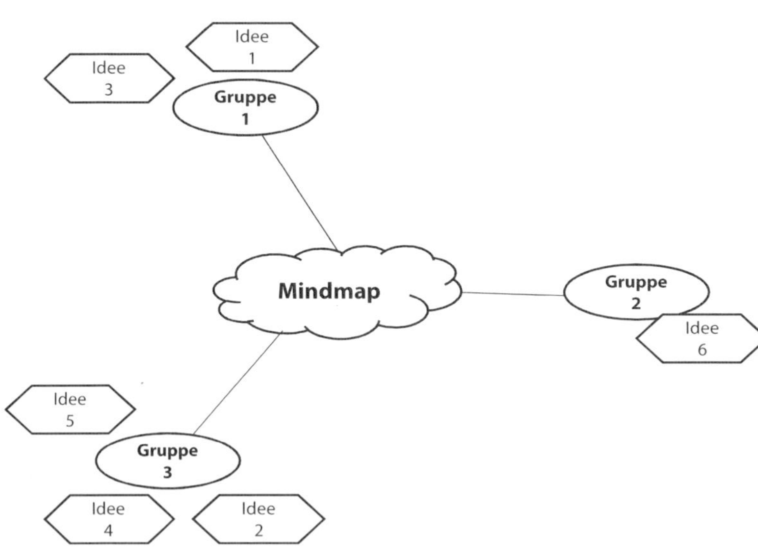

Abb. 47: Mindmapping

Ausgangspunkt einer Mindmap ist das Themengebiet, zu dem Ideen gesucht werden und das in die Mitte eines Papierbogens platziert wird. Von diesem Zentrum ausgehend werden Verästelungen gebildet, die das Thema in einzelne Bereiche (Kapitel) gliedern. Es entstehen Assoziationen, und von den Ästen können wiederum Zweige zur Konkretisierung des Teilproblems gebildet werden. Dies geschieht so lange, bis den Beteiligten nichts mehr zur Thematik einfällt. Als Gedankenstütze für bestimmte Bereiche kann man »Hinweisschilder« (Bilder, Kommentare etc.) zeichnen. Zudem können Zusammenhänge und Querverbindungen grafisch dargestellt werden.

Hinweis: Mindmapping dient nicht nur zur Ideenfindung
Zu den möglichen Anwendungsbereichen einer Mindmap gehört nicht nur die Identifikation von Ideen, sondern auch die Vorbereitung von Gesprächen, Vorträgen, Briefen, Klausuren, Zeitplänen oder Projekten. Das Mindmapping eignet sich auch hervorragend zum Strukturieren bereits gesammelter Ideen sowie zur Moderation von Gruppen.

Die Mindmapmethode hat sich rasch verbreitet, ist auch allein einsetzbar, steigert die Effektivität enorm, ist schnell und einfach erlernbar, flexibel anwendbar und bietet einen guten Überblick über das Gesamtproblem.

Tipp!
Ein Ast sollte nicht mehr als fünf Verzweigungen haben. Sonst werden die Unterpunkte zu unübersichtlich. Optimaler ist es dann, erneute Untergruppen zu bilden, die die verschiedenen Unterpunkte aufnehmen.

Im Grunde benötigt man für Mindmaps lediglich ein Stück Papier und einen Stift. Diverse Softwareanbieter bieten elektronische Mindmapping-Tools an, so dass Mindmaps zwischen verschiedenen Geräten, Teilnehmern und Teams ausgetauscht werden können.

1.3.6.2 Perspektivenwechsel

Die Technik des Perspektivenwechsels oder lateralen Denkens versucht eingefahrene, starre und stets in denselben Bahnen verlaufende Denkmuster zu verlassen. Einer der zentralen Vordenker zum Perspektivenwechsel ist Edward de Bono (de Bono E., 2002). Bereits in den 1960er Jahren beschäftigte er sich mit der Funktionsweise von neuronalen Netzen und der Informationsverarbeitung des Gehirns.

Das laterale Denken stellt eine Gegenkraft zum vertikalen Denken, also dem logischen Schlussfolgern, Auswählen und Bewerten von Alternativen und der Konzentration auf das Relevante, dar. Aufgrund der unübersehbaren Fülle der im menschlichen Gehirn ständig zu verarbeitenden Informationen folgen Wahrnehmung und Informationsverarbeitung beim vertikalen Denken in der Regel bestimmten Datenverarbeitungswegen, die sich über die Zeit bewährt haben. Das laterale Denken verlässt hingegen gewohnte Denkweisen, um dadurch neue Problemlösungen zu gewinnen.

> **Hinweis!**
> Kreativität bedeutet das Ausbrechen aus etablierten Mustern, um Dinge auf eine andere Weise sehen zu können.

Einfache Beispiele für einen Perspektivenwechsel sind die Übernahme der Rolle des Wettbewerbers, Gesellschafters, Mitarbeiters, Lieferanten/Dienstleisters, Darlehensgebers, Meinungsmachers oder der Regulierungsbehörden.

1.3.6.3 Umkehrmethode – Provokationstechniken

Die soeben angewendete Technik ist ein einfacher Perspektiventausch, mit dem Wechsel vom Lösungsanbieter zum Kunden. Eine weitere einfache Technik des lateralen Denkens ist die sog. Umkehrmethode von de Bono. Bei ihr wird die vorliegende Problemstellung in ihr Gegenteil verkehrt und zur Grundlage eines Brainstormings gemacht (de Bono E., 2002, S. 84). Die übliche Vorgehensweise, die man bei der Bewältigung einer Aufgabe normalerweise einschlägt, wird mental umgekehrt.

> **Beispiel:**
> Es kann etwa sinnvoll sein, die Suche nach den Anforderungen für einen kundenfreundlichen Onlineshop umzukehren und stattdessen einen möglichst kundenunfreundlichen Online Shop zu entwerfen.

Die Umkehrmethode vereinigt eine Reihe der Vorteile des lateralen Denkens:

- neuartige Denkimpulse bei Stagnation der Ideenproduktion,
- Erhöhung der Motivation der Teilnehmer durch spielerische Elemente,
- häufiger Perspektivenwechsel fördert neuartigere Ideen zutage.

Die Umkehrmethode zählt akademisch zu dem größeren Block der sog. Provokationstechniken. Diese bringen die Teilnehmer eines Kreativprozesses aus dem Gleichgewicht und aus der Hauptbahn ihres Denkens. Sie verschafft Distanz zu dem Problem, stimuliert ungewöhnliche Lösungen und ist universell einsetzbar. Die Antworten und Ideen sind allerdings nicht als Problemlösung geeignet und müssen zumeist weiter angepasst werden. Die Ergebnisse der Umkehrmethode müssen nun ihrerseits »umgekehrt« werden.

> **Hinweis:**
> Provokationstechniken produzieren absichtlich scheinbar widersprüchliche Aussagen und spielen mit kontrollierter Verrücktheit.

Es gibt mehrere Möglichkeiten, um zu einer in diesem Sinne hilfreichen Provokationen zu gelangen (de Bono E., 2002, S. 85 ff.):

- **Vergleichsprovokationen**: »Warum machen wir es nicht wie andere Branchen?«
- **Fluchtprovokationen**: »Lasst uns unsere Ziele ändern«
- **Umkehrprovokationen**: »Wie können wir die Kunden noch mehr verärgern?«
- **Frageprovokationen**: »Warum machen wir dies eigentlich immer schon so?«
- **Provokation aus Über- oder Untertreibungen**: »In 10 Jahren braucht der Markt uns gar nicht mehr«
- **Wunschdenkenprovokationen**: »Mein Traum ist es, dass wir keine eigene Logistik mehr haben«

Ziel ist es, durch diese Form der Provokationen neue Ideen für die eigentliche Problemlösung zu finden. Zum Beispiel können aus unsinnigen Sätzen auch Einfälle abgeleitet werden. Oder man sucht nach den positiven Aspekten der Provokation, nach Ansatzpunkten oder Gemeinsamkeiten, und geht von hier aus auf Ideensuche. In der Konsequenz heißt das, dass man sich Zeit lassen muss, um Provokationen in praktikable Lösungen umzusetzen. Allerdings bietet diese Technik keine Garantie, dass wirklich praktikable Ideen identifiziert werden.

Wichtig:
Betrachten Sie die Provokation als geistiges Sprungbrett. Nicht die Aussage selbst ist das Entscheidende, sondern die Idee, zu der man dadurch angeregt wird.

Tipp!
Wenn ihr Umfeld die Provokationen noch nicht gewohnt ist, kann man (zur Motivation) die Provokation beispielsweise durch einen erhobenen Zeigefinger ankündigen. Vorab informiert man über dieses Vorgehen und über die Absicht, mit der Provokation lediglich Ideen anzuregen, ohne jemanden zu verurteilen.

1.3.6.4 Walt Disney-Methode

Diese Methode zum Perspektivenwechsel geht auf Robert B. Dilts zurück und orientiert sich an seinem Verständnis der Unternehmerpersönlichkeit Walt Disney (Robert B. Dilts, 1994). Er sah in Walt Disney gleichzeitig einen Träumer, einen Realisten und einen Kritiker und entsprechend teilen sich die Rollen in seiner Kreativitätstechnik auf, ergänzt um die Rolle eines neutralen Beobachters:

- **Der Träumer:** Er produziert die fantastischsten Einfälle und spielt mit allen Möglichkeiten und vor allem Unmöglichkeiten. Der Träumer darf alles, nur eines nicht: ernsthaft über das Problem nachdenken.

- **Der Realist:** Er repräsentiert den »Normalverstand« und versucht planmäßig und strukturiert, die verrückten Ideen des Träumers aufzugreifen und weiterzuentwickeln.
- **Der Kritiker:** Er unterzieht die Ideen einer schonungslosen Kritik. Es gelten die Fragen nach der Realisierbarkeit, Bedeutung und ob die Ideen überhaupt gewollt bzw. nachgefragt werden.

Wichtig ist bei dieser Kreativitätstechnik, die sowohl von Individuen sowie Gruppen durchgeführt werden können, dass nacheinander alle drei Positionen durchlaufen werden, ohne dass eine einzige ausgelassen wird. Keine Rolle darf die übrigen Rollen dominieren, da sonst entweder die Kreativität leidet oder aber die Chancen der Umsetzung. Befindet man sich in einer bestimmten Rolle, muss man sich auf diese konzentrieren und sie komplett ausfüllen. Darin liegt die Chance dieser Kreativitätstechnik: eine klare Trennung zwischen Vision, Realität und Problemen sowie eine reduzierte Frustrationsrate der Teilnehmer, weil ihre Ideen nicht sofort harscher Kritik ausgesetzt sind.

Beispiel:
Suchen Sie beispielsweise gerade einen Weg zur beruflichen Weiterentwicklung, dann träumen Sie zuerst einmal Ihren Traumjob. Nun lassen Sie den Kritiker in sich Ihre heutigen Fähigkeiten, Bedürfnisse und Möglichkeiten auseinandernehmen, um vom Praktiker schließlich Wege zur Verbesserung finden zu lassen.

In Workshops können die Teilnehmer beispielsweise zuerst 45 Minuten ihre Phantasien und Träume zu einer Aufgabenstellung sammeln, um nach einer kurzen Pause in weiteren 45 Minuten. alle kritischen Punkte zu der Aufgabenstellung zu erarbeiten. Nach einer erneuten Pause können in einem dritten Block die pragmatischen Möglichkeiten einer Umsetzung diskutiert werden. Der Wechsel der verschiedenen Rollen bzw. Der damit verbundenen Positionen sollte so lange wiederholt werden, bis eine befriedigende und realistische Lösung gefunden ist.

Hinweis: Dragon Dreaming
Das Träumen ist auch in der Projektmanagementmethodik »Dragon Dreaming« des Australiers John Croft Ausgangspunkt für jegliche Kreativität, indem er Wissen aus der Systemtheorie und uralte »Traumzeit«-Weisheiten der Aborigines verbunden hat (Croft J, 2013). In vier gleichberichtigten Phasen durchlaufen Gruppenmitglieder die Aktivitäten Träumen, Planen, Handeln und Feiern.

1. In der **Traumphase** übermittelt der Initiator oder Moderator seinen eigenen Traum (z. B. über eine Produktidee) an eine Gruppe von Menschen, von denen er glaubt, dass sie vielleicht an der Umsetzung seines Traums mitwirken möchten. Dabei fragt er die Teilnehmer nach all dem, was noch zu ergänzen ist, damit es

auch zu 100 % der Traum aller Beteiligten wäre. Die Gruppe träumt nun gemeinsam diese Idee weiter, gibt sich der Phantasie hin und entwickelt einen gemeinsamen Traum.

2. In der **Planungsphase** sammelt die Gruppe Informationen über die einzelnen Schritte, die zur Umsetzung des gemeinsamen Traums in Form eines Projekts nötig sind. Ein Spielplan (sog. »Karrabyrrdt«) ordnet alle einzelnen Projektmaßnahmen vom Start bis zur Abschlussfeier. Die Verteilung der Aufgaben auf die Projektteilnehmer erfolgt nach dem Prinzip, dass jeder Teilnehmer tun kann, worauf er gerade Lust hat. Ihm zur Seite kommt als sog. »Lehrling« jemand, der zwar Interesse, aber auch die größte Unsicherheit oder gar Angst vor dieser Aufgabe hat. Die hilft bei der Angstbewältigung sowie der Erweiterung des eigenen Horizonts. Als sog. »Berater« erhalten die einzelnen Aufgaben dann noch jene Personen, die zwar die nötigen Fähigkeiten besitzen, denen aber die Zeit oder die Lust fehlt, die Aufgabe aktiv zu übernehmen.
3. In der **Handlungsphase** folgt man dem Spielplan, wobei nach jedem Meilenstein die Aufgabe als erledigt eingetragen wird und eine kleine Feier stattfindet. Kommen während des Projektes weitere Stakeholder dazu, dann wird nicht nur darauf geachtet, dass der Traum auch zu 100 % der eigene wird. Vielmehr können sie den gemeinsamen Traum weiterentwickeln und zu einem neuen Spielplan führen.
4. Die vierte Phase umfasst das **Feiern**. Es geht um die Würdigung aller Einzelleistungen, der gemeinsamen Gruppenerfahrung sowie der Weiterentwicklung jedes Einzelnen. Spätestens beim Feiern entwickeln sich Anregungen für neue Träume, so dass der Kreislauf der vier Phasen neu beginnen kann. Eine Besonderheit bei Dragon Dreaming ist, dass nicht ausgeschöpfte Projektbudgets nicht für eigene, neue Projekte verwendet werden, sondern vielmehr an ein anderes Projekt »verschenkt« werden. Dies entspricht der Idee von Dragon Dreaming, dass man immer für das Ganze arbeiten und der Welt dienen soll.

Hinweis: WOOP Methode

Eine dritte, auf Träume aber auch kritischen Aspekten basierende Kreativitätstechnik, ist die recht neue WOOP Methode von Gabriele Oettingen, Professorin für Psychologie an der New York University und der Universität Hamburg (Oettingen G., 2014). WOOP steht dabei für »Wish, Outcome, Obstacle, Plan« (auf Deutsch: Wunsch, Ergebnis, Hindernis, Plan). Im Rahmen des »Wish« sucht man sich einen erreichbaren und realistischen Wunsch, wie beispielsweise das Gewinnen eines neuen Kunden. Dann stellt man sich quasi im inneren Auge vor, welches Ergebnis (»Outcome«) dieser Wunsch bringen würde. Im dritten Schritt »Obstacle« prüft man all die Hindernisse auf dem Weg zur Erreichung des Wunsches, um im vierten Schritt »Plan« die notwendigen Maßnahmen zur Überwindung der Hindernisse zu skizzieren.

1.3.6.5 M.A.R.K.E.T.-Methode und frühere Checklisten

In der Kreativitätslehre gibt es verschiedene Checklisten, die im Sinne der Assoziation neue Ideen generieren sollen. Schon der Erfinder des gleich noch zu erläuternden Brainstormings, Alex F. Osborne, hat 1953 eine erste Checkliste für Assoziationen entwickelt:

- **Anders verwenden:** Wie kann eine gefundene Idee anders verwendet werden? Welchen Gebrauch kann man von der Idee noch machen? Lässt sich die Idee woanders einsetzen?
- **Anpassen:** Was ist so ähnlich wie die geäußerte Idee? Welche Parallelen lassen sich ziehen? Lässt sich die Idee gruppieren? Auf welche anderen Ideen weist sie hin? Zeigt die Vergangenheit eine Parallele? Wem könnte man nacheifern?
- **Ändern:** Kann man Bedeutung, Farbe, Bewegung, Klang, Geruch, Form, Größe usw. verändern bzw. umgestalten?
- **Vergrößern:** Was kann man hinzufügen? Mehr Zeit? Größere Häufigkeit? Stärke? Höhe? Länge? Dicke? Verdoppeln? Multiplizieren? Vervielfältigen? Übertreiben?
- **Verkleinern:** Was kann man wegnehmen? Kleiner? Kompakter? Kondensierter? Tiefer? Kürzer? Dunkler? Weglassen? Aufspalten? Untertreiben?
- **Ersetzen:** Was kann man an der Idee ersetzen? Wer oder was kann an ihre Stelle treten? Kann man anderes Material verwenden? Kann man den Prozess anders gestalten? Andere Kraftquellen? Neue räumliche Bedingungen, Stellungen und Positionen? Andere Tonlagen?
- **Umstellen:** Kann man Teile oder ganze Passagen austauschen? Andere Strukturen einfügen? Eine andere Reihenfolge wählen? Kann man Ursache und Folge austauschen? Lassen sich die Geschwindigkeit, der Plan verändern?
- **Umkehren:** Lassen sich Positiv und Negativ vertauschen? Wie steht es mit dem Gegenteil? Kann man es rückwärts statt vorwärtsbewegen? Kann man die Positionen tauschen? Kann man es völlig umdrehen?
- **Kombinieren:** Kann man Einheiten kombinieren? Kann man Absichten miteinander in Verbindung bringen? Kann man Ideen bzw. Personen in Beziehung zueinander setzen? Wie steht es um Mischung, Legierung, Zusammensetzung, Vereinigung?
- **Transformieren:** Kann man es durchlöchern, zusammenballen oder ausdehnen? Kann das Objekt verhärtet, verflüssigt oder durchsichtig gemacht werden?

Die Punkte dieser Checkliste dienen bei der Ideenfindung als strukturierte Ansatzpunkte, um alternative Denkmuster und neue Anregungen zu finden. In der Folge entstanden weitere Checklisten als eigene Kreativitätstechniken, wie z. B. die bekanntere SCAMPER-Methode von Bob Eberle (1997), bei welcher er diese Osborn-Checkliste um den Eintrag Entferne (»Elimate«) ergänzt wird.

Der Autor hat sich die Freiheit genommen, aus den früheren Anregungen seine eigene Checkliste zu generieren. Unter dem Namen M.A.R.K.E.T. wurde sie schon vielfach in Seminaren erfolgreich angewendet:

Abkürzung	Begriff	Anwendung
M.	Maximiere	Was kann man hinzufügen? Was kann man größer, schwerer, länger, dicker, teurer oder zeitintensiver machen? Welche Bestandteile können verdoppelt, vervielfacht oder übertrieben werden? Wie kann der Kundennutzen maximiert werden? Was steigert die Kundenbindung? Wie können die Preise oder der Ertrag maximiert werden?
A.	Austauschen	Was kann das bisherige Angebot an gleicher Stelle ersetzen? Wie können neue Techniken genutzt werden? Können neue Modelle entwickelt werden? Welche anderen Bestandteile sind möglich? Welche anderen Leistungen, Lösungen, Materialien, Prozesse, Märkte, Geschäftsmodelle, Strukturen, Standorte sind denkbar?
R.	Reduziere	Wie können die Kosten, das Sortiment, die Komplexität, die Risiken, die Haftung reduziert werden? Was ist entbehrlich? Was kann kleiner, kürzer, schneller, leichter, niedriger, flacher, billiger gemacht werden?
K.	Kopieren	Wie haben andere ähnliche Probleme gelöst? Was kann man von ganz anderen Branchen lernen und übernehmen? Welche Analogien gibt es in der Natur?
E.	Ergänze	Was kann man mit anderen Lösungen kombinieren? Einen Verbund machen? Mehrere Anwendungsbereiche für das gleiche Leistungsangebot?
T.	Trenne	Kann man etwas in Einzelteile zerlegen? Welche Leistungen können in zwei unterschiedliche Angebote aufgeteilt werden? Wie kann man zweimal an einer Leistung verdienen? Wie können Risiken aufgeteilt und gar weitergeleitet werden?

Abb. 48: M.A.R.K.E.T.-Methode

Bei der M.A.R.K.E.T.-Methode handelt es sich erneut um eine Kreativitätstechnik, die sowohl einzelne Personen wie auch Gruppen anwenden können.

1.3.6.6 TWOS-Analyse

Die Ergebnisse der SWOT-Analyse (► Kap. 1.3.1.3) können mittels einer TWOS-Analyse in konkrete, strategische oder operative Maßnahmenideen überführt werden. Während die SWOT-Analyse selbst nur eine Beschreibung der aktuellen Situation liefert, erarbeitet die TWOS-Analyse Maßnahmen und Ideen für Innovationen.

In vier Matrixfeldern werden – basierend auf den mittels der SWOT-Methode bekannten Stärken, Schwächen, Chancen und Risiken – die Maßnahmen abgeleitet. Im sog. SO-Feld (Strenghts & Opportunity) geht es darum, wie ein Unternehmen seine Stärken nutzen kann, um die Chancen zu realisieren. Da hier Stärken und Chancen

TWOS Thema: …………………………………	Zukünftige **Chancen (O)**	Zukünftige **Risiken (T)**
Aktuelle **Stärken (S)**	**SO** **Maxi-Maxi Strategie** Stärken und Chancen (SO) - Wie können Sie Ihre Stärken nutzen, um diese Chancen zu nutzen?	**ST** **Maxi-Mini Strategie** Stärken und Risiken (ST) - Wie können Sie Ihre Stärken nutzen, um mögliche Risiken zu vermeiden?
Aktuelle **Schwächen (W)**	**WO** **Mini-Maxi Strategie** Schwächen und Chancen (WO) - Wie können Sie Ihre Chancen nutzen, um die Ihre Schwächen zu überwinden?	**WT** **Mini-Mini Strategie** Schwächen und Risiken (WT) - Wie können Sie Ihre Schwächen minimieren und Risiken vermeiden?

Abb. 49: TWOS-Analyse

kombiniert werden, spricht man von einer optimalen Maxi-Maxi-Strategie. Strategisch schwächer sind bereits die Ideen, die sich im ST-Feld (Strenghts & Threats) finden lassen, in welchem die Stärken genutzt werden, um mögliche Risiken zu vermeiden. Gleichstark sind die Ideen aus dem WO-Feld (Weaknesses & Opportunities), indem überlegt wird, wie die Chancen genutzt werden, um die Schwächen des Unternehmens zu überwinden. Strategisch am schwächsten ist die Kombination der Schwächen und Risiken im WT-Feld (Weaknesses & Opportunities) mit der Analyse, wie die Schwächen des Unternehmens minimiert und die möglichen Risiken zu vermeiden sind.

1.3.6.7 Morphologischer Kasten

Der Vorteil des morphologischen Kastens liegt in dem Wunsch, bei der Suche nach möglichen Lösungen zu einem Problem / Thema nichts zu vergessen. Es geht um die Suche nach allen möglichen Lösungsfeldern. Der Begriff »Morphologie« selbst bedeutet die Aufgliederung eines gegebenen Problems in alle denkbaren Parameter und die Suche nach neuen Kombinationen vorhandener Teillösungen. Ziel ist es, ein Problemfeld lückenlos und ganzheitlich zu beschreiben und zu gliedern.

Der morphologische Kasten wurde von dem Schweizer Astrophysiker Fritz Zwicky im Jahr 1956 entwickelt und ist die bekannteste morphologische Methode (Zwicky F., 1966). Ein Problem wird dabei mehrdimensional klassifiziert, d. h. in Teilaspekte zerlegt. Alle Ausprägungen (Gestaltungsmöglichkeiten) der Teilaspekte werden dann in einer Tabelle (Matrix) dargestellt und systematisch miteinander kombiniert.

Parameter	Ausprägung 1	Ausprägung 2	Ausprägung 3	Ausprägung 4
Schreibmaterial	**Tinte**	Graphit	Farbe	
Übertragung durch	Filz	**Stahlkugel**	Direktabrieb	Feder
Speicherung	Patrone	Vorratsbehälter	**Nicht nachfüllbar**	
Konsistenz	**flüssig**	fest	zähflüssig	
usw.				

Abb. 50: Morphologischer Kasten

Abbildung 50 zeigt einen morphologischen Kasten am Beispiel eines neuen Schreibgerätes. Zwicky selbst strukturierte die Vorgehensweise zur Erstellung seines Kastens wie folgt:

- Umschreibung, Definition und falls notwendig zweckmäßige Verallgemeinerung des Problems.
- Bestimmung der wesentlichen und möglichst voneinander unabhängigen Parameter des Problems und Anordnung der Parameter in der Vorspalte der Matrix (im obigen Beispiel die Parameter Schreibmaterial, Übertragung, Speicherung, Konsistenz etc.).
- Ermittlung aller denkbaren Ausprägungen für jeden Parameter und Anordnung in der zum jeweiligen Parameter gehörenden Zeile (wie bei einem Schreibgerät die Ausprägungen des Schreibmaterials in Tinte, Graphit oder Farbe).
- Bestimmung der Lösungsmenge: Jede mögliche Kombination je einer Ausprägung aus jeder Zeile stellt eine Lösung im morphologischen Kasten dar.
- Auswahl der zieladäquaten Lösungen durch Markierungen in Form von Linienzügen (im obigen Beispiel flüssige, nicht nachfüllbare Tinte übertragen durch eine Stahlkugel – steht hier also für einen Einwegkugelschreiber).

Der morphologische Kasten verbindet die Technik der Assoziation mit dem lateralen Denken. Trotz seiner Einfachheit und Vorteilhaftigkeit findet er jedoch zu wenig Anwendung in der Praxis. Selbst Ingenieure, für die der Kasten meist Bestandteil ihrer Ausbildung ist, übersehen oft den Praxisbezug dieser Technik und verbannen ihn aus ihrem beruflichen Alltag.

Tipp!
Um mit dieser Kreativitätstechnik des morphologischen Kastens vertraut zu werden, lohnt es sich, diesen für die nächste Urlaubsplanung einzusetzen. Mögliche Parameter sind dabei Reiseziel, Art des Transports (Flug, Schiff, PKW, Bus, Fahrrad etc.), Aktivitäten (Wandern, Kulturreise, Erholung, Kinderausflug, Pferde, Gastronomie etc.), Urlaubsdauer, Art der Übernachtung (Hotel, Hütte, Camping, Schiff.) und Anzahl der Teilnehmer (Paar, Familie, Freunde, Gruppe etc.). Sie werden feststellen, dass es viel mehr Urlaubsmöglichkeiten gibt, als man zuerst denkt.

Zur Identifikation möglicher Parameter im morphologischen Kasten bietet sich ferner die 8P-Methodik von Graham Horten (Horten G., 2017) an. Diese 8Ps bestehen im Einzelnen aus:

1. People: Wer ist beteiligt?
2. Places: Welche Orte sind involviert?
3. Parts: Welche physischen oder abstrakten Bestandteile gibt es?
4. Processes: Welche Abläufe gibt es?
5. Parameters: Was sind die Eigenschaften der gegebenen Situation?
6. Policies: Welche Regeln und Traditionen gibt es?
7. Purposes: Welche Ziele werden verfolgt?
8. Problems: Welche Probleme gibt es?

1.3.6.8 Analogien

Die dritte Gruppe der Kreativitätstechniken orientiert sich an Analogien. Analogien sind Ähnlichkeiten in Strukturen und Abläufen, in Funktionen und Zwecken, in Material und Komponenten zwischen zwei Phänomenen. Auch diese Technik der kreativen Ideenfindung ist sowohl für Einzelpersonen als auch Gruppen geeignet.

Das Prinzip der Analogien beruht auf dem Verfremden der gestellten Aufgabe bzw. des Problems, d. h. auf dem Ausweichen auf sinnverwandte Aufgaben/Probleme oder auf andere Ebenen durch Bildung von Ähnlichkeiten. Das Ziel dieser Kreativitätstechniken ist es, aus Vergleichen mit Vorhandenem neue Ideen zu identifizieren. Die beiden bekanntesten Techniken dieser Art sind die Bionik und die Synektik.

Wie der Name schon sagt, handelt es sich bei der Bionik um ein interdisziplinäres Forschungsgebiet im Grenzgebiet zwischen Biologie und Technik. Ihr Ziel ist die Übertragung von Problemlösungen der Natur in den Bereich der Technik. Die Lösungen der Natur werden dabei als langfristiger, ökonomischer und auch ökologischer angesehen als jene, die der Mensch bisher entwickelt hat. Der Vorbildcharakter der Natur ist vielseitig; man kann beispielsweise Pflanzen und Tiere als biologische Konstruktionen ansehen, die dann als Vorbilder für technische Innovationen dienen. Der Wissenschaftler und Künstler Leonardo da Vinci gilt als der Gründungsvater der Bionik. Seine Erfindungen zeigten schon zu Beginn des 16. Jahrhunderts Ansätze des bionischen

Denkens, so etwa der von ihm erdachte Flugapparat, dessen Konstruktion sich an Vögeln orientierte.

Beispiele: Produktentwicklung dank Bionik-Analogien
Beispielsweise inspirierte die Hautoberfläche von Pinguinen technische Konstrukteure, die Fortbewegung von U-Booten zu verbessern. Die lästigen Kletten standen Modell für den Klettverschluss.

Die natürlichen Vorbilder lassen sich jedoch nicht einfach übernehmen, und so kann bionisches Forschen kein bloßes Kopieren der Natur sein, sondern muss darüber hinausgehen. Ihr eigentliches Anliegen ist es, mittels der Natur zum schöpferischen Konstruieren angeregt zu werden. Die Funktionsweisen natürlicher Konstruktionen und Prinzipien werden modifiziert und so technisch anwendbar gemacht.

Hinweis!
Die Bionik stellt sehr hohe Anforderungen an die technologischen und biologischen Kenntnisse der Teilnehmer. Der Einsatz dieser Methode ist daher eher auf Expertengruppen beschränkt.

Bei der Synektik handelt es sich um eine Methode, die von dem Amerikaner William Gordon 1944 entwickelt wurde. Weltweit bekannt wurde Synektik dann 1961 durch sein Buch »Synectics: The development of creative capacity«. Als Methodik der Analogien beruht auch die Synektik auf dem Verfremden des gestellten Problems, d. h. auf dem Ausweichen auf sinnverwandte Probleme oder auf andere Ebenen durch Bildung von Ähnlichkeiten (Analogien). William Gordon unterschied dabei vier Analogietypen:

- **Direkte Analogie:** Dabei werden Eigenschaften artfremder Bereiche aufeinander übertragen, beispielsweise wird versucht, biologische Gegebenheiten auf technische Probleme anzuwenden (= direkte biologische Analogie). Dieser Analogietyp ist auch Basis der Bionik, die bereits beschrieben wurde.
- **Persönliche Analogie:** Die Teilnehmer versuchen, sich in Gegenstände hineinzuversetzen, um herauszufinden, wie man sich als diese fühlt und verhalten würde.
- **Symbolische Analogie:** Es werden ungewohnte symbolische Vergleiche gesucht; wobei semantische (etwa »undurchsichtige Durchsichtigkeit«), visuelle (z. B. abstrakte Bilder), auditive (z. B. ein Musikstück) und andere Reize als Anregungsmaterial dienen.
- **Fantastische Analogie:** Dabei werden irreale, utopische und traumhafte Vorstellungen herangezogen, beispielsweise ein Kinderwagen, der sowohl fahren als auch fliegen, musizieren, niesen etc. kann.

Durch die Verfremdung bekannter Tatbestände soll verhindert werden, dass die mit der Problemlösung beauftragten Personen, voreingenommen gegenüber bestimmten Lösungen und Lösungsschemata sind und so eventuell Lösungsmöglichkeiten übersehen werden. Die Ablaufphasen der Synektik verlaufen normalerweise nach dem folgenden Muster:

- Problemdarstellung (Dauer: 15-30 Minuten): Darlegung des Problems und Vertiefung des Problembewusstseins.
- Brainstorming (Dauer: 10 Minuten): Spontanreaktionen festhalten, um übliche Lösungen zu nennen. Dies schafft eine erste Atmosphäre, in der außergewöhnliche Ideen gedeihen können.
- Direkte Analogien bilden und auswählen (Dauer: 20 Minuten): beispielsweise mit Fragen wie: »Wie löst eine andere Branche unser Problem?« Wenn in dieser Stufe bereits sehr gute Lösungen gefunden wurden, kann der Prozess hier beendet werden.
- Persönliche Analogien bilden und auswählen (Dauer: 20 Minuten): z. B. mit Fragen wie: »Wie fühle ich mich als ein Auto?«
- Symbolische Analogien bilden und auswählen (Dauer: 20 Minuten): mit ungewöhnlichen Vergleichen wie z. B. Formen, Bildern oder Klängen.
- Zweite direkte Analogien (z. B. die Technik) bilden und auswählen (Dauer: 20 Minuten): z. B. mit der Frage: »Wo kann uns die Technik helfen, unser Problem zu lösen?«
- Analyse der ausgewählten Analogien (Dauer: 20 Minuten): »Was zeichnet die gefundenen Geräte oder Verfahren aus?«
- Projektion auf das Ausgangsproblem (Dauer 20: Minuten): z. B. mit der Frage: »Was bedeuten diese Merkmale im Hinblick auf unser Problem?«
- Lösungsansätze erarbeiten

Tipp!
Die Synektik eignet sich besonders für »harte Nüsse« und neue Produkte. Für Anfänger oder eine schnelle Ideenfindung ist sie aufgrund der anspruchsvollen Verfremdungen und der langen Dauer eher ungeeignet.

1.3.7 Kreativitätstechniken im Team

Die in den folgenden Abschnitten vorzustellenden Techniken zielen hingegen ausschließlich auf Teams, um von der »Multiplikatorwirkung« des Teams zu profitieren.

1.3.7.1 Brainstorming

Mit Abstand am häufigsten findet das Brainstorming als Kreativitätstechnik in der Praxis Anwendung. Es ist die klassische Methode zur Ideenfindung, bei der innerhalb einer Gruppensitzung durch unbeschränkte Diskussionen mit fantasievollen Einfällen kreative Leistungen erbracht werden. Mit Brainstorming wird oft in kürzester Zeit eine Vielzahl von Ideen produziert.

Das Brainstorming arbeitet nach dem Prinzip der freien Assoziation. Menschen werden ermutigt, spontan und ohne gedankliche/sachliche Beschränkung eine große

Anzahl an Ideen zu produzieren. Die Ideen werden von der Gruppe aufgegriffen und assoziativ weiterentwickelt. Besonders wichtig ist im Brainstorming das Hinausschieben der Bewertungsphase. Dadurch sollen Denkblockaden abgebaut und Vernunft und Logik zunächst ausgeschaltet werden.

Die 4 Grundregeln des Brainstormings wurden bereits 1938 von Alex F. Osborne aufgestellt, jedoch in der Praxis oft genug nicht ausreichend beachtet, weshalb die Wirkung des Brainstormings oft eingeschränkt bleibt (Osborn A., 1966, S. 151 ff.):

1. »**Freewheeling is welcomed**«: Die Teilnehmer können und sollen ihrer Fantasie freien Lauf lassen. Jede Anregung ist willkommen. Ideen sollen originell und neuartig sein.
2. »**Quantity is wanted**«: Ideenmenge geht vor Ideengüte. Es sollen möglichst viele Ideen erzeugt werden, wobei es auf Qualität noch nicht ankommt. Es gilt das Motto: Je größer die Zahl der Ideen, umso höher die Wahrscheinlichkeit, dass sich unter ihnen einige brauchbare oder sogar brillante Lösungen befinden.
3. »**Combinations and improvements are sought**«: Es gibt keinerlei Urheberrechte. Die Ideen anderer Teilnehmer können und sollen aufgegriffen und weiterentwickelt werden. So kommt es zu Assoziationsketten. Gerade in diesem Aspekt besteht ein wichtiges Erfolgsmerkmal des Brainstormings gegenüber normalen Diskussionen, die oft mit Hierarchien und Neid zu kämpfen haben.
4. »**Criticism ruled out**«: Kritik und Wertung sind während des Brainstormings streng verboten. Es kommt auf eine positive Einstellung gegenüber eigenen und fremden, selbst abstrus erscheinenden Ideen an. Das Verbieten von Kritik soll zu einer gelösten und positiven Stimmung führen und die Teilnehmer vom Druck einer vorzeitigen, kritischen Beurteilung befreien.

Aber erst die Einhaltung dieser Regeln garantiert, dass niemand Hemmungen hat, eine simple oder »verrückte« Idee vorzubringen. Denn jede Meinung ist wertvoll, da sie die Gruppe zu neuen Assoziationen anregen kann.

Tipp!
Hängen Sie diese Regeln am besten gut sichtbar in ihrem Büro an einem Flipchart auf. So steigt die Wahrscheinlichkeit, dass sie auch in ihren eigenen Kreativsitzungen eingehalten werden.

Das Brainstorming ist sehr flexibel: Es ist bei verschiedensten Themenfeldern und Qualifikationen einsetzbar. Die Zahl der Teilnehmer ist variierbar, wobei ein Brainstorming mit mehr als zwölf Teilnehmern schwerer zu steuern ist. Die Sitzungen können ad hoc oder regelmäßig veranstaltet werden und sollten zwischen 15 bis 30 Minuten dauern.

Darüber hinaus sind folgende Punkte zu beachten:

- Ein Diskussionsleiter (besser: Moderator) bereitet die Sitzung vor und achtet während der Sitzung darauf, dass die Grundregeln eingehalten werden. Er ermutigt alle

Teilnehmer, aktiv an der Ideenfindung teilzunehmen, und sorgt für eine sachliche Ideenfindung.
- Jede Sitzung muss protokolliert werden.
- Die Teilnehmer sollten anschließend über den Fortgang ihrer Ideen informiert oder – noch besser – in die schrittweise Realisierung eingebunden werden.

Brainstorming ist gut einsetzbar, wenn eine Gruppe bei ihren Problemen oder Fragen noch am Anfang steht oder einfach neue Verbesserungsvorschläge sucht. Vor allem zu einfachen und konkreten Fragestellungen können durch Brainstorming schnell vielfältige Ideen gefunden und gesammelt werden. Das Brainstorming von Alex F. Osborne bietet als Kreativitätstechnik zur Findung von Ideen eine ganze Reihe von Vorteilen:

- schnelle Erlernbarkeit der wenigen Grundregeln,
- einfache und rasche Durchführbarkeit,
- geringe Kosten der Durchführung,
- hohe Flexibilität,
- vielseitige Ideen durch heterogene Zusammensetzung der Teams,
- anregende und motivierende Arbeitsatmosphäre reduziert denkpsychologische Blockaden,
- Motivation der Teilnehmer, an der Ideenfindung und auch späteren Umsetzung teilzunehmen.

Dem stehen nur wenige Nachteile gegenüber: Brainstorming eignet sich nur für relativ einfache Fragestellungen. Oftmals ist es schwierig, die im beruflichen Alltag verwurzelten Teilnehmer zur Beachtung der 4 Grundregeln zu bewegen und wirklich kreativ zu sein. Abhängig von der Fähigkeit des Moderators existiert auch die Gefahr, dass Brainstorming-Sitzungen ausschweifen, die Teilnehmer sich gegenseitig »totreden« oder überzogene Beiträge entwickeln.

Neben dem klassischen Brainstorming existiert eine Vielzahl von Abwandlungen der Methode. An dieser Stelle werden nur einige kurz erwähnt:

- **And-also-Methode:** Die Teilnehmer dürfen ihre Idee erst vortragen, nachdem sie an der Vorgängeridee zumindest einen Vorzug hervorgehoben haben. Diese Methode zwingt zu genauem Zuhören und eignet sich sehr gut zur Schulung des wohlwollenden, aktiven Zuhörens. Sie erhöht die Chance, dass auch die »leisen«, positiven Ideenelemente bewusstgemacht werden.
- **SIL-Methode (Systematische Integration von Lösungselementen):** Zunächst entwickeln die Teilnehmer für sich alleine Ideenansätze zur gestellten Aufgabe. Dann wird eine dieser Individualideen vorgestellt, und das Team arbeitet die grundsätzlichen Vorzüge dieses Lösungsansatzes heraus; mit einer zweiten Idee wird ebenso verfahren. Anschließend versucht das Kreativ-Team, aus den Vorzügen beider Ideen einen integrierten Ideenansatz zu entwickeln. Diese Vorgehensweise wird so lange weitergeführt, bis eine überlegene Gesamtlösung vorliegt.

- **Stop-and-go-Brainstorming:** Die Methodik entspricht dem klassischen Brainstorming mit dem Unterschied, dass die Brainstorming-Phase von definierten Phasen der Ruhe und persönlichen Überlegungen unterbrochen wird. Nach der Erklärung der Brainstorming-Regeln haben die Teilnehmer Zeit, um nachzudenken und dann drei Minuten lang ihre Ideen vorzustellen. Danach herrscht einige Minuten (Zeitspanne variabel) Stille zur gedanklichen Weiterverarbeitung. Dann werden wieder drei Minuten lang Ideen vorgetragen, wieder einige Minuten Stille, es folgen weitere drei Minuten der Ideenentwicklung usw. In einer Variante des Stop-and-go-Brainstormings wird die Phase der Stille durch eine Phase des Kritisierens ersetzt.
- **Sequenzierungstechnik:** Mit einer Ausnahme entsprechen die Regeln dem klassischen Brainstorming. Anstatt spontan und nach Belieben Ideen zu äußern, tragen die Teilnehmer ihre Ideen in einer festen Reihenfolge vor. Wenn sie keine (weiteren) Ideen haben, geben sie das Wort an die nächste Person weiter.
- **Didaktisches Brainstorming (Little-Technik):** (Gordon-Technik) Für das didaktische Brainstorming wird die eigentliche Aufgabenstellung »getarnt« bearbeitet. Dadurch wird verhindert, dass die Teilnehmer sich auf bereits bekannte Denkansätze konzentrieren. Vielmehr muss die Gruppe stärker »in die Breite« denken. Zunächst wird die Aufgabenstellung sehr allgemein und unpräzise formuliert und erst im weiteren Brainstorming-Verlauf laufend präzisiert. Diese Vorgehensweise kann in einer einzigen Kreativ-Sitzung durchlaufen werden, es kann jedoch von Vorteil sein, wenn für jeden Konkretisierungsgrad ein eigener Termin vereinbart wird.
- **Allmacht:** Die Aufgabenstellung wird zunächst gelöst, indem die einzelnen Teilnehmer mit weisungsbezogener »Allmacht« ausgestattet sind. Die derart gefundenen Lösungsansätze sind zumeist sehr kompliziert und teuer. Im nachfolgenden Schritt wird dann versucht, diese realistischer zu gestalten.
- **Wildest-Idea-Technik:** Zu den ungewöhnlichsten und originellsten Ideen, die mit Brainstorming gefunden worden sind, werden noch weitergehende, noch »verrücktere« Ideen produziert. Das Umfeld und die Ausgangslage für wirklich neuartige und originelle Lösungen sollen hierdurch verbessert werden.
- **Anonymes Brainstorming:** Hierbei finden die Schritte »Definition der Aufgabenstellung« und »erste Ideengenerierung« vor der eigentlichen Kreativsitzung statt. In der Sitzung werden die schriftlich eingereichten Lösungsansätze von einem Moderator vorgelesen. Die Gruppe hat nun die Aufgabe, diese weiterzuentwickeln bzw. daraus neue Ideen zu produzieren. Das anonyme Brainstorming ist insbesondere für Kreativ-Gruppen geeignet, in denen Spannungen zu befürchten sind, auf deren gemeinsame Diskussion man jedoch nicht verzichten möchte. Besonders tritt diese Situation auf, sobald ein Vorgesetzter die Ergebnisse des Brainstormings kennenlernen möchte. Das anonyme Brainstorming hat eine große Überschneidung mit dem sog. Brainwriting, das im folgenden Abschnitt vorgestellt wird.

1.3.7.2 Brainwriting

Brainwriting bedeutet nichts Anderes, als dass ein Brainstroming in schriftlicher Form abgehalten wird. Verschiedene Methoden haben diesen Grundgedanken umgesetzt.

Die bekannteste von ihnen ist die Methode **635**. Diese erhält ihren Namen aus der Tatsache, dass: **6** Teilnehmer/Teilnehmerinnen **3** Ideen je Gruppenmitglied und Runde in **5** Minuten aufschreiben. Die Ideen werden dann ausgetauscht und durch drei neue Vorschläge des nächsten Teilnehmers ergänzt. Empfohlen wird, dass so lange Lösungsvorschläge gesammelt werden, bis jeder 18 Ideen niedergeschrieben hat. So erhält man von sechs Teilnehmern in 30 Minuten 108 Lösungsvorschläge.

Eingetragen werden die Ideen jedes Teilnehmers in ein Formblatt, auf dem die Fragestellung formuliert ist. Dieses wird im Uhrzeigersinn jeweils nach fünf Minuten weitergegeben. Somit erhält man das Blatt des Vorgängers mit dessen Vorschlägen. Diese Ideen können aufgegriffen und weiterentwickelt werden; aber auch völlig neue Ideen können notiert werden.

Namen: (fakultativ)	**Zeit**	**1. Vorschlag**	**2. Vorschlag**	**3. Vorschlag**
	3 min.			
	4 min.			
	5 min.			
	5 min.			
	5 min.			
Bitte formulieren Sie Ihre Vorschläge kurz und präzise und schreiben Sie deutlich – Vielen Dank!				

Abb. 51: Formblatt der Methode 635

Die Methode 635 setzt im Vergleich zum Brainstorming die Teilnehmer einem erhöhten Druck aus. Innerhalb kürzester Zeit soll eine Vielzahl von Ideen produziert werden, was von einigen Menschen als negativ empfunden wird und zu Blockaden führt. Andere erleben diesen Stress wiederum als positiv. Man ist gezwungen, sich zu konzentrieren, kann sich nicht in der Gruppe verstecken oder Vorschläge zerreden. Das Brainwriting bietet eine Reihe interessanter Vorteile:

- Innerhalb kürzester Zeit wird eine große Zahl an Ideen und Vorschlägen zu Wege gebracht, die durch Bildung paralleler Gruppen noch erhöht werden kann.
- Spannungen und Konflikte zwischen den Teilnehmern werden vermindert.
- Einzelne Teilnehmer können die Gruppe nicht dominieren.
- Die Moderation ist unproblematischer als beim Brainstorming.

- Durch das Weiterreichen der Ideen wird die Konzentration auf die Weiterentwicklung bereits produzierter Ideen gefördert.
- Das Formblatt (Lösungsformular) ist gleichzeitig das Protokoll.
- Dank der schriftlichen Form müssen sich die Gruppenmitglieder nicht unbedingt räumlich treffen.

Tipp: Brainwalking
Wandeln Sie das Brainwirting in ein Brainwalking um! Dabei übernehmen Sie das Formblatt der Methode 635 (► Abb. 51) auf zwei oder mehr Flipcharts und lassen mehrere Gruppen (analog der Anzahl Flipcharts) jeweils drei Antworten pro Runde auf ein Flipchart eintragen, bevor sie in einem Kreislauf zu einem weiteren Flipchart laufen. Am besten werden die Flipcharts in unterschiedlche Ecken eine Raumes verteilt, so dass man jeweils zwischen den Flipcharts / Runden einige Schritte gehen muss.

Für das Brainwriting gibt es neben der Methode 635 noch weitere Varianten:

- **Delphi-Technik:** Experten werden schriftlich zu einem definierten Problem einzeln und getrennt befragt, so dass nicht bekannt ist, wer welche Aussage macht. Die Antworten werden gesammelt, gesichtet und zusammengefasst. Anschließend werden die Zusammenfassungen wieder an die Experten geschickt mit der Bitte, diese zu überarbeiten. Durch Rückkoppelung und Wiederholung wird versucht, extreme Meinungen und Fehleinschätzungen zu beseitigen. Der Prozess wird so lange wiederholt, bis ein Konsens erreicht wird. Dadurch ist Delphi besonders für langfristige Fragestellungen geeignet. Dank der schriftlichen Form müssen sich die Gruppenmitglieder nicht unbedingt räumlich treffen. Gerade das Internet erlaubt es, mithilfe der Delphi-Technik über Foren oder Communitys sein Netzwerk für die Lösung von Problemen zu nutzen.
- **Collective-Notebook-Methode:** Bei dieser Methode werden Ideen (wann immer man will) in ein Papier- oder Online-Notizbuch eingetragen, um so innerhalb eines bestimmten Zeitraums alle Einfälle festzuhalten. Das hat den Vorteil, dass allein und völlig unorganisiert gearbeitet werden kann. Auch schwer verfügbare oder zeitlich stark beanspruchte Mitarbeiter können dadurch an der Ideenfindung teilnehmen. In regelmäßigen Abständen werden die Notizbücher analysiert und ausgewertet. (Anbieter von Online-Notebooks oder -Whiteboards sind z. B. www.twidda.com oder www.dabbleboard.com.)
- **Ideen-Tapete:** Die Ideen-Tapete stellt eine strukturiertere Variante des Collective Notebook dar. Am besten nimmt man hierzu eine große weiße Tafel / Whiteboard und unterteilt diese beispielsweise in vier Spalten: Projekte, Ideen, Fragen und News. Diese strukturierte Übersicht wird an gut frequentierten Orten aufgehängt und erlaubt es, dass Teilnehmer ihre spontanen Einfälle, Ideen und Fragen sammeln und kommunizieren.

Das Internet hat noch eine weitere, spannende Form des Brainwritings bewirkt, die Online-Ideenfabrik. Im Rahmen des sog. Open Innovation-Ansatzes, bei welchem internes und externes Wissen zur Vergrößerung des Innovationspotentials genutzt wird, dienen Onlineseiten zur Generierung von Ideen. Open Innovation grenzt sich von der sog. Closed Innovation ab, die wegen ihrer Exklusivität ausschließlich mit internen Mitteln im Unternehmen weiterentwickelt wird. So arbeiten BASF (»Creator Space«), Migros (»Migipedia.ch«), Dell (»IdeaStorm.com«), Procter & Gamble (»pgconnectdevelop.com«) oder die Nasa mit offenen Internetplattformen, bei denen sich ausgewählte Nutzer oder jeder Interessent mit eigenen Ideen an konkreten Fragestellungen beteiligen kann. Gute Vorschläge werden je nach Nachfrager honoriert und die Ideengeber teilweise selbst in die weitere Umsetzung eingebunden.

1.3.7.3 Wargaming

Eine moderne Version des Perspektivenwechsels innerhalb von Teams ist das sog. Wargaming. Hier wird das Verhalten eines oder mehrerer Wettbewerber (oder weiterer Stakeholder) gegenüber dem eigenen Unternehmen simuliert. Es finden sich mehrere Spielparteien, von denen eine die Rolle des Unternehmens übernimmt, während zwei bis drei weitere Parteien die Wettbewerber repräsentieren. Über mehrere Spielrunden versucht nun jede Partei einen Spielauftrag (z. B. Verfolgen einer Wachstumsstrategie oder Entwicklung von Produktinnovationen) gegen den Wettbewerb durchzusetzen. Nach jeder Spielrunde werden die Strategien und Ergebnisse der einzelnen Spielerteams offengelegt und diskutiert. Basierend auf den neuen Erkenntnissen trifft jede Partei in den nächsten Runde wieder neue Entscheidungen. Der Ablauf des Wargamins kann daher wie folgt aussehen:

Runde	Aufgabe	Maßnahme
1	Vorbereitung und Auswahl der relevanten Wettbewerber	Recherche vorhandener Marktdaten, Presseberichte, Jahresabschluss
2	Einstimmung in die Welt der Wettbewerber	Bildung von einem Team, welches das eigene Unternehmen repräsentiert, sowie zwei bis drei Wettbewerberteams, Analyse der Marktdaten u. Identifikation der Rollenspieler
3	Entwicklung von Wettbewerbsstrategien für bzw. gegen das eigene Unternehmen	»Aggressives« Rollenspiel des Unternehmens und der Wettbewerber, Kombination mehrerer strategischer Maßnahmen (z. B. Produktinnovationen, Preiskampf, aggressiver Vertrieb und Werbung, M&A)
4	Gegenreaktion des eigenen Unternehmens sowie weitere Aktionen der Wettbewerber	Nach Analyse der Konsequenzen aus Wettbewerbsmaßnahmen werden vom eigenen Unternehmen Gegenmaßnahmen entwickelt sowie von den Wettbewerbern weitere Maßnahmen gestartet

Abb. 52: Ablauf eines Waregames

Runde	Aufgabe	Maßnahme
5	Fortsetzung	Das Unternehmen und die Wettbewerber analysieren immer wieder die Konsequenzen ihrer Maßnahmen und starten neue (Gegen-)Reaktionen
6	Auswertung der Erkenntnisse	Ermittlung von Chancen und Risiken, Sensitivitätsprüfung der eigenen Strategie, größten Gefahren aus dem Wettbewerb? Eigene offenen Flanken? Robusten eigenen Gegenzüge?

Abb. 52: Ablauf eines Waregames – Fortsetzung

Der Verlauf des Spiels ist nicht vorhersagbar, er wird vielmehr durch die Aktionen und Reaktionen der einzelnen Spieler beeinflusst. Die Züge der einzelnen Spielpartien erlauben jedoch in einer nachgelagerten Analyse, die Wirkungsmechanismen in der untersuchten Situation zu verstehen.

1.3.7.4 Hutwechselmethode

Edward de Bono hat mit seiner 6-Hüte bzw. Hutwechselmethode eine weitere Kreativitätstechnik zum Perspektivenwechsel von Gruppenmitgliedern entwickelt (de Bono E., 1990). Der rasche Wechsel zwischen sechs verschiedenfarbige Hüten soll bewirken, dass eingefahrene Denkschienen verlassen werden und ein häufiger Perspektivenwechsel stattfindet. Zum anderen hilft der Wechsel, unfruchtbare Konfrontationen zwischen einzelnen, auf bestimmte Positionen eingeschworenen Parteien zu vermeiden und den produktiven Dialog zu fördern.

Es gibt 6 verschiedenfarbige Hüte, die nach Absprache zwischen den Teilnehmern gewechselt werden, gegebenenfalls kann auch die ganze Gruppe den gleichen Hut tragen. Keinesfalls aber sollten immer dieselben Personen im gleichen Hut- und Denkschema verharren, denn die Methode lebt vom stetigen Wechsel. Die Farben symbolisieren die jeweilige Einstellung, die man mit dem entsprechenden Hut bekommt. Mit 6 Hüten ist die Zahl der verschiedenen Möglichkeiten übersichtlich, aber trotzdem vielseitig genug.

Die 6 Hutfarben und Rollen sind dabei: weiß (Zahlen, Fakten), rot (Gefühle, Angst), schwarz (kritisches Denken, Vorsicht), gelb (Optimismus), grün (Kreativität) und blau (Moderation). Ihre Denkmodelle gliedern sich wie folgt:

- Der **weiße Hut** steht für Zahlen, Daten, Fakten und Informationen, die gesammelt aber nicht bewertet werden. Der Träger des weißen Huts verschafft sich einen objektiven Überblick über alle verfügbaren Daten und Informationen – vollkommen unabhängig von der persönlichen Meinung. Dabei interessieren Fragen wie z. B.: Über welche Informationen verfügen wir? Welche wichtigen Informationen fehlen uns? Wie kommen wir an diese Informationen heran? Dieser Hut wird häufig zu Beginn einer Diskussion oder eines Prozesses aufgesetzt, um einen ersten Überblick zu erhalten.

- Der **rote Hut** steht für Gefühle, Ängste, Zweifel, Hoffnungen, Intuitionen und Instinkte. Er gibt die Möglichkeit, Emotionen ohne langwierige Entschuldigungen, Rechtfertigungen und rationale Tarnungen mitzuteilen. Der Träger des roten Huts kann alles äußern, was er fühlt, unabhängig davon, wie klar er es artikulieren kann oder ob die anderen etwas damit anfangen können.
- Der **schwarze Hut** repräsentiert das kritische Denken, die Vorsicht und Fehlervorbeugung. Es geht darum, die objektiv negativen Aspekte des Problems oder der Fragestellung zu finden. Dazu gehören Bedenken, Zweifel, Risiken u. Ä. – also alle sachlichen Argumente, die gegen ein Projekt bzw. eine Entscheidung sprechen oder die eine Fragestellung verneinen. Wer den schwarzen Hut aufsetzt, formuliert Sätze wie: »Gegen dieses Projekt spricht ...« oder »Die objektiv erkennbaren Gefahren unseres Vorhabens sind ...« usw. Der schwarze Hut konzentriert sich auf die objektiven Bedenken, während negative persönliche Gefühle vom roten Hut geäußert werden.
- Der **gelbe Hut** steht für das Gegenteil des schwarzen Huts: Optimismus, Suche nach Vorteilen und die Suche nach Realisierungsmöglichkeiten. Wer den gelben Hut aufsetzt, hat die Aufgabe, Chancen oder Pluspunkte zu finden, aber auch realistische Hoffnungen und erstrebenswerte Ziele zu formulieren. Auch hier geht es wieder darum, die positiven Aspekte aus einer möglichst objektiven Sicht zu erkennen und nicht aus einer Gefühlsstimmung heraus.
- Der **grüne Hut** übernimmt das kreative Denken. Die Suche nach neuen Ideen und Alternativen – auch mithilfe von anderen Kreativitätstechniken – befähigt den grünen Hut, über das hinaus zu denken, was bereits getan oder gedacht worden ist. Er stellt sich Fragen wie: »Lässt sich die Aufgabe auch auf andere Weise bewerkstelligen?« oder »Könnte es auch eine andere Erklärung geben?« Träger des grünen Huts dürfen alles formulieren, was zu neuen Ideen und Ansätzen führt, unabhängig davon, wie verrückt oder unrealistisch die Ideen sind. Wer den grünen Hut auf dem Kopf hat, dem sind allerdings kritische Bemerkungen untersagt (dafür steht der schwarze Hut).
- Der **blaue Hut** steht für Kontrolle und für die Organisation des gesamten Denkprozesses. Aus einer Art »Meta-Ebene« oder »Vogelperspektive« hat er eine Art Moderatorfunktion. Die Aufgaben des Trägers des blauen Huts bestehen z. B. darin, die Ergebnisse zusammenzufassen oder Entscheidungen zu treffen, welche Hüte im weiteren Prozess überhaupt oder noch einmal aufgesetzt werden müssen. Oft wird dieser Hut am Ende einer Sitzung aufgesetzt. Es bietet sich aber auch an, dass eine Person den blauen Hut über den ganzen Ideenfindungsweg hinweg aufbehält und somit Moderator in der Besprechung, Diskussion oder Problemlösung ist.

Wichtig!
Entscheidend ist: Jeder Hut hat eine andere Bedeutung. Wer immer ihn trägt, muss versuchen, in seinem Denken und seinen Beiträgen dieser Bedeutung gerecht zu werden.

Der Vorteil dieser Methode liegt in der Tatsache, dass sich alle Teilnehmer gleichzeitig oder nacheinander in dieselben Sichtweisen versetzen und gemeinsam an einem Strang ziehen. Jeder muss die verschiedensten Standpunkte vertreten können. Systematisch können dadurch alle Aspekte eines Problems gesammelt und diskutiert werden. Da dies nacheinander geschieht, werden unnötige Schleifen und Wiederholungen vermieden.

Tipp!
Der Moderator bei der Hutwechselmethode sollte sich seiner Rolle und seiner Teilnehmer sicher sein, denn zu schnell kann diese Methode den Anschein eines »Kindergeburtstags« erwecken. Alternativ können anstelle von »Hüten« seriöser wirkende »Schreibkarten« (Metaplan) die Rolle der Denkmodelle übernehmen.

1.3.8 Moderationstechniken

Neben den bereits diskutierten Kreativitätstechniken zur Ideenfindung werden darüber hinaus in der Praxis eine Reihe von Moderationstechniken für Gruppen praktiziert. Die gebräuchlichen Methoden werden im Folgenden kurz vorgestellt.

1.3.8.1 Gruppenkonferenzen

Open Space (»Offener Raum«) ist eine bereits klassische Moderationstechnik für Gruppen mit einer Größe von 50 bis 200 Teilnehmern. Sie wurde 1983 von Harrison Owen entwickelt, nachdem er eine internationale Konferenz mit 250 Teilnehmern organisiert hatte, welche die Kaffeepausen als den nützlichsten Teil der Konferenz bewerteten. Seine danach gestellte Suche galt einer Konferenzorganisation, bei der die Synergien und Begeisterung einer guten Kaffeepause auf die eigentliche Aktivität und die Ergebnisse einer Konferenz übertragen werden kann (Owen H., 2011).

Ziel von Open Space ist es, in kurzer Zeit mit einer großen Zahl von Menschen zu einem umfassenderen Thema wesentliche Teilthemen innovativ und lösungsorientiert zu bearbeiten und eine Aufbruchsstimmung zu erzeugen (oder zu nutzen). Charakteristisch ist dabei die inhaltliche Offenheit: Die Teilnehmer geben im Rahmen einer konkreten Fragestellung eigene Themen in die Gesamtgruppe und gestalten dazu je eine Arbeitsgruppe. In diesem Rahmen werden mögliche Projekte erarbeitet. Die Ergebnisse werden am Schluss gesammelt, mit der Wunsch, daraus Maßnahmen und Handlungsempfehlungen abzuleiten.

Hinweis: Gesetz der zwei Füße
Die Teilnehmer stimmen quasi mit ihren Füßen darüber ab, welche Themen und Fragestellungen sie für relevant halten, in dem sie sich diesen Arbeitsgruppen anschließen oder nicht. Die Teilnehmer bleiben auch nur so lange in einer Arbeitsgruppe, wie sie es für sinnvoll erachten. Diese Besonderheit wird als das »Gesetz der zwei Füße« bezeichnet.

Es gibt 5 Voraussetzungen für den Einsatz von Open Space:

1. **Konkrete Fragestellung:** Es geht immer um die Lösung einer konkreten Aufgabe.
2. **Hohe Komplexität:** Einfache Aufgaben / Themen benötigen kein Open Space. Komplexe Themen können hingegen sehr gut von Gruppen nach Open Space erarbeitet werden.
3. **Diversität:** Open Space lebt von unterschiedlichen Meinungen, Erfahrungen und Lösungsalternativen, damit am Ende umsetzbare Ergebnisse resultieren.
4. **Leidenschaft:** Teilnehmen sollten nur jene Personen, denen wirklich etwas an der Lösung liegt.
5. **Handlungsdruck**: Am besten sollten Aufgaben gewählt werden, die schon gestern gelöst werden mussten.

Ein Open Space-Workshop kann wenige Stunden dauern, aber auch über mehrere Tage. Zum Schluss eines jeden Tages sammeln alle Arbeitsgruppeninitiatoren ihre Ergebnisse und berichten diese an das gesamte Gremium. Es folgt eine abschließende Gruppendiskussion, die Planung für die nächsten Schritte sowie ein Abschlussritual, in dem der Sitzungsraum geschlossen wird.

Als Infrastruktur benötigt Open Space einen zentralen Konferenzraum, groß genug, damit alle Teilnehmer in einem Kreis oder bis zu drei konzentrischen Kreisen sitzen können. In diesem Raum braucht es eine Wand, an der mit Klebebändern, Pinnnadeln oder Magneten neue Ideen gesammelt und diskutiert werden können. Weitere Räume dienen dann den einzelnen Arbeitsgruppen und sollten mit genügend Moderationsmaterialien ausgestattet sein. In den Gruppenräumen arbeiten die Teilnehmer selbstorganisiert und selbstverantwortlich ihre Anliegen gemeinschaftlich ab.

Wie die Open Space-Technik ist das World-Café eine Methode zur Gruppenmoderation und Ideenfindung für bis zu 2000 Teilnehmern. Die Methodik nimmt den Gedanken von Harrison Owen auf, dass gerade die Pausen- oder noch besser die Café-Atmosphäre zur offenen Diskussion und Kreativität führen.

Das World Café ist jedoch strukturierter als Open Space. Während bei Open Space nur das konkrete Hauptthema definiert und ansonsten inhaltlich alles offen ist, bereitet eine Planungsgruppe mit den zukünftigen Gastgebern individuelle Teilfragen und Themen im Rahmen des Hauptthemas vor (Brown J., Isaacs D., 2008). Diese Gastgeber moderieren im Verlauf des eigentlichen World Café-Workshops an verschiedenen kleinen Tischen die Diskussion der Teilnehmer im Hinblick auf die vorher definierten Teilfragen. Vier bis sechs Teilnehmer sitzen oder stehen an diesen Tischen, die mit weißen, beschreibbaren Papiertischdecken oder Flipchart Papier sowie Post It-Zetteln, Stiften und Marken ausgestattet sind.

Eine Café-Runde dauert ca. 15 bis 30 Minuten und wird mindestens zwei bis dreimal wiederholt, wobei sich zu jeder Gesprächsrunde die Gruppen um die Tische neu mischen. Nur die Gastgeber bleiben die ganze Zeit an ihrem Tisch und repräsentieren weiter ihre individuelle Fragestellung.

Ein Moderator führt durch das gesamte World Cafe, erklärt die Vorgehensweise und die Spielregeln (Cafe Etikette), die laut der Erfinder wie folgt aussieht:

- **Gastfreundlicher Raum**: Die Aufgabe des Moderators und der Gastgeber ist es, einen gastfreundlichen Raum zu gestalten, der sich angenehm und einladend anfühlt. Nur wer sich wohlfühlt, trägt auch gerne mit eigenen Ideen zu Diskussion bei.
- **Relevante Fragen**: Nur relevante Fragen motivieren Teilnehmer an einer Diskussion teilzunehmen. Geschickt ist es, wenn die Fragen an den unterschiedlichen Tischen zueinander im Verhältnis stehen. Vielleicht bauen sie aufeinander auf oder sind sogar Kontrollfragen.
- **Beiträge der Teilnehmer**: Teilnehmen heißt nicht nur anwesend sein, sondern aktiv mitzuwirken. Es ist daher wichtig, jeden Teilnehmer zu ermutigen, seine Ideen, Erfahrungen und Kritiken beizutragen. Gleichzeit hat jeder Teilnehmer – ganz im Sinne des Brainstormings – den Anmerkungen der anderen zuzuhören.
- **Unterschiedliche Perspektiven**: Durch den Wechsel von Tisch zu Tisch trifft man neue Menschen mit unterschiedlichen Meinungen. Doch nur wer genau und offen hinhört, profitiert von diesen unterschiedlichen Perspektiven.
- **Gedankenkreise**: Ebenfalls durch den Wechsel von Tisch zu Tisch verbreiten sich gute, neue Anregungen. Wie eine Schneelawine entstehen durch das »Weiterreisen« der Teilnehmer sog. Gedankenkreise.

Tipp!
Wer die inhaltliche Offenheit der Variante Open Space den vorgegebenen Fragen des World Cafés bevorzugt, kann die ebenso sinnvolle wie praktische Idee der beschreibbaren Tische aus dem World Cafe mit Open Space verbinden. Die Spielregeln des World Cafés sollten zudem auch bei Open Space-Workshops gelten.

Barcamps (häufig auch Unkonferenz) haben Ähnlichkeiten mit Open Space, sind aber lockerer organisiert. Der Name »Barcamp« ist eine Anspielung auf eine Veranstaltungsreihe von dem Internet Pionier Tim O'Reilly, Miterfinder der Skriptsprache PERL und Mitinitiator der Open Source Bewegung. Unter sog. FooCamps lud er ausgewählte Personen (Friends of O'Reilly) zum gemeinsamen Austausch und Camping ein. Ein Barcamp besteht aus Vorträgen und Diskussionsrunden (sog. Sessions), die jeden Morgen auf Whiteboards, Metaplänen oder Pinnwänden – in sog. Grids (Stundenplänen) – durch die Teilnehmer selbst koordiniert werden. Alle Teilnehmer sind aufgefordert, selbst einen Vortrag zu halten oder zu organisieren.

1.3.8.2 Innovation-Canvas

Analog der Corporate Management Canvas (► Kap. 1.3.3.5) ist eine Innovation-Canvas zur Ideenfindung in Gruppen denkbar. Erneut können mittels einer Vorlage und Workshop Fragen die einzelnen Felder der Leinwand (Canvas) abgearbeitet werden.

Es gilt, zu jedem Leinwandfeld Ideen für Verbesserungen, Erweiterungen oder Disruptionen zu sammeln, zu verdichten, zu bewerten und Maßnahmen abzuleiten. Mögliche Leitfragen für die einzelnen Canvas Felder sind:

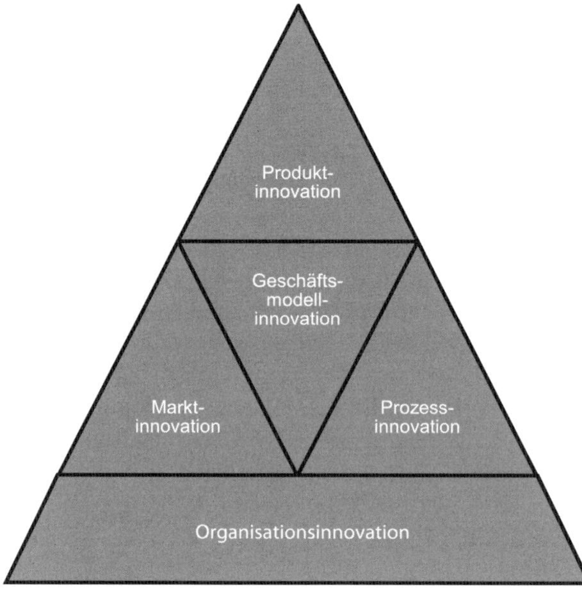

Abb. 53: Innovation-Canvas

Innovation-Canvas Feld	Mögliche Fragen/Checklisten
Produktinnovation	Was können wir verbessern an Qualität, Funktionen, Design, Verpackung, Gewicht, Komptabilität, Haltbarkeit, Finanzierung, Usability oder Schulung? Wie können wir die Low-End sowie die bisherigen Nicht-Konsumenten erreichen? Was sind ihre (reduzierten oder differenzierenden) Bedürfnisse? Welche Substitutionsangebote ersetzen unsere bestehenden Produkte und Leistungen?
Marktinnovation	Welche weiteren Regionen, Branchen, Zielgruppen oder Anwendungsmöglichkeiten gibt es für unsere bestehenden Produkte? Welche Trends unserer bisherigen oder weiteren Zielgruppen bieten uns neue Chancen? Wie können wir unsere Zielgruppen anders segmentieren? Wo ist der Wettbewerb noch nicht so aktiv? Welche unserer Bestandsmärkte werden bald noch wettbewerbsintensiver?
Prozessinnovation	Wo fällt bei uns aktuell Verschwendung an? Was würden wir anders machen, wenn wir unsere Organisation komplett neu (auf der grünen Wiese) aufsetzten dürften? Welche technischen Trends eröffnen uns neue Möglichkeiten in unseren Leistungsprozessen? Welche Unterstützungsprozesse können wir outsourcen bzw. ganz reduzieren?

Abb. 54: Checkliste für Innovation-Canvas

Innovation-Canvas Feld	Mögliche Fragen/Checklisten
Geschäftsmodellinnovation	Welche neuen Leistungen können wir in für uns neuen Märkten dank unserer Kernkompetenzen anbieten? Wo erlauben technische Entwicklungen die Substitution der bisherigen Leistungen durch neue Verfahren und/oder neue Anwendungsbereiche?
Organisationsinnovation	Wie können wir neue Arbeitsformen für unsere Organisation einsetzten? Was müssen wir tun, um junge Generationen für unsere Unternehmen zu interessieren? Wie werden wir agil im Sinne der Wettbewerbsfähigkeit? Wie halten wir Mitarbeiter an unserem Unternehmen (»War of Talents«)?

Abb. 54: Checkliste für Innovation-Canvas – Fortsetzung

1.3.9 Priorität

In den bisherigen Phasen der Ideenfindung galt es, so viele Anregungen und Ideen wie möglich zu finden. Egal, wer eine Idee hatte und nach welchem Verfahren diese entstand, alle Ideen und Verbesserungsvorschläge wurden noch nicht kommentiert, bewertet, gewichtet oder in eine Rahngreihe nach Wichtigkeit gebracht. Lediglich die frühen Erkenntnisse der Phase »Verstehen« wurden im Anforderungskatalog (Product Backlog) gesammelt und priorisiert, damit sie nun in der Kreativitätsphase abgearbeitet werden.

Der Schwerpunkt lag bisher auf dem offenen Fluss von Ideen und gegenseitigen Anregungen, anstatt gleich durch Kritik oder Ablehnung die Motivation zur Ideenfindung zu zerstören. Dies ändert sich nun im folgenden Schritt der Priorisierung. Nun gilt es, aus der Vielzahl an Ideen und Vorschlägen jene herauszufiltern, die entweder den größten Nutzen bieten, und/oder am ehesten realisiert werden können.

Mehrere Methoden unterstützen die Priorisierung von Ideen, angefangen bei der Strukturierung, der Nutzen-Machbarkeits-Matrix bis hin zur Innovation Scorecard.

1.3.9.1 Strukturierung

Die einfachsten Techniken zur Strukturierung vieler zur Diskussion stehenden Ideen ist die Metaplantechnik, das Custer-Verfahren sowie das Mindmapping.

Die Metaplan-Methode (Pinnwandmoderation) ist ein Moderationsverfahren für die Arbeit mit Gruppen, die neben der Ideenfindung auch die Strukturierung der Ideen erlaubt. Ausgangspunkt beim Metaplan ist das klassische Brainstorming, bei dem Teilnehmer ihre Ideen allerdings zuerst auf einzelne Karten schreiben. Das herausragende Merkmal der Metaplanmethode ist nach der Ideenfindung die Visualisierung der einzelnen Ideen (Karten). Die einzelnen Karten werden an einer Pinnwand sichtbar gemacht. Sie können nun in einer anschließenden Diskussion an der Pinnwand zugeordnet und gruppiert werden.

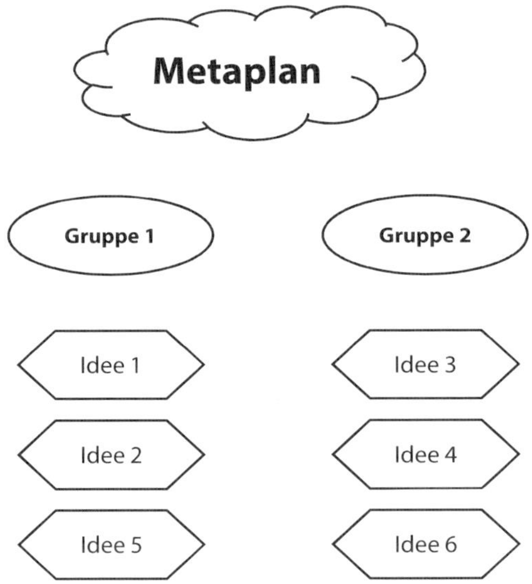

Abb. 55: Metaplan-Technik

Bei der Strukturierung der Metaplan-Karten hilft das sog. Cluster-Verfahren (oder auch Clustering). Dieses bezieht sich auf den englischen Begriff »Cluster«, der im übertragenen Sinne so viel wie Büschel, Anhäufung oder Menge bedeutet. Das Clustering ist eine Technik, um eine Vielzahl von bereits gefundenen, individuellen Ideen in eine Struktur zu überführen, bis sich ein roter Faden (eine Grundidee) ergibt. Dieser rote Faden kann im Anschluss durch systematisches Denken weiterentwickelt werden. Entwickelt wurde das Cluster-Verfahren von Gabriele Rico. Sie war eigentlich als Creative-Writing-Methode gedacht, um Autoren und Schriftstellern ein leichteres Starten in einen neuen Text zu ermöglichen.

Hinweis: Strukturierung durch Mindmapping
Das bereits vorgestellte Mindmapping (▶ Kap. 1.3.6.1) ähnelt auf den ersten Blick dem Clustering, denn es gruppiert und visualisiert einzelne Ideen zu Hauptsträngen (Gruppen). Allerdings liegt der besondere Charme des Mindmappings in der Tatsache, dass man es nicht nur zur Strukturierung, sonderngleichzeitig auch für die Ideenfindung.

Das Gruppieren an einer Metawand, via Clustering oder Mindmap dient primär der visuellen Übersicht. Für die weitere Bewertung gilt es dann, aus der Vielzahl an Ideen und Vorschlägen jene herauszufiltern, die entweder den größten Nutzen bieten, und/oder am ehesten realisiert werden können.

1.3.9.2 Nutzen-Machbarkeits-Matrix

Generell geht es bei der Bewertung immer um die Frage, ob eine Idee überhaupt umgesetzt werden kann, mit welchem Aufwand, mit welchem Ertrag/Gewinn und in welcher Zeit. In einer ersten Machbarkeitsanalyse wird daher jeder Vorschlag anhand der folgenden Beispielfragen untersucht:

- Kann die Idee kurz und klar formuliert werden?
- Ist die Idee interessant?
- Wie groß ist der Wert der Idee?
- Wie gut ist der Zeitpunkt für die Umsetzung der Idee?
- Sind die Fähigkeiten vorhanden, dass diese Idee auch umgesetzt wird?
- Kann man Stärken einbringen?

Diese Kriterien und Fragen können anhand einer Antwortmatrix (► Abb. 56) diskutiert und gewichtet werden.

Kriterium	Gewichtung	Idee 1	Idee 2
Kurz und klar			
Interessant?			
Wert?			
Zeitpunkt?			
Fähigkeiten?			
Stärken?			

Abb. 56: Antwortmatrix

Möchte man ausführlicher die möglichen Vorteile sowie die Machbarkeit innovativer Vorschläge überprüfen, so ist dies anhand der folgenden Auflistung möglich:

- **Ablauforganisation:** Kann der Vorschlag mit den vorhandenen Prozessen/ Verfahren realisiert werden?
- **Aufbauorganisation:** Erlauben die im Unternehmen vorhandenen Strukturen sowie das Ziel- und Anreizsystem eine Umsetzung der neuen Ideen und Vorschläge?
- **Strategien:** Entsprechen die Ideen den Visionen und Zielen des Unternehmens? Gefährden die Ideen die langfristige Existenz des Unternehmens? Stärkt die Innovation die Positionierung des Unternehmens und seiner Produkte im Markt? Kann die

Innovation auch in anderen Produkten, Märkten oder Prozessen des Unternehmens eingesetzt werden?

- **Mitarbeiterstamm:** Haben die Beschäftigten die Qualifikationen und Kompetenzen zur Umsetzung der Ideen? Gibt es genügend Mitarbeiter, die die Ideen realisieren können? Verfügt das Unternehmen über das für die Realisierung der Innovation notwendige Wissen? Sind die Betroffenen an einer Umsetzung überhaupt interessiert (Motivation)?
- **Infrastruktur:** Entspricht die Infrastruktur des Unternehmens (z. B. die Standorte, Lieferanten und Dienstleister) den Anforderungen für eine erfolgreiche Umsetzung?
- **Technologien:** Hat das Unternehmen überhaupt die notwendigen Technologien wie Maschinen, Informations- und Kommunikationssysteme etc.? Mit welchen technischen Risiken ist die Innovation verbunden? Liegt die Innovation im technischen Trend?
- **Kundenakzeptanz:** Bietet die Idee den Kunden Nutzenvorteile? Bietet die Idee den Kunden Preisvorteile? Bietet die Idee konkrete Wettbewerbsvorteile gegenüber den Konkurrenten? Lassen sich mit der Innovation neue Kundengruppen erschließen?

Häufig werden eigentlich gute Ideen in einem frühen Stadium mit der Begründung abgelehnt, ihre Realisierung wäre zu teuer oder die Vorteile würden nie wirksam. Diese Begründungen sind oft oberflächlich, auch weil vergessen wird, die Änderung/Anpassung der Rahmenbedingungen wie etwa die Mitarbeiterqualifikation mitzubedenken. In einer Machbarkeitsanalyse gilt es daher festzustellen, ob eine Idee mit den vorhandenen oder zukünftigen Ressourcen, Budgets, Qualifikationen, Systemen und Strukturen generell realisierbar ist.

Die Ergebnisse der unterschiedlichen Vorteile (»Nutzen«) und der Wahrscheinlichkeiten der Machbarkeit lassen sich einfach und transparent in Form einer Matrix darstellen:

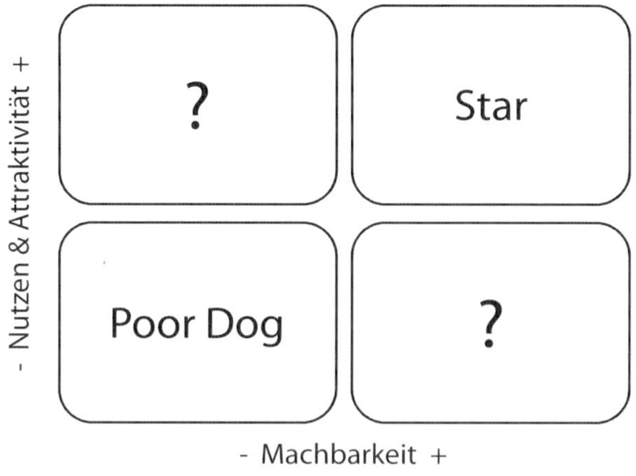

Abb. 57: Nutzen-Machbarkeits-Matrix

Eine Idee, die nach einer ersten Beurteilung viel Nutzen und eine hohe Attraktivität für die Anwender und/oder für den Initiator verspricht, aber schwer umsetzbar ist, ist als fraglich zu beurteilen. Genauso fraglich ist es, wenn eine Idee zwar realisierbar ist, aber keine Vorteile verspricht. Sind die Machbarkeit und die Attraktivität kritisch, dann sollte die Idee erst gar nicht weiterverfolgt werden (Ausnahme: Die Machbarkeit scheitert wie beschrieben an veränderbaren Rahmenbedingungen). Als »Star« sind jene Ideen einzustufen, die schon auf den ersten Blick eine gute Machbarkeit und Vorteile sowohl für die Anwender als auch für das Unternehmen versprechen.

Mindestens die »Stars« sind in einem weiteren Schritt mittels der im nächsten Abschnitt eingeführten Innovation Scorecard auf ihrem Nutzen auf vier verschiedenen Ebenen zu prüfen.

1.3.9.3 Innovation Scorecard

Klassischerweise orientieren sich die meisten Bewertungskriterien für neue Ideen an rein finanziellen Werten. Man spricht von Kosten-Nutzen-Vergleichen, Rentabilität und Amortisation. Diese finanziellen Größen sollten aber um weitere, nicht rein finanzielle Parameter ergänzt werden. Es bietet sich an, nach dem Grundgedanken der Balanced Scorecard eine gesonderte Innovation Scorecard für die Bewertung von innovativen Ideen zu verwenden

Die Grundidee der Balanced Scorecard ist, die traditionelle und einseitig monetäre Perspektive mit ihren finanziellen Kennziffern (financial measures) um weitere unternehmensrelevante Kriterien zu ergänzen. Die vier Ebenen bestehen dabei aus der Finanz-, Mitarbeiter-, Kunden- und Prozessebene, die alle vier in einer Ursachen-Wirkungskette interagieren, so dass alle vier Ebenen sich gegenseitig positiv wie negativ beeinflussen können.

Des Weiteren soll eine Balanced Scorecard nicht nur historische Kennzahlen liefern, sondern auch als Instrument zur Planung und zur Definition notwendiger Maßnahmen dienen. Dieser Gedanken wird an dieser Stelle mit der Innovation Scorecard aufgenommen und weiterentwickelt. In ihr werden die in der Ideensammlung identifizierten Anregungen anhand der vier Scorecard Ebenen auf ihre unterschiedlichen Vorteile übersichtlich analysiert und visualisiert.

Hinweis: Balanced Scorecard
Das Konzept der Balanced Scorecard, also eines Berichts- bzw. Kennzahlenbogens, wurde Anfang der 1990er Jahre von Robert S. Kaplan und David P. Norton in enger Kooperation mit zwölf amerikanischen Unternehmen entwickelt. Eine erste Veröffentlich des Konzeptes erfolge 1992 im Rahmen eines Artikels in der Zeitschrift »Harvard Business Review«. Diese beiden Autoren waren aber nicht die ersten bzw. einzigen, die auf der Suche nach einer Scorecard waren. Alternative Modelle wurden z. B. von Lawrence S. Maisel 1992 in der Publikation »Performance Measurement – The Balance Scorecard Approach«, oder von Christopher Adams und Peter Roberts 1993 mit ihrem so genannten EP^{2}M Model entwickelt.

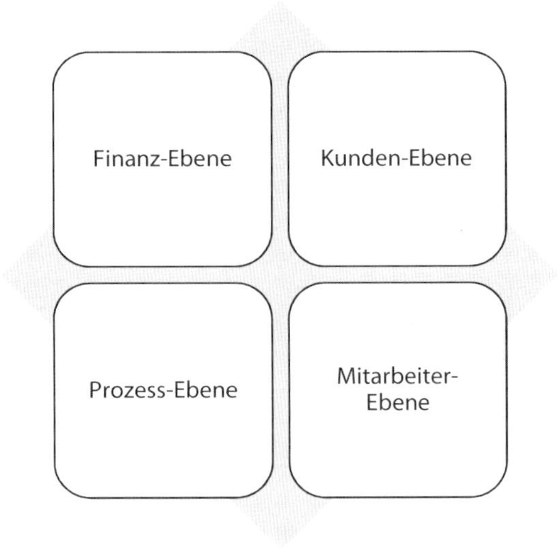

Abb. 58: Innovation Scorecard

Die Innovation Scorecard ist derart aufgebaut, dass zu jedem Parameter eine Schulnote von 1 (sehr gut) bis 6 (ungenügend) vergeben wird. Diese wird mit einer Gewichtung multipliziert, so dass sich für jeden individuellen Parameter ein Zwischenergebnis ergibt. Rechnet man alle Zwischenergebnisse zusammen, ergibt sich für jede einzelne Idee eine Endnote. Diese dient dem Vergleich mit allen übrigen Ideen und als Basis für die Priorisierung der Ideen.

Starten wir mit der ersten Ebene der Innovation Scorecard, der Finanzebene. Innovationen helfen einem Unternehmen, langfristig seine finanzielle und wirtschaftliche Lage zu sichern oder sogar zu fördern. Dabei sind die beiden primären wirtschaftlichen Ziele eines jeden privatwirtschaftlichen Unternehmens eine ausreichende Rentabilität und Liquidität. Alle Aktivitäten eines Unternehmens sind an diesen beiden langfristigen Zielparametern auszurichten – so auch das Innovationsmanagement. Die Finanzebene der Innovation Scorecard erstreckt sich dementsprechend über die in Abbildung 59 dargestellten Parameter:

Die Finanzebene untersucht nun die Aspekte der Rentabilität durch mögliche Kostenreduzierungen (z. B. anhand von Kostenvergleichsrechnungen), Umsatzsteigerungen, Amortisation sowie den direkten Effekt auf die Investitionsrentabilität (z. B. anhand der Kapitalwert- oder internen Zinsfuß-Methode). Da die positive Rentabilität nicht unbedingt zu einer verbesserten Zahlungsfähigkeit (Liquidität) führt, gilt es parallel den Effekt auf die freie Liquidität (Cashflow) und das Nettoumlaufvermögen (Net Working Capital) zu studieren. Unter dem Begriff des Nettoumlaufvermögens versteht man dabei den absoluten Überschuss des Umlaufvermögens über die kurzfristigen Verbindlichkeiten. Die zentrale Frage ist an dieser Stelle, inwieweit eine Produkt-, Prozess-, Markt- oder Geschäftsmodellinnovation einen echten Finanzüberschuss generiert und dieser sogar das Nettoumlaufvermögen erhöhen kann. Führt beispielsweise

Finanzebene	Gewichtung	1	2	3	4	5	6	Ergebnis
Verbesserung der Rentabilität								
Kostenreduzierung								
Umsatzsteigerung								
Schnelle Amortisation								
Erhöhung der Investitionsrentabilität								
Verbesserung der Liquidität								
Steigerung des Cash-Flows								
Steigerung des Net Working Capitals								

Abb. 59: Finanzebene der Innovation Scorecard

ein neues Produkt oder eine neue Dienstleistung zu einem höheren Unternehmensgewinn und wird dieser im Unternehmen in Form eines erhöhten Kassenbestands belassen, so erhöht sich das Net Working Capital. Damit hat das Unternehmen eine höhere Liquidität als vorher und kann diese Mittel erneut, z. B. in weitere Innovationen, investieren.

Die Kundenebene betrachtet die Abnehmer einer Innovation. Abnehmer können dabei sowohl extern als auch intern sein. Während Produkt- und Marktinnovationen vor allem auf externe Kunden, also Käufer, ausgerichtet sind, fokussieren Prozess- und Strukturinnovationen häufig auf interne Kunden, wie beispielsweise Fachabteilungen, Standorte oder einzelne Beschäftigte. Die Kundenebene betrachtet als Kriterien: verbesserte Leistung, größerer Nachfragemarkt, gesteigerte Aufmerksamkeit und Steigerung der Emotionen.

Als Verkaufsargumente dienen vor allem überprüfbare Sachargumente über die Leistungsfähigkeit einer neuen Ware oder Leistung, eines veränderten Prozesses oder einer neuen Struktur. Kunden möchten überzeugt werden. Doch woran erkennt man eine verbesserte Leistung? Hierzu dienen u. a. erem die eigentlichen Produkteigenschaften, eventuelle Alleinstellungsmerkmale oder der Verkaufspreis. Das Kriterium »Produkteigenschaft« prüft, inwieweit eine Innovation die von den Kunden erwarteten Produkteigenschaften (Qualität, Service etc.) ermöglicht oder sogar übertrifft. Ein Nutzenführer kann diese Position erst erreichen, wenn er seinen Kunden einen höheren Nutzen (Mehrwert) bietet als jeder Wettbewerber, für den die Kunden darüber hinaus auch zu zahlen bereit sind. Viele Mittelständler, Markenartikelhersteller oder Internet-Start-ups wären kein Nutzenführer, wenn ihre Leistungen selbst keine außergewöhnlichen qualitäts- oder serviceorientierten oder gar emotionale Eigenschaften aufwiesen. Anerkannte Anwälte, Ärzte, Friseure oder Handwerker wären ebenfalls keine Nutzenführer, wenn sie keine qualitativ hervorragenden Leistungen und Services (Produkte) erbringen würden.

Kundenebene	Gewichtung	1	2	3	4	5	6	Ergebnis
Verbesserte Leistung								
Verbesserte Produkteigenschaften								
Gewinnung von Alleinstellungsmerkmalen								
Optimierter Verkaufspreis								
Größerer Nachfragemarkt								
Gesteigerte Aufmerksamkeit								
Steigerung der Emotionen								

Abb. 60: Kundenebene der Innovations-Scorecard

Am besten ist es, wenn die Eigenschaften eines Produktes (aus Kunden- und Wettbewerbersicht) so einzigartig sind, dass Alleinstellungsmerkmale gegenüber den Konkurrenzprodukten vorliegen. Das Marketing spricht dann von Unique Selling Propositions (USP). Eine solche USP kann aus einem objektiven (d. h. nachvollziehbaren und beweisbaren) und/oder subjektiven Nutzen abgeleitet werden. Wichtig ist, dass der Nutzen, der dem Produkt einen USP gibt, begründet wird. Dabei wird die Begründung für das Alleinstellungsmerkmal umso glaubhafter sein, je glaubwürdiger und genauer die angeführten Beweise sind.

Innovationen können die Aufmerksamkeit der Kunden für ein Unternehmen steigern. Eine gewisse Aufmerksamkeit ist unentbehrlich für die meisten Unternehmen und ihre Leistungen. Schafft ein Unternehmen es nicht, einen gewissen Grad an Aufmerksamkeit bei seinen Kunden zu erreichen, so fällt es schnell aus der Gruppe der möglichen Anbieter. Nach dem Motto »aus den Augen, aus dem Sinn« streichen die Kunden das Unternehmen aus ihrem sog. Relevant Set. Und neben der Aufmerksamkeit ist die Emotion wichtig, die einen Kunden mit einem Anbieter verbindet. Innovationen können positive Emotionen wecken: sei es durch das neue Leistungsangebot, die verbesserte Qualität oder gar als Trendsetter bzw. Meinungsbilder. Solche Emotionen führen dann im Idealfall zu einer nachhaltigen Kundenloyalität.

Die Prozessebene der Innovation Scorecard fragt danach, inwieweit eine Innovation die Abläufe und Verfahren eines Unternehmens verbessert. Die Prozessebene hat einen direkten Einfluss auf die Kundenebene und in der Folge auf die Finanzebene. Denn je besser die Prozesse in einem Unternehmen ablaufen und je weniger Probleme mit Schnittstellen und verschwendeten Ressourcen vorliegen, desto zielorientierter erfolgt die Leistungserbringung gegenüber den Kunden und das steigt deren Zufriedenheit. Dies führt üblicherweise zu gesicherten oder sogar gesteigerten Umsätzen und bei guten Margen zu vorteilhaften Renditen. Die Prozessebene betrachtet die Aspekte der Produktivität und Qualität.

Unter Produktivität versteht man das Verhältnis zwischen den Input- und den Output-Faktoren (das bdeutet also die Dinge beispielsweise schnell, günstig oder ohne großen Aufwand tun). Die Produktivität dient als Maßstab für die Effizienz und Ressourcenwirtschaftlichkeit, da sie die Ergiebigkeit der betrieblichen Ressourcen darstellt. Mit anderen Worten: Ein Unternehmen hat umso effizientere Prozesse, je weniger Ressourcen (z. B. Rohmaterial, Arbeitsstunden interner oder externer Mitarbeiter oder Finanzmittel) für die Leistungserbringung benötigt werden. Die Produktivität lässt sich je nach dem zu untersuchenden Prozess vor allem anhand der verbrauchten Menge von Produktionsstoffen, notwendigen Zeiteinheiten an Arbeitsleistungen sowie mithilfe der daraus resultierenden Kosten ermitteln.

Prozessebene	Gewichtung	1	2	3	4	5	6	Ergebnis
Erhöhung der Produktivität								
Erhöhung der Produktionsmenge								
Verkürzung der Produktionszeit								
Reduktion der Produktionskosten								
Qualitätssicherung und -förderung								
Sicherstellung der richtigen Güte								
Sicherstellung der richtigen Menge								
Sicherstellung des richtigen Zeitpunkts								
Sicherstellung des richtigen Standorts								

Abb. 61: Prozessebene der Innovations-Scorecard

Innovationen können positive Auswirkungen auf die Qualität der Leistungserbringung eines Unternehmens haben. Dabei versteht man unter Qualität, ob ein Prozess das Ziel gemäß den Vorgaben und Wünschen der Abnehmer erreichen kann. Es geht beispielsweise darum, ob bei der computergesteuerten Montage eines Automobils zum richtigen Zeitpunkt die richtige Menge eines Bauteils in der richtigen Güte am richtigen Ort des Automobils eingebaut wird. Die Qualität beinhaltet nicht nur die originären Eigenschaften eines Produktes oder einer Dienstleistung (► Abb. 60), sondern auch Fragen nach der Menge, dem Zeitpunkt und dem Ort.

Die Qualität ist eine Maßgröße für den Output und die Effektivität (plakativ ausgedrückt: Die richtigen Dinge tun). Produktivität und Qualität haben keine direkten Korrelationen. Denn ein Prozess kann ohne Weiteres sehr produktiv ablaufen, ohne effektiv zu sein. Dies ist etwa der Fall, wenn ein Bäckergeselle schnell und mit einer geringen Menge an Mehl, Salz und Wasser Brötchen produziert, doch der Bäckermeister ihn eigentlich um das Erstellen von Brezeln gebeten hat. Der Geselle war zwar effizient, aber nicht effektiv.

Innovationen wirken nicht nur auf die Finanzen, die Kunden und die Prozesse, sondern nicht selten auch auf die Mitarbeiter. Die Mitarbeiterebene spiegelt daher die Auswirkungen von Innovationen auf die Beschäftigten wider. Es werden drei Dimensionen hinsichtlich der Mitarbeiter beachtet: die Zufriedenheit, die Qualifikation und die Vergütung

Mitarbeiterebene	Gewichtung	1	2	3	4	5	6	Ergebnis
Steigerung der Zufriedenheit								
Chancenerhöhung auf Selbstverwirklichung								
Zugewinn an interessanten Aufgaben								
Verbesserung der Arbeitsbedingungen								
Arbeitsplatzsicherung								
Verbesserung der Qualifikation								
Positive Wirkung auf Vergütung								

Abb. 62: Mitarbeiterebene der Innovations-Scorecard

Innovationen im Rahmen der Arbeitswelt von Industrie 4.0 (Homeoffice, virtuelle Teams, agile Strukturen etc.) können im besten Fall nicht nur die Arbeitsbedingungen der Mitarbeiter verbessern, sondern sogar die Chancen auf die Selbstverwirklichung. Gerade alleinerziehende Mütter oder Mitarbeiter mit Handicaps verdanken neuen Arbeitszeit- und Arbeitsplatzmodellen die Möglichkeit, bestimmte Tätigkeiten zu übernehmen. Dies steigert nicht nur die Zufriedenheit der Betroffenen, sondern eröffnet den Arbeitgebern erst den Zugang zu potentiellen Mitarbeitern.

1.3.9.4 Projektbeschreibung

Wie schon im ersten Anforderungskatalog zur Planung der Kreativitätsphase an (► Abb. 46) sind die Ergebnisse der Priorisierung und damit der gesamten Phase des Ideenmanagements in einem überarbeiteten Anforderungskatalog zu dokumentieren. Nur dann kann zielgerichtet mit der Implementierung gestartet werden.

Der Anforderungskatalog, der nach der Scrum-Methodik als Product Backlog bezeichnet wird, entwickelt sich mit dem Fortlaufen des Projektes und den nun folgenden Implementierungsschritten. Dank weiterer Erkenntnisse, nachträglicher Verbesserungsideen, erster Prototypen und dem Feedback des Marktes, wächst und konkretisiert sich der Katalog immer weiter.

Wichtig: Lebendes Artefakt
Anforderungen werden nie aufhören, sich zu ändern. Daher ist das Product Backlog ein lebendes Artefakt, sozusagen ein von Menschenhand geschaffenes Zwischenprodukt, das immerfort aktualisiert werden muss.

1.4 Implementierung

Der bisherige Innovationsprozess orientierte sich an der Findung von Ideen mit den Phasen Beobachtung, Verstehen, Kreativität und Priorität. Nun folgen die Phasen der Implementierung, mit dem Ziel der erfolgreichen Umsetzung von Ideen in Innovationen. Denn erst erfolgreich umgesetzte Ideen, die einer Zielpersonen einen Mehrwert bieten den dieser auch honoriert, sind Innovationen. Es bringt also nichts, nur viele Ideen gesammelt zu haben. Innovative Unternehmen leben von der wirtschaftlich-technischen Umsetzung und den daraus resultierten Wettbewerbsvorteilen.

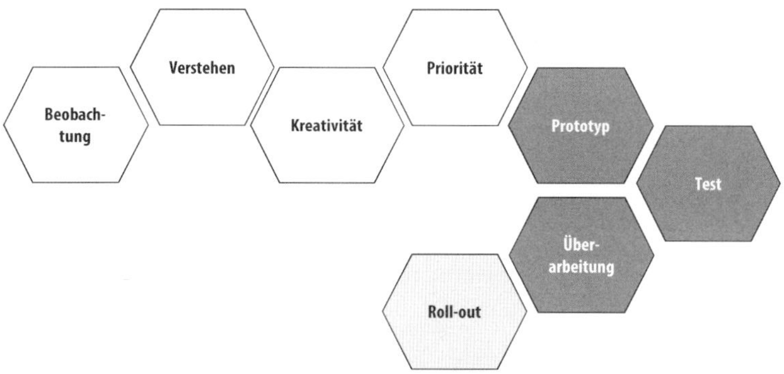

Abb. 63: Prozess der Implementierung

Die Phasen der Implementierung gliedern sich nach Abbildung 63 in die Einzelprozesse: Prototyp, Test, Überarbeitung und dem Roll-out auf. Prototypen dienen als Grundlage für die regelmäßigen Akzeptanz- und Qualitätstest neuer Produkte, Prozesse oder Organisationen. Die Erkenntnisse der Tests führen zur Überarbeitung der bisher entwickelten Anwendungs- und Produktlösung. Zusammenfassend werden diese drei Phasen heute als Prototyping bezeichnet.

Hinweis: Prototyping
Als Prototyping wird die Vorgehensweise bezeichnet, Prototypen solange inkrementell zu entwickeln, zu bewerten und zu verfeinern, bis das endgültige Produkt entstanden ist. Das Prototyping umfasst in dem hier dargestellten Innovationsprozess die Phasen Prototyp, Test und Überarbeitung.

Erst nach erfolgreicher Absolvierung der drei Phasen des Prototypings wird der eigentliche Roll-out, also die umfangreichere (Markt-)Einführung einer möglichen Innovation gestartet. Und erst wenn auch der Rollout erfolgreich ist, wird von der eigentlichen Innovation und nicht mehr von einer Idee gesprochen. Denn Innovationen sind und bleiben erfolgreich in Produktform umgesetzte Ideen, die den Kunden und dem Unternehmen einen Mehrwert vermitteln.

1.4.1 Prototyp

Ein Prototyp (griechisch »protos« der Erste und »typos« Urbild, Vorbild) stellt in der Technik ein für die jeweiligen Zwecke funktionsfähiges, oft aber auch vereinfachtes Versuchsmodell eines geplanten Produktes oder Bauteils dar. Dieses Modell weist bereits die relevanten grundlegenden Merkmale des späteren Produkts auf.

Ein Prototyp kann dem Endprodukt nur rein äußerlich oder auch technisch und funktionell entsprechen. Konkret unterscheidet man:

- **Designprototyp:** Konzeptmodell zur Überprüfung ästhetischer und ergonomischer Merkmale.
- **Geometrischer Prototyp:** Maßgenaues Modell für erste Montage- und Gebrauchsversuche und zur Konkretisierung des (Material-)Anforderungsprofils.
- **Funktionsprototyp:** Prototyp, der bereits entscheidende funktionale Eigenschaften eines später in Serie gefertigten Bauteils aufweist.
- **Technischer Prototyp:** Mit dem Endprodukt weitgehend identisches Versuchsmodell.

Früher wurden Prototypen zur Vorbereitung einer Serienproduktion entwickelt, doch mit dem Aufkommen agiler Projektmanagementmethoden dienen Prototypen auch zum Ausloten der Kundenakzeptanz und -bedürfnisse von Kleinserien. Entsprechend ist der Prototyp ein zentraler Schritt im Prozess zur Entwicklung von Produkt-, Prozess-, Markt- sowie Geschäftsmodellinnovationen. Auch bei der Umsetzung von organisatorischen Innovationen (wie z. B. neuen Team- oder Arbeitsplatzstrukturen) helfen Prototypen bei der Analyse der Akzeptanz und möglicher Verbesserungen.

Prototypen bieten signifikante Vorteile: Sie sind risikoarm, weil häufig mit einfachsten Mitteln gearbeitet werden, die beim Scheitern geringe oder keine Konsequenzen nach sich ziehen. Prototypen können relativ schnell erstellt werden. Dies ermöglicht die immer wichtigeren Feedback-Schleifen, um sich bei jeder Iteration immer mehr der Ideallösung zu nähern. Nicht marktfähige Ideen werden rechtzeitig identifiziert. Dann erlauben Prototypen das Erleben und Verstehen von Ideen und Konzepten. Sie bieten kognitive und visuelle Elemente, so dass Details einer Idee besser begriffen und vermittelt werden können. Schon in einem frühen Stadium der Produktentwicklung können Tests gestartet, Probleme erkannt, Zeit und Geld gespart werden. Heute gibt es verschiedene Methoden um zeit- und kostenorientiert Prototypen herzustellen:

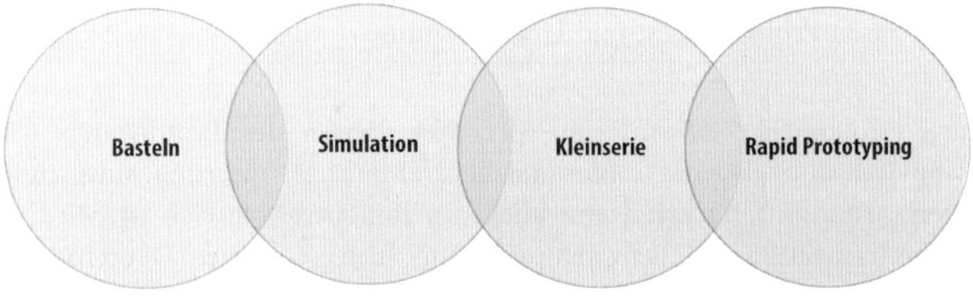

Abb. 64: Prototypen-Methoden

Wie bei der Kreativitätstechnik Brainshaping erlauben Stifte, Schere, Papier und Pappe das Basteln von Prototypen. In der Software-Entwicklung bezeichnet man gar das Gestalten von Papier-Prototypen als »Paper Prototyping«. Dabei wird mit Hilfe von gezeichneten oder gedruckten graphischen Benutzeroberflächen (Graphical User Interface) das Verhalten einer zu entwickelnden oder anzupassenden Software getestet. Die Software-Entwicklung setzt ferner sog. »Mock-Ups« ein, bei welchen mittels Pappe ein physischer Prototyp des ganzen Systems und seiner Einzelelemente erstellt wird. Dank Paper Prototyping und Mock Ups können physische Aspekte des Designs und der Customer Journey, wie z. B. die Abfolge von Online Seiten oder die Position von Buttons, dargestellt und getestet werden. Dies liefert ein tieferes Verständnis darüber, wie die Interaktion in repräsentativen Nutzungssituationen erfolgt.

Eine weitere »Bastel-Technik« der Softwareentwicklung für Prototypen nennt sich »Wizard of Oz«. Hier wird dem potentiellen Nutzer der Eindruck vorgespielt, dass er bereits mit dem realen System arbeitet, welches aber noch gar nicht existiert. Vielmehr reagiert ein versteckter Entwickler (der Zauberer) auf die Aktionen des Nutzers, wodurch dieser die Illusion eines funktionierenden Systems darstellt. Er kann aus den Ergebnissen/Beobachtungen wichtige Erkenntnisse für das spätere Produkt gewinnen. Im manchen Fällen ist sich der Nutzer nicht bewusst, dass die Funktionen des Systems durch eine Person und nicht durch das System ausgeführt werden.

Unter einer Simulation versteht man eine modellhafte Nachbildung eines Systems mit Hilfe eines Ersatzsystems, wobei die mit dem simulierten System gewonnenen Ergebnisse möglichst mit denen des ursprünglichen Systems übereinstimmen sollen. Man kann zwischen Simulationen mit und ohne Computer unterscheiden. Eine Simulation ohne Computer ist beispielsweise der traditionelle Crashtest. Bei ihm wird die reale Verkehrssituation eines Verkehrsunfalls simuliert. Dabei wird die Vorgeschichte des Unfalls, die Verkehrssituation und die genaue Beschaffenheit des Unfallgegners stark vereinfacht. Auch sind keine Personen in den simulierten Unfall verwickelt, stattdessen werden Crashtest-Dummys eingesetzt, die mit realen Menschen gewisse mechanische Eigenschaften gemeinsam haben. Weitere bekannte Simulationen ohne Computer sind der Windkanal, nachgestellte Brandsimulationen oder generell physikalische Experimente.

Eine computergestützte Simulation gibt es bei Fertigungsanlagen, Flug- oder Fahrsimulatoren, Kraftwerksanlagen, in Ausbildungssituationen, Schaltkreisen oder geologischer Prozesse. Modern ist hierbei die Virtual Reality. Hier simulieren Bewegungssensoren in einer VR-Brille oder speziellen VR-Bekleidung die Bewegungen, der Testpersonen in der realen Welt über einen 360°-Aktionsradius.

Kleinserien sind in geringer Stückzahl produzierte (End-)Produkte. Früher unterlagen Kleinserien meist der halbindustriellen Produktion, was den Einsatz vieler manueller Tätigkeiten notwendig machte. Heute können neue Verfahren wie der 3D-Druck bereits in vielen Bereichen schnell und vergleichsweise günstig Kleinserien erstellen. Beim 3D-Druck bzw. der additiven Fertigung, werden dreidimensionale Werkstücke schichtweise aus Kunststoff, Kunstharz, Keramik oder Metall aufgebaut. Der Aufbau erfolgt computergesteuert nach vorgegebenen Maßen und Formen (CAD), wobei physikalische oder chemische Härtungs- oder Schmelzprozesse stattfinden. Die

Kosten- und Zeitvorteile des 3D-Drucks resultieren dann aus dem Wegfall bisher nötiger Formen (beim Spritzgussverfahren) sowie dem Wegfall zusätzlicher Bearbeitungsschritte, wie dem Schneiden, Drehen oder Bohren.

Der 3D-Druck gehört ferner zu jenen Fertigungsverfahren, die das sog. Rapid Prototyping unterstützen. Hierunter versteht man jene Verfahren, die das Ziel haben, vorhandene CAD-Daten möglichst ohne manuelle Umwege oder Formen direkt und schnell in Werkstücke umzusetzen. Wikipedia (https://de.wikipedia.org/wiki/Rapid_Prototyping) listet eine Vielzahl von Verfahren auf, die dieses Rapid Prototyping unterstützten:

Verfahren	Werkstoffe
• Contour Crafting (CC)	• Beton
• Elektronenstrahlschmelzen (EBM)	• Metalle
• Fused Deposition Modeling (FDM)	• ABS, Polylactide
• Laminated Object Modelling (LOM)	• Papier, Kunststoffe, Keramik oder Aluminium
• Laser Engineered Net Shaping (LENS)	• Metalle
• Laserauftragschweißen	• Metalle
• Multi Jet Modeling (MJM)	• Thermoplaste, Photopolymere, Sand, Pulver
• Polyamidguss	• Polyamide
• Selektives Laserschmelzen (SLM)	• Metalle, Kunststoffe, Keramiken
• Selektives Lasersintern (SLS)	• Thermoplaste, Metalle, Keramiken
• Space Puzzle Molding (SPM)	• Kunststoffe
• Stereolithografie (STL oder SLA)	• flüssige Duromere oder Elastomere
• Binder Jetting (3D-Druck)	• Pulver und Granulate

Abb. 65: Rapid Protyping Verfahren

Die Lean Startup-Methode von Eric Ries (► Kap. 1.1.4) führte mit der Zielsetzung einer möglichst schnellen Markteinführung von Innovationen die Idee des Minimum Variable Product (MVP, am ehesten mit »Produkt mit minimalem Funktionsumfang« zu übersetzen) ein. Diese Prototypen bieten den schnellsten Weg, die Bauen-Testen-Lernen-Feedback-Schleife mit dem geringstmöglichen Aufwand durchzulaufen. Sie verfügen bereits über die wichtigsten Eigenschaften der endgültigen Produktlösung, um ein angemessenes Feedback der ersten Nutzer zu erhalten. Die MVP brauchen nicht perfekt zu sein, denn man lernt aus der fehlenden Perfektion, da sie die Nutzer zu Kritik und Verbesserungsvorschlägen motivieren. Die Feedback-Schleifen öffnen einen Kreislauf der kontinuierlichen Verbesserung und optimalen Anpassung an die Wünsche der Kunden und Nutzer.

Die Abbildung 66 zeigt eine MVP Canvas als Template zur laufenden Dokumentation eines Prototypings mittels MVP. Das Template startet mit der Begründung für das MVP (Initiative mit Problem und Zielsetzung), gefolgt von der eigentlichen Lösungsidee und ihrem Alleinstellungsmerkmal (USP), der Art des Prototyps (z. B. Mock Up, Simulation oder 3D-Druck), den möglichen Meßkriterien zur Beurteilung der Leistung, Kosten und Dauer, sowie den Erfahrungen (Lessons Learned) aus den unterschiedlichen Feedback-Schleifen.

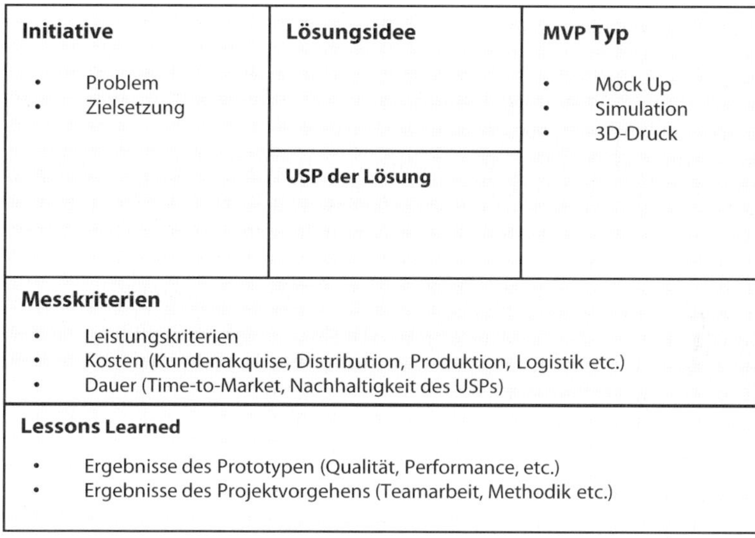

Abb. 66: MVP Canvas

1.4.2 Test

Kerngedanke der Feedback-Schleifen aller moderner Innovationsprozesse sind die fortlaufende Überprüfung der möglichen Innovationen auf ihre spätere Anwendbarkeit, Leistungsfähigkeit und Qualität, Konsistenz und ihren Nutzen. Schon bevor ein neues Produkt in die Produktion geht oder ein Prozess verändert wird, gilt es das Konzept der möglichen Innovation bei den potenziellen Anwendern hinsichtlich der Funktionalität, Design, Nutzung und generellen Akzeptanz zu überprüfen, um es gegebenenfalls zu modifizieren oder gar fallenzulassen. Dabei unterscheidet man die Testphasen in Konzepttest, Produkttest und Marktest.

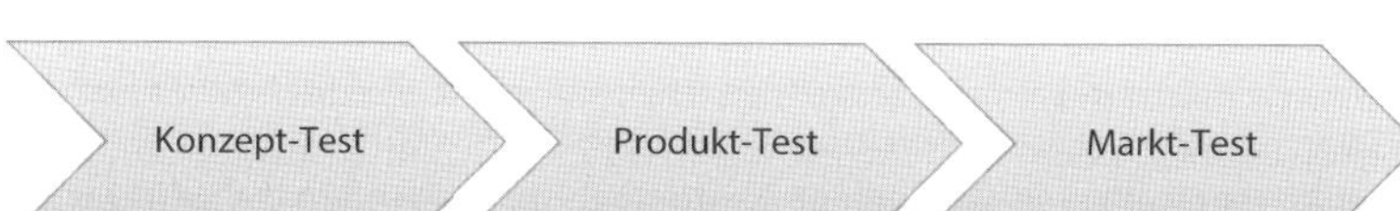

Abb. 67: Testphasen

Beim Konzepttest wird nicht das tatsächliche Produkt, der Prozess, das Geschäftsmodell oder der Markt, sondern nur das mehr oder weniger ausgearbeitete Konzept von den

Anwendern beurteilt. Die Beurteilung erfolgt noch ohne eine tatsächliche Wahrnehmung, sondern aufgrund der Vorstellung, die sich die befragten Personen von der Neuerung machen.

Die Bewertung eines Konzeptes kann mittels qualitativer oder quantitativer Methoden erfolgen. Die größte Offenheit und Flexibilität haben die qualitativen Methoden, wie freie und explorative Einzelinterviews oder Gruppendiskussionen. Auf standardisierte Vorgaben wird weitgehend verzichtet. Dies führt zu einem hohen Informationsgehalt und zugleich hoher Validität der Inhalte, ohne dass dabei repräsentative bzw. näher zu quantifizierende Angaben gemacht werden könnten.

Repräsentativer werden hingegen quantitative Testmethoden mit möglichst großen und repräsentativen Zufallsstichproben. Mithilfe von standardisierten Fragebögen oder Interviews werden die zahlenmäßigen Ausprägungen eines oder mehrerer bestimmter Merkmale gemessen. Diese Messwerte werden miteinander oder mit anderen Variablen in Beziehung gesetzt und die Ergebnisse dann auf die Grundgesamtheit generalisiert.

Ein Beispiel einer solchen quantitativen Testmethode ist die Conjoint-Analyse. Mit ihrer Hilfe wird untersucht, in welchem Maß einzelne Merkmale bzw. Merkmalskombinationen, die ein bestimmtes Produkt auszeichnen, vom Nutzer bevorzugt werden. Es wird die Bedeutung einzelner Eigenschaften für das Zustandekommen der Gesamtpräferenz ermittelt. Dies dient dem Gewichten der Anforderungen der Anwender sowie der Abschätzung potentieller Marktpreise für Innovationen.

Die Conjoint-Analyse folgt bei der Erfassung von Kundenpräferenzen einer sog. dekompositionellen Vorgehensweise. Ausgehend von umfassenden Produktbeurteilungen werden Detailergebnisse ermittelt (dekomponiert). Hierzu werden Probanden, die beispielsweise den Anwender einer Produktinnovation repräsentieren sollen, aufgefordert, Produktgesamtheiten (z. B. Fahrräder), die aus verschiedenen Merkmalen (z. B. Rädern, Ausstattung) und Merkmalsausprägungen (z. B. Reifengröße, Bremssystem) bestehen, in eine Rangordnung zu bringen. Unter Einbezug verschiedener mathematisch-statistischer Iterations- und Simulationsverfahren werden dann konkrete Merkmalsausprägungen gewonnen. In der Regel wird dabei unterstellt, dass sich der Gesamtnutzen additiv aus dem Nutzen der einzelnen Merkmalsausprägungen (Teilnutzwerte) zusammensetzt.

Haben sich Produktideen in Konzeptionstest bei potenziellen Kunden soweit bewährt, so kann man sie ersten Produkttests unterziehen. Im Rahmen sog. Usability-Test werden die Prototypen hinsichtlich ihrer Eigenschaften und ihrer Kundenakzeptanz getestet.

Tipp!
Bei Produkttests sollten sowohl eigene Kunden als auch Kunden der Mitbewerber zu dem neuen Produkt und dem angedachten Nutzen befragt werden.

Bei der Entwicklung von Software hat sich beispielsweise herausgestellt, dass so mancher Entwickler leicht die Schwachstellen seines Produktes übersieht bzw. sogar noch dazu neigt, solche gegen Verbesserungen zu verteidigen. Indem aber die Versuchspersonen offen über ihre Erfahrungen mit einem Prototyp sprechen, erfährt der Beobachter genau, worüber der Proband gerade nachdenkt oder woran er gar scheitert.

Bei einem sog. Splittest oder A/B-Test werden die Probanden in zwei Gruppen aufgeteilt, von denen eine Gruppe die neue Lösung zum Test erhält, während die andere Gruppe mit einer Alternativlösung (z. B. das bisherige oder ein Konkurrenzprodukt) konfrontiert wird. Durch den Vergleich beider Gruppen wird ermittelt, wie erfolgreich eine Neuerung ist und wie sich diese erfolgreiche Variante auf das Nutzerverhalten ausübt.

Wie bei einem Konzepttest kann eine Auswertung ebenfalls mittels Conjoint-Analyse ermitteln, welche Produktmerkmale in den Augen der Kunden welche Wertigkeit besitzen. Diese Informationen sichern die Produkteinführungsstrategie in zweifacher Weise ab. Zum einen wird ein optimaler Preis ermittelt, bei dem keine Gewinnpotenziale verschenkt, zum anderen kann die Kommunikation auf die vom Kunden wahrgenommenen überlegenen Leistungsmerkmale konzentriert werden.

Bei einem anschließenden Markttest werden probeweise innovative Produkte unter kontrollierten Bedingungen in einem räumlich abgegrenzten Markt verkauft. Der Markttest liefert noch realistischere Informationen zur Prognose des Absatzvolumens sowie des Käuferverhaltens und ermöglicht den Test alternativer Produktkonzeptionen am Markt. Je nach Produktart und Distribution bieten sich Markttests in einzelnen Regionen, Verkaufskanälen oder Zielgruppen an. Die Dauer des Markttests ist abhängig von der durchschnittlichen Häufigkeit des Wiederkaufs eines Produktes, wodurch der Markttest für ein Konsumgut in der Regel kürzer ist als für ein Investitionsgut.

Wichtig: Dokumentation und Haftung

Je nach Branche und Produktart gibt es gerade in der Testphase gesetzliche Bestimmungen zur Dokumentation der Abläufe und Ergebnisse der Markttests. So müssen beispielsweise Arzneimittelhersteller für die regionalen Marktzulassungen mehrjährige, gesetzliche geregelte Tests durchführen und dokumentieren.

Hintergrund sind Schutzbestimmungen wie der Verbraucherschutz, gemäß denen die Hersteller für ihre Produktqualität haften. Diese Produkthaftung bezeichnet die Haftung auf Schadensersatz gegen den Hersteller für Schäden, die beim Endabnehmer infolge eines fehlerhaften Produkts entstanden sind. Sie beruht in den EU-Staaten auf der EG-Richtlinie 85/374 EG.

Ergänzend haftet der Hersteller auch im Rahmen der Produzentenhaftung. Diese beiden Haftungen unterscheiden sich derart, dass bei der Produzentenhaftung ein Verschulden vorliegen muss. Der Produzent muss somit schuldhaft oder zumindest fahrlässig gehandelt haben, wie z. B. im Falle von Konstruktionsfehlern, Fabrikationsfehlern, Instruktionsfehlern und Verletzungen von Produktbeobachtungspflichten.

Bei Produkt-, Markt- oder Geschäftsmodellinnovationen erlauben die Erkenntnisse der Tests die effektive Planung für die Markteinführungsstrategie. Der optimale Handlungszeitpunkt bei Produktinnovationen wird entscheidend von der Lebenszyklusphase der bereits vorhandenen Produkte des eigenen Unternehmens und den technischen Entwicklungen und Maßnahmen der Konkurrenz beeinflusst. Darüber hinaus ist eine Quantifizierung des sog. Partizipationseffektes (Nachfrage der neu hinzugewonnenen Käufer, die bislang Konkurrenzprodukte erworben haben) und des Substitutions- bzw. Kannibalisierungseffektes (interne Konkurrenz der Produkte eines Unternehmens durch Kundenwechsel zu neuen, innovativen Produkten) erforderlich.

1.4.3 Korrekturen und Überarbeitungen

Das Ziel aller Tests ist es, neue Erkenntnisse rechtzeitig in die weitere Innovationsentwicklung zu integrieren. Nur dann bringen die Prototypen und die Tests Mehrwerte für neue Produkte, Prozesse, Märkte, Geschäftsmodelle und Organisationsformen. Eine ehrliche Feedbackkultur ist mit einer konsequenten Überarbeitung und Korrektur bisheriger Prototypen oder Zwischenlösungen zu verbinden.

Die Korrekturen können grundsätzlich alle in Abbildung 9 dargestellten Aspekte einer Leistung umfassen. Im Rahmen der Lean Startup-Methodik spricht ihr Erfinder Eric Ries von Kurskorrekturen und Pivoting (► Kap. 1.1.4) mittels sog. Kurzwechselkataloge (Ries E., 2011, S. 20). Diese reichen von der Korrektur der Technologie, der Absatzwege, der Geschäftsarchitektur, der Plattform (im Falle von Internet-Start-ups), dem Kundensegment oder der Wertschöpfung (also dem Ertrags- bzw. Wachstumsmodell). Ferner erwähnt Ries die Möglichkeit, ein einziges Leistungsmerkmal (Funktion) aus dem Gesamtpaket eines Produktes zum eigenständigen Produkt zu entwickeln (sog. Zoom-in-Korrektur) bzw. die Reduktion des Gesamtpakets auf eine einzelne Funktion im Rahmen eines wesentlich größeren Produktes (sog. Zoom-out-Korrektur). Nimmt man all diese Gedanken auf, so lassen sich drei Ebenen möglicher Korrekturen (► Abb. 68) in einem Korrekturkatalog definieren:

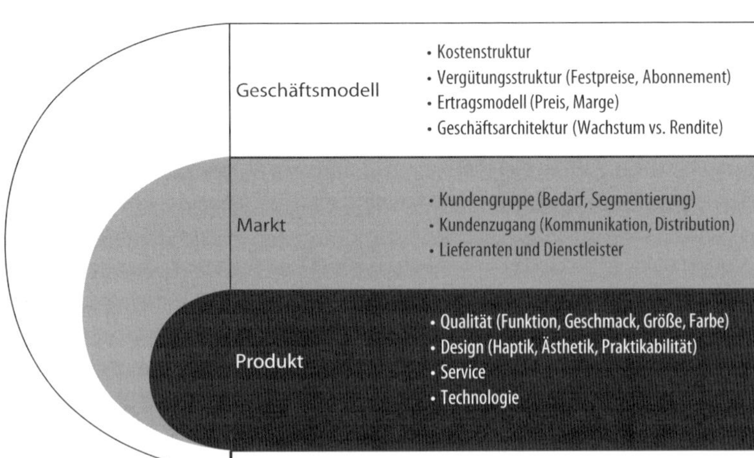

Abb. 68: Korrekturkatalog

Als Kern der möglichen Korrekturmaßnahmen gelten im Korrekturkatalog die Anpassungen der Qualität, also von Funktion, Geschmack, Größe, Volumen oder Farbe des Produktes. Gleichzeitig kann das Design hinsichtlich seiner Haptik, Ästhetik oder Praktikabilität bzw. die Serviceinhalte vor, während oder nach der Kaufhandlung angepasst werden. Zur Anpassung des eigentlichen Produktes zählt aber auch eine eventuelle Technologie, mit der die Leistung erstellt wird bzw. auf welcher sie beruht. Eine Korrektur der Technologie zählt gerade bei Software- oder Hightech-Unternehmen zur möglichen Anpassung, um eine größere Kundenakzeptanz zu erreichen.

In einer zweiten Stufe können die Annahmen im Hinblick auf den Absatzmarkt geändert werden, wie beispielsweise die Kundengruppe gemessen an den Kundenbedürfnissen bzw. Segmentierungsmerkmalen. Korrekturen können auch den Kundenzugang betreffen, der sich aus der Art und Weise der Kommunikation mit den Kunden sowie der Distribution der Leistungen an die Kunden (z. B. via direktem oder indirekten Vertrieb bzw. online oder offline) definiert. Doch so wie die Annahmen zu den Kunden einer Korrektur unterzogen werden, können Erkenntnisse der Prototypen und Tests ebenso die Annahmen zu den Lieferanten und Dienstleistern validieren.

Die dritte Stufe der möglichen Korrekturen betreffen das gesamte Geschäftsmodell mit der Kostenstruktur, Vergütungsstruktur (z. B. Festpreise, Abonnement, Pay per Use, Leasing), dem Ertragsmodell (mit den kalkulierten Preisen und Margen) sowie die Geschäftsarchitektur (mit der strategischen Bedeutung von Wachstum oder Rendite). So können Tests ergeben, dass eine Produkttinnovation zuerst mit aggressiven Preisen eingeführt werden muss, um zuerst bei der Zielgruppe ein Bewusstsein für die Innovation zu schaffen. Gerade in der Internetbranche dienen kostenlose Einsteigerangebote der Entwicklung neuer Produkt- und Kundensegmente.

1.4.4 Roll-out-Management

Unter Roll-out-Management wird an dieser Stelle nicht nur die eigentliche Markteinführung verstanden. Vielmehr müssen spätestens an dieser Stelle die Qualität der zukünftigen Leistungserstellung von Produkt- oder Prozessinnovationen sichergestellt sowie die bisherigen Entwicklungsaktivitäten dokumentiert werden. Dann gilt es, dem Innovationsteam die gebührende Anerkennung für ihre Projektleistung zukommen zu lassen, was aber auch einer offiziellen Abnahme des Projektes bedarf. Ganz im Sinne der kontinuierlichen Weiterentwicklung wird das Projekt hinsichtlich Qualität, Ablauf, Schwierigkeiten, Teamstruktur etc. überprüft, um zum einen Anregungen für zukünftige Innovationsprojekte zu sammeln, zum anderen aber auch um Ideen für weitere Innovationen zu generieren. Das Roll-out-Management umfasst damit mindestens die in Abbildung 69 zusammengestellten Aktivitäten.

1.4.4.1 Markteinführung

Im engeren Sinne wird unter Roll-out-Management (vom englischen roll out für »herausrollen« oder »ausrollen«) die reine (Markt-)Einführung der Innovation verstanden.

Abb. 69: Roll-out-Management

Bei einer Prozess- oder Organisationsinnovation bedeutet die Einführung die Umsetzung der Innovation in allen angedachten Fachbereichen, während bei einer Produkt-, Markt- oder Geschäftsmodellinnovation der Roll-out in den Absatzmarkt indiziert.

Die Kernfrage der Planung einer Markteinführung ist die Geschwindigkeit und der Umfang, mit der eine Innovation in den Markt eingeführt werden soll (▶ Abb. 70). Ist es das Ziel, schnell alle möglichen Kunden bzw. Nutzer zu erreichen, oder ist es Sinn, erst Schritt für Schritt vorzugehen? Denn je nach Innovation, Zielmarkt, Kundengruppen, Wettbewerb und verfügbaren internen Ressourcen (wie Marketing, Vertrieb, Produktion, Logistik, Service) kann man schnell Innovationen einführen oder sollte lieber langsamer agieren.

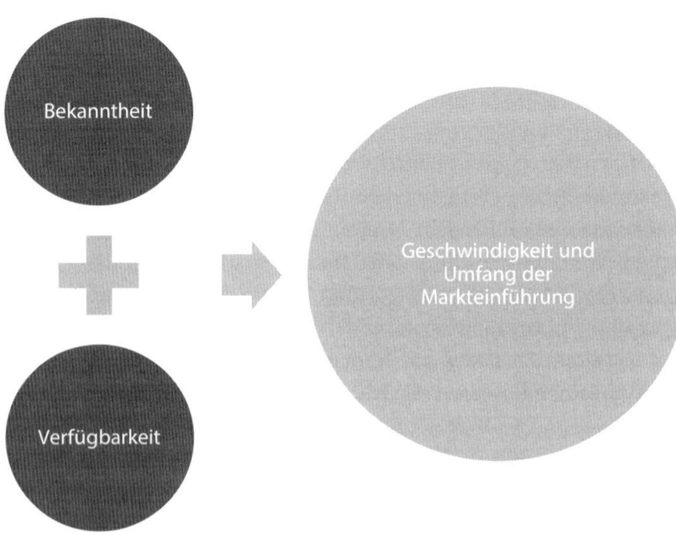

Abb. 70: Aspekte der Markteinführung

Die Geschwindigkeit einer Markteinführung ist von zwei Faktoren abhängig, dem Bekanntmachen und der Verfügbarkeit der Innovation. Bei der Bekanntmachung geht es um das Informieren und Wecken von Interesse gegenüber allen relevanten Stakeholdern (z. B. Kunden, Nutzern, Verkäufern, Handelspartnern, Multiplikatoren) dank verschiedenster Kommunikationskanälen (z. B. Medien, Besuche, Messen, Mailings), Kommunikationsfrequenzen (z. B. erste Ankündigungen, offizielle Markteinführung, aktives Verkaufen, aggressives Nachfassen) und Kommunikationsbotschaften (z. B. sachlich / technisch, nutzenorientiert, emotional).

Die Verfügbarkeit im Rahmen der Markteinführung umfasst den Aufbau der internen Ressourcen zur Produktion, Verkauf, Auslieferung, Installation, Schulung, Wartung und ggf. Finanzierung des innovativen Produkts bzw. der innovativen Leistung. Was bringt es ein neues Produkt zu entwickeln, wenn dieses gar nicht in ausreichenden Volumen für den Markt hergestellt, kommuniziert und geliefert werden kann? Was ist, wenn die finanziellen Ressourcen oder die nötigen Mitarbeiter für die Markteinführung fehlen? Daher ist die kritische Prüfung der vorhandenen Ressourcen und die sorgfältige Planung ihres Einsatzes ein kritischer Erfolgsfaktor für jede Markteinführung. Dies betrifft auch die notwendigen Ressourcen der externen Lieferanten (z. B. Rohmaterialen, Zwischenerzeugnisse oder notwendige IT-Systeme) und Dienstleister (z. B. Transporteure, Installateure), die nicht selten ebenfalls benötigt werden.

Beispiel: Roll-out von Softwareprodukten
Das Roll-out von Softwareprodukten beinhaltet den Vorgang des Veröffentlichens und Verteilens der Produkte auf entsprechende Clients. Hierzu muss die Software zunächst in das richtige Format gebracht werden. Dieser Vorgang wird Paketieren oder Paketierung genannt. Der Paketiervorgang ist abhängig von der verwendeten Verteilsoftware externer Hersteller. Diese Art von Software-Rollout wird auch als Software-Distribution bezeichnet.

1.4.4.2 Abnahme und Anerkennung

Jedes Projekt sollte einmal ein Ende haben. Ansonsten fehlt nicht nur ein wichtiges Element im Ablauf des klassischen Projektmanagements, sondern es kann auch demotivierend auf zukünftige Projekte wirken. Aber leider laufen viele Projekte einfach aus oder sie versanden irgendwo in den Lehmschichten des Unternehmens. Gerade bei unbefriedigenden Projektverläufen ist am Ende niemand mehr motiviert, noch weitere Zeit und Engagement für das Projekt aufzubringen. Das Interesse geht gegen null.

Hinweis: Projekte ohne Ende
Es kann eine gezielte Strategie eines Auftraggebers sein, ein Projekt zu einer bestimmten Idee einfach verschwinden zu lassen. Dies ist eine bequeme Art, ein unbeliebtes Thema loszuwerden – es fällt oft gar nicht auf, und es ist schwer, den Schuldigen für zu

identifizieren. Es gibt aber viel geschicktere Wege, eine solche Reaktion erst gar nicht aufkommen zu lassen.

Ein Innovationsprozess wird abgeschlossen, wenn das Projektergebnis dem Unternehmen übergeben wird. Der Auftragnehmer nimmt daraufhin das Projektergebnis in einer Abschlusssitzung offiziell ab. Dieser Termin sollte neben der Projektabnahme auch zu einer Diskussion über die dabei gewonnenen Erkenntnisse für künftige Innovationsprojekte (»Lessons Learned«) führen. Dazu zählt auch das Folgende:

- Was waren wichtige Erkenntnisse und Lernerfolge im Rahmen des Innovationsprojektes?
- Gibt es neue Anforderungen?
- Welche Maßnahmen sind als Nächstes erforderlich?
- Wer benötigt welche Dokumentation?
- In welche Aufgaben und Positionen werden bisher freigestellte Projektmitarbeiter übernommen?
- Wer ist für die weitere Betreuung des neuen Produktes, Prozesses oder Marktes verantwortlich?
- Wann und wie werden die Ergebnisse der Projektgruppe an neu verantwortliche Betreuer und Fachbereiche übergeben?

Projektmitglieder sollten mit dem oder den Auftraggebern/Machtpromotoren offen darüber diskutieren, wo das Projekt gut, aber auch weniger gut verlief, was bei zukünftigen Projekten beachtet werden sollte und was alle aus dem letzten Projekt lernen können. Im Anschluss an die Abschlusssitzung löst der Auftraggeber die Projektgruppe auf.

Wichtig! Anerkennung des Innovationsteams
Die Abschlusssitzung zu einem Innovationsprojekt bietet der Unternehmensleitung eine ausgezeichnete Chance, die Leistungen aller an dem Innovationsprozess Beteiligten – auch im Rahmen einer kleinen Feier – zu würdigen. Das ist die ideale Motivation für innovatives Verhalten und Engagement in der Zukunft.

Die Grundvoraussetzung für jede Innovation sind motivierte und engagierte Mitarbeiter. Ihre Leistungen sind offiziell anzuerkennen. Es entspricht einer guten Unternehmenskultur, dass gute Leistungen öffentlich gewürdigt werden. Die Mittel zur Würdigung von Team- und/oder Einzelleistungen reichen von einem offen ausgesprochenen Lob, einer schriftlichen Beurteilung in der Personalakte, einem Artikel in der unternehmensinternen Zeitung, einem Incentive wie einer Reise oder einem außergewöhnlichen Event (Fest, Essen, Party, Theater etc.), einer finanziellen Belohnung bis hin zu einer Beförderung. Wie schon früher formuliert, geht es primär nicht um rein finanzielle Aspekte. Oft sind es die weichen Faktoren wie Lob, Fürsprache und neue interessante Aufgaben, die einen Mitarbeiter motivieren, an innovativen Projekten mitzuwirken.

Erlebt aber ein Mitarbeiter, dass sein Engagement bei einem Projekt nicht gewürdigt wurde, so verliert er seine Motivation für weitere Innovationsprojekte an Kraft. Dies ist schädlich für die Unternehmenskultur und Innovationsbereitschaft eines jeden Unternehmens

1.4.4.3 Reflexion und Weiterentwicklung

Die aufgeführten Diskussionsthemen für eine Abschlusssitzung zeigen bereits, dass sich im Laufe der meisten Projekte ganz zwangsläufig neue Erkenntnisse und Ideen ergeben. Dies können erneut Vorschläge zu verbesserten Produkten, Dienstleistungen, Verfahren, Märkten, Strukturen oder Kulturen – eben zu Innovationen – sein. Sie sollten zu gegebener Zeit aufgenommen und entweder sofort integriert oder aber in späteren, neuen Projekten verwirklicht werden.

Wichtig!
Lernen heißt auch, nicht stehenzubleiben.

Unsere Umwelt verändert sich kontinuierlich, beispielsweise durch neue Technologien, neue Kundenbedürfnisse, neue Lieferanten und Dienstleister, reduzierte Budgets Akteure inner- und außerhalb des Unternehmens. Vor allem die externen und internen Partner bringen eigene Erfahrungen, Wissen und Ideen in die Zusammenarbeit, die nicht verlorengehen sollten.

Die kontinuierliche Weiterentwickelung entspricht dem Grundgedanken von Kaizen, also dem kontinuierlichen Verbesserungsprozess KVP (► Kap. 1.1.2.1). Nur wer immer wieder seine bisherigen Prozesse, Leistungen und Standards in Frage stellt, ist offen für neue Anregungen und Verbesserungen. Dies bedeutet aber nicht, dass alles radikal in Frage gestellt werden muss. Vielmehr gilt es, offen und flexibel auf die Umwelt zu reagieren – besser noch: zu agieren. Flexibilität heißt nicht Chaos, sondern dynamische Anpassung.

Tipp! Reflexionsmeeting
So wie Kaizen gehört zum Toyota-Produktionssystem bzw. Lean Management auch das Hansei-kai (japanisch für Reflexionsmeeting). In diesem Meeting geht es darum, die während des Projektes aufgetretenen Schwächen des Teams, einer Person oder der Methodik ehrlich und schonungslos aufzudecken und zu überlegen, wie man diese Schwächen beim nächsten Mal überwinden kann.

Als weitere Techniken und Instrumente zur Reflexion und Weiterentwicklung sind zudem jene Methoden zu empfehlen, die bereits für die Ideenfindung gelten. Denn bei der Weiterentwicklung handelt es sich unmittelbar um eine erneute Generierung von Ideen und Vorschlägen. Somit schließt sich der Kreis zu dem ersten Schritt im Innovationsprozess, der Ideenfindung (▸ Kap. 1.3.1).

1.4.4.4 Sicherung und Dokumentation

Bei der Entwicklung und Realisation von Innovationen werden viele Erfahrungen gemacht. Das damit verbundene Wissen gilt es für zukünftige Projekte zu sichern und späteren Teams zur Verfügung zu stellen. Eine anwenderfreundliche Dokumentation ist daher empfehlenswert.

Der sog. Abschlussbericht informiert zuerst einmal über die Ergebnisse der Innovation auch im Vergleich mit den ursprünglichen Zielen, besondere Punkte und Vorkommnisse, wie neue Ideen, erlebte Barrieren oder besondere Leistungen von internen oder externen Projektmitgliedern sowie die Kosten im Vergleich zu dem geplanten Budget.

Der Abschlussbericht sollte im Rahmen einer Abschlusspräsentation des gesamten Projektteams dem Auftraggeber präsentiert werden. Der Abschlussbericht wird mit der Unterschrift des Auftraggebers abgenommen und kann in der Zukunft neuen Projektteams als Erfahrungsquelle zur Verfügung gestellt werden.

Üblicherweise erfolgt nur ein Teil der Projektdokumentation im Rahmen des Abschlussberichts. Oft werden gerade fachliche, organisatorische und methodische Erfahrungen nicht überliefert. Man fokussiert sich auf die eher offiziellen Projektdaten. Die Sicherstellung des Wissens empfehlen sich daher noch folgende weitere Dokumentationen:

Erfahrungen	Beispiele
Fachlich	(Projektabschlussbericht), Gebrauchsanleitung für ein neues Produkt, Ablaufdiagramme für eine Prozessinnovation, Konstruktions- und Schaltpläne, Checklisten für die Wartung, Marktforschungsberichte und -studien, Wettbewerbsanalysen, Testberichte etc.
Organisatorisch	Zusammensetzung erfolgreicher Projektteams (Mitglieder und Fachbereiche), Erfahrungsberichte über Konfliktbehandlung und Veränderungsmanagement, Protokolle des Lenkungsausschusses etc.
Methodisch	Vorgehensmodell bei Produktentwicklung, Ideenbewertung, Qualitätssicherung, Testen oder Markteinführung etc.

Abb. 71: Dokumentation von Projekterfahrungen

Diese Dokumente stellen für den internen Gebrauch keine Geheimnisse dar. Sie beinhalten wichtiges Wissen sowohl für die Weiterführung und Betreuung der entwickelten Innovationen als auch für zukünftige Projektteams mit neuen Innovationsaufgaben. Doch wie bei den Unterlagen während der Laufzeit eines Projektes ist auch hier darauf zu achten, dass gute Erfahrungen und neues Wissen von Wettbewerbern nicht aufgefangen und eigenständig umgesetzt werden können.

Wichtig! Sicherung der Schutzrechte
Die Bewahrung von Wissen wird nicht nur durch Dokumentation sichergestellt. Um die wirtschaftliche Verwertung innovativer Produkte und damit die Refinanzierung der Entwicklungskosten zu gewährleisten, müssen die Innovationen durch Eintragung von Schutzrechten gegen Nachahmung geschützt werden.

Die Entwicklung von Innovationen kostet Geld. Geld, das durch die Innovation wieder eingespielt werden soll. Erfolgreiche Innovationen ziehen jedoch sehr schnell Wettbewerber an. Diese kopieren nicht nur die Innovation, sondern sparen die eigenen Forschungs- und Entwicklungskosten. Es entsteht ein finanzieller Nachteil für den ursprünglichen Innovator.

Zur Sicherung seiner Entwicklungsergebnisse empfiehlt es sich, diese – so weit wie möglich – durch Schutzrechte abzusichern. Wenn der Erfolg eines neuen Produktes oder Verfahrens in seiner Alleinstellung liegt, die durch ein Patent oder ein Gebrauchsmuster geschützt werden kann, wäre es töricht, das eigene Wissen nicht durch entsprechende Schutzrechte abzusichern. Die Kosten für das Schutzrecht sind meist gegenüber dem Aufwand, der für die Innovation erforderlich war, und dem möglichen Zusatznutzen des Schutzrechts vernachlässigbar.

Tipp! Frühe Absicherung durch Schutzrechte
Die Absicherung einer Innovation durch Schutzrechte muss nicht erst in der Reflexions-phase erfolgen, sondern kann bereits auch früher angestoßen werden.

Die aktive Schutzrechtspolitik schützt nicht nur unternehmenseigene Neuerungen, sondern verhindert auch das Entstehen von Schutzrechten anderer. So ist in der Praxis das Phänomen der Schutzrechtshäufung zur Blockade von Wettbewerbern anzutreffen. Dabei werden Lösungen geschützt, die der eigenen Innovation ähnlich sind, um andere Unternehmen von dem Erwerb eigener Schutzrechte abzuhalten. Als Schutzrechte lassen sich verschiedene Aspekte absichern:

- technische Produkteigenschaften durch das Patent,
- funktionale Produkteigenschaften durch das Gebrauchsmuster,
- ästhetische Produkteigenschaften durch das Geschmacksmuster,
- symbolische Produkteigenschaften durch das Markenzeichen,
- künstlerische Produkteigenschaften durch das Urheberrecht.

Beim Patent handelt es sich um ein technisches Schutzrecht, das im Patentgesetz (PatG) gesetzlich geregelt ist. Gegenstand des Patents ist eine Erfindung. Unter Erfindung versteht man eine Lösung eines technischen Problems. Das technische Problem selbst gehört aber nicht zur Erfindung. Das Patent ist eine zeitlich begrenzte Befugnis, eine Erfindung zu benutzen und Dritten die Nutzung der geschützten Erfindung zu verbieten.

> **Tipp! Schutzrechte und Lizenzen**
> Schutzrechte sind die Basis für die Vergabe von Lizenzen, die zum wirtschaftlichen Erfolg einer Innovation beitragen können.

Der **Patentschutz** dauert grundsätzlich 20 Jahre ab Anmeldung. Voraussetzung ist die Bezahlung der Jahresgebühren ab dem dritten Jahr nach Anmeldung. Nur bei Arzneimitteln kann diese Frist auf Antrag auf maximal 25 Jahre verlängert werden.

Aus Patenten resultieren neben den wirtschaftlichen Vorteilen auch Imagevorteile, denn sie weisen den Patentinhaber als kreativ und innovativ aus. Das Patent wird vom Patentamt aufgrund einer Patentanmeldung erteilt und ist an sachliche Voraussetzungen gebunden:

- Technische Erfindungen, d. h. klarer Bezug zur Technik. Nicht patentiert werden können Entdeckungen wie das Auffinden bereits vorhandener Gegenstände, Stoffe, Zustände, wissenschaftliche Theorien und mathematische Methoden, ästhetische Formschöpfungen, Pläne, Regeln und Verfahren sowie Computerprogramme (Softwarepatente sind möglich!) oder Konstruktionen.
- Weltneuheit: Als neu ist das zu verstehen, was nicht zum Stand der Technik gehört. Der Stand der Technik umfasst alle Kenntnisse, die vor einem bestimmten Stichtag durch schriftliche oder mündliche Beschreibung, durch eine irgendwo auf der Welt erfolgte Benutzung oder in sonstiger Weise der Öffentlichkeit zugänglich gemacht wurde (§ 3 I PatG). Damit muss die Neuheit zum Zeitpunkt der Anmeldung vorliegen. Zum Stand der Technik gehört auch der Inhalt anderer Patentanmeldungen mit älterem Zeitrang, auch wenn diese erst an oder nach der für den Zeitrang der hier in Frage stehenden Anmeldung veröffentlicht worden sind.
- Erfinderische Tätigkeit: Die Erfindung beruht dann auf einer erfinderischen Tätigkeit, wenn sie sich für den Fachmann auf dem jeweiligen technischen Gebiet nicht aus dem Stand der Technik in naheliegender Weise ergibt (§ 4 Satz 1 PatG).
- Gewerbliche Verwertbarkeit: Eine gewerbliche Anwendbarkeit wird angenommen, wenn der Gegenstand des Patents auf irgendeinem gewerblichen Gebiet einschließlich der Land- und Forstwirtschaft hergestellt oder benutzt werden kann (§ 5 PatG).

Aufgrund des Gegenstandes der Erfindung wird zwischen Erzeugnis- und Verfahrenspatent unterschieden. Das Erzeugnispatent betrifft Produktinnovationen mit spezifischen technischen Neuerungen, z. B. Maschinen oder Werkzeuge, Vorrichtungen, chemische Stoffe oder Arzneimittel. Verfahrenspatente beziehen sich auf Prozessinnovationen.

Hierzu gehören beispielsweise Patente für Herstellungsverfahren wie die Gewinnung einer bestimmten chemischen Substanz.

Das **Gebrauchsmuster** ist wie das Patent ein technisches Schutzrecht. Es wird auch als »kleines Patent« bezeichnet und ist im Gebrauchsmustergesetz (GebrMG) geregelt. Die Notwendigkeit zur Einführung des Gebrauchsmusters ergab sich durch das praktische Bedürfnis, ein gewerbliches Schutzrecht für kleinere Erfindungen zu schaffen, die den (hohen) Ansprüchen des Patents nicht genügen. Hieraus darf jedoch nicht der Schluss gezogen werden, dass das Gebrauchsmuster im Vergleich zum Patent – dem großen Schutzrecht – etwas Minderwertiges ist. Vielmehr handelt es sich bei beiden um wirksame, den Bedürfnissen der Praxis angepasste Schutzrechte. Auch der Rechtsinhaber eines Gebrauchsmusters kann jedem Dritten verbieten, ein Erzeugnis, das durch das Gebrauchsmuster geschützt ist, herzustellen, anzubieten, in Verkehr zu bringen oder zu den genannten Zwecken einzuführen oder zu besitzen. Im Gegensatz zum Patent ist jedoch ein Gebrauchsmusterschutz für Verfahren wie etwa Produktionsverfahren, Messprozeduren usw. nicht möglich.

Tipp!
Die Gewährung eines Gebrauchsmusterschutzes erfolgt schneller und ist kostengünstiger als beim Patent.

Die maximale Laufzeit des Schutzrechts beträgt beim Gebrauchsmuster höchstens zehn Jahre. Die Beschränkung des Gebrauchsmusterschutzes ausschließlich auf technische Gegenstände und die nur halb so lange Wirkungsdauer sind sicherlich Nachteile im Vergleich zum Patent. Demgegenüber stehen wichtige Vorteile: Bei einem Patent dauert es in der Regel ein bis zwei Jahre, bis das Schutzrecht durch das Prüfungs- und das Erteilungsverfahren gegangen ist und schließlich erteilt wird.

Das **Geschmacksmuster** schützt eine ästhetische gewerbliche Leistung. Damit sind die auf das Auge wirkende Farb- und Formgestaltung zwei- oder dreidimensionaler gewerblicher Gegenstände gemeint. Diese Erscheinungsform kann sich insbesondere aus den Merkmalen der Linien, Konturen, Farben, der Gestalt, Oberflächenstruktur oder der Werkstoffe des Erzeugnisses selbst oder seiner Verzierung ergeben. Nicht geschützt werden kann hingegen eine abstrakte Idee, ein bestimmter Stil, Moden oder eine bloße Konzeption. Im Gegensatz zum Patent bzw. Gebrauchsmuster liegt der Schutz somit nicht im Bereich einer technischen Leistung, sondern auf dem Gebiet der Ästhetik.

Das Geschmacksmuster wird meist als »Muster« oder »Modell« bezeichnet und ist im Geschmacksmusterrecht (GeschmMG) geregelt. Muster sind dabei zweidimensionale, Modelle hingegen dreidimensionale Erzeugnisse. Sachliche Voraussetzungen für die Erteilung eines Geschmacksmusters nach § 1 I, II GeschmMG sind die gewerbliche Nutzbarkeit, Neuheit und Eigentümlichkeit. Eigentümlich ist ein Muster bzw. Modell, wenn es sich vom Durchschnitt abhebt. Eine Neuheit liegt nach der Rechtsprechung vor, wenn die betreffenden Gestaltungselemente, die die Eigentümlichkeit begründen und den inländischen Fachkreisen zum Zeitpunkt der Anmeldung nicht bekannt waren.

Das Geschmacksmuster kann durch Verlängerungen maximal 20 Jahre bestehen. Für typografische Schriftzeichen kann der Schutz auf 25 Jahre ausgedehnt werden. Die Anmeldung erfolgt wie bei den schon genannten Schutzrechten entweder direkt beim Deutschen Patentamt; zudem ist darauf zu achten, dass dem Anmeldeantrag eine fotografische oder sonstige grafische Darstellung des Musters/Modells beigefügt worden ist. Bereitet dies Schwierigkeiten, so kann im Einzelfall auch das Muster bzw. das Modell selbst der Anmeldung beigegeben werden.

Marken erfüllen vornehmlich die Funktion, Waren und Dienstleistungen eines Unternehmens von den Waren und Dienstleistungen eines anderen Unternehmens zu unterscheiden. Das Markengesetz (MarkenG) definiert dementsprechend Marken als »alle Zeichen, insbesondere Wörter einschließlich Personennamen, Abbildungen, Buchstaben, Zählen, Hörzeichen, dreidimensionale Gestaltungen einschließlich der Form einer Ware oder ihrer Verpackung sowie sonstige Aufmachungen einschließlich Farben und Farbzusammenstellungen [...], die geeignet sind, Waren oder Dienstleistungen eines Unternehmens von denjenigen anderer Unternehmen zu unterscheiden« (§ 4 Abs. 1 MarkenG).

Niemand ist verpflichtet, seiner Ware oder Dienstleistung eine spezielle Bezeichnung zu geben, doch schaffen Marken eine starke emotionale Bindung bei den Abnehmern. Marken sind wichtige Instrumente des Marketings und spielen u. a. im Kommunikationsmix (z. B. Werbung und Öffentlichkeitsarbeit) eine bedeutende Rolle. Darüber hinaus kommt einer Marke eine Herkunfts-, Garantie- und Werbefunktion zu. Nicht nur Nutzenführer profitieren von dem immateriellen Vorteil von Marken, denn auch Aldi ist inzwischen selbst eine Marke.

Es existieren zwei Möglichkeiten zum Erwerb des Markenschutzes: Grundsätzlich kann der Markenschutz durch Anmeldung, d. h. durch Eintragung des entsprechenden Zeichens in das Markenregister entstehen. Das Markenregister wird vom DPMA geführt. Aber auch ohne vorherige Eintragung des Zeichens kann Markenschutz entstehen.

Aufgrund der Gemeinschaftsmarkenverordnung der EG kann mit nur einer einzigen Anmeldung Markenschutz für das gesamte Gebiet der EU erlangt werden. Für die Bearbeitung dieser Anträge ist das Harmonisierungsamt für den Binnenmarkt (HABM) in Allicante/Spanien zuständig. Die Anmeldung hierzu erfolgt beim HABM oder beim DPMA, das den Antrag an das HABM weiterleitet.

Die Schutzdauer einer eingetragenen Marke beginnt ab dem auf den Anmeldetag folgenden Tag und endet zehn Jahre nach Ablauf des Monats, in den der Anmeldetag fällt. Danach kann die eingetragene Marke durch Zahlen von Verlängerungsgebühren jeweils um zehn Jahre weiter geschützt werden und ist damit beliebig lange schützbar. Es gibt jedoch eine Reihe von Löschungs-, Verfalls- und Nichtigkeitsgründen, deren Geltendmachung noch vor Ablauf der Schutzfrist zur Löschung der eingetragenen Marke führt.

Tipp!
Markenschutz kann auch ohne offizielle Anmeldung entstehen.

Hierzu muss das entsprechende Zeichen zunächst im geschäftlichen Verkehr benutzt werden. Weiterhin muss sich dieses Zeichen in ganz Deutschland durchgesetzt haben, da die eingetragene Marke schließlich auch für das gesamte Bundesgebiet Schutz gibt. Welchen Prozentsatz eine solche Verkehrsdurchsetzung aufweisen soll, ist nicht eindeutig zu beantworten. Häufig wird jedoch von mindestens 50 Prozent ausgegangen. Für neue Marken, die erst in den Markt eingeführt werden sollen, kommt diese Möglichkeit des Markenschutzes daher nicht in Betracht.

2 Veränderungsmanagement (Change Management)

2.1 Psychologie der Veränderung

Innovationen bedeuten Veränderungen! Neue Wege in den Prozessen, der Organisation aber auch neuartige Produkte, Märkte und Geschäftsmodellen führen meistens zu Veränderungen bestehender Strukturen, Abläufe und Sortimente. Veränderungen wecken aber nicht nur Sympathien bei den Beteiligten. Es entwickeln sich Sorgen, Ängste und Barrieren gegen die Veränderungen und somit auch gegen die erfolgreiche Umsetzung von Innovationen.

Unternehmen erzielen im Rahmen von Innovationsprozessen oft nicht die gewünschten Effekte und Ergebnisse. Auch wenn die Innovationsteams aus Vertretern der verschiedenen Unternehmensbereiche bestehen und über die unterschiedlichen, für den Innovationsprozess notwendigen Kompetenzen verfügen, können sich diese Teams in interne Auseinandersetzungen und Konflikte verwickeln. Unterschiedliche Fach- und Eigeninteressen stehen der erfolgreichen Umsetzung von Innovationsideen im Wege, selbst wenn die Unternehmensleitung den Innovationsprozess offiziell unterstützt.

Damit Konflikte nicht zum Abbruch eines Innovationsprozesses führen, müssen sie rechtzeitig erkannt, richtig analysiert und konstruktiv behoben werden. Diese systematische Vorgehensweise wird unter dem Begriff des Veränderungsmanagements (Change Management) zusammengefasst. Im Zentrum dieses Managementansatzes stehen das Erkennen und Beilegen von Konflikten im Zusammenhang mit Veränderungsprozessen, die auch von Innovationen ausgelöst werden können.

Konflikte sind keine Störfaktoren. Zwar werden sie üblicherweise als Behinderung der Umsetzung, als zeitlicher Aufwand und als Belastung gesehen, doch sind Konflikte auch Chancen. Statt sie zu leugnen und unter den Teppich zu kehren, sollten Konflikte gelöst werden. Jeder Konflikt, der konstruktiv ausgetragen wird, bietet eine Möglichkeit der Veränderung, Verbesserung, des Fortschritts, der Meinungsvielfalt und der Innovation. Das Problem sind meist nicht die Konflikte selbst, sondern die mangelnde Fähigkeit, diese vernünftig zu lösen.

Hinweis: Zwang als Konfliktlösung

Nach dem Motto »Ausnahmen bestätigen die Regel« gibt es leider gelegentlich auch Konflikte, die nicht partnerschaftlich zu lösen sind. Schon John P. Kotter, Professor für Führungsmanagement an der Harvard Business School und einer der zentralen

Vordenker des heutigen Change Managements, nennt »Zwang« als gelegentlich notwendiges Instrument, um bestimmte Konflikte zu überwinden. Doch dazu später mehr.

2.1.1 Phasen von Veränderungsprozessen

Innovativ sind nur die Unternehmen, die sich am schnellsten neuen Herausforderungen stellen und Lösungen für diese Herausforderungen zeitnah liefern. Dies erfordert bewusste, von der Organisation geplante und initiierte Innovationsprozesse mit dem Ziel der Effizienzsteigerung oder Nutzenoptimierung. Damit verbunden ist die Fähigkeit aller Betroffenen zur Reflexion des eigenen Verhaltens sowie die Anpassung an Veränderungen. Dieser Prozess der Veränderung vollzieht sich in mindestens vier Phasen.

Hinweis: Phasen von Veränderungen

In der Literatur finden sich verschiedene Modelle zu den Phasen von Veränderungsprozessen. Von acht Phasen spricht beispielsweise der Klassiker des Change Managements John P. Kotter:

1. Gefühl der Dringlichkeit vermitteln,
2. Führungskoalition aufbauen,
3. Vision und Strategie entwickeln,
4. Vision kommunizieren,
5. Hindernisse aus dem Weg räumen,
6. Kurzfristige Erfolge sichtbar machen,
7. Erfolge konsolidieren und weitere Veränderung antreiben und
8. neue Ansätze in der Kultur verankern (Kotter J.P., 2015, S. 18).

Die beiden Autorinnen Claudia Kostka und Annette Mönch formulierten sieben Phasen der Veränderungen mit der (1) Überraschung / Schock, (2) Verneinung und Ablehnung, (3) rationalen Einsicht, (4) emotionaler Akzeptanz, (5) Ausprobieren und Lernen, (6) Erkenntnis bis zur (7) Integration (Kostka C., Mönch A., 2009, S. 13 ff.).

Kurt Lewin, der Altvater der Organisationstheorie formulierte bereits 1947 sein 3-Phasen Modell der Veränderungen (Kurt Lewin, 1958, S. 210 f.). Interessanterweise basieren diese Phasen auf Überlegungen von Lewin zur Stabilisierung Deutschlands im Rahmen der sog. »Umerziehung«/Reeducation nach 1945 mit dem Kerngedanke, dass Veränderungsprozesse dank der Gruppendynamik effizienter in einer Gruppe stattfinden, als sie an einem Einzelnen durchzuführen.

Lewins drei Phasen lauten entsprechend:

1. Auflockern (Unfreezing), also die Vorbereitung einer Veränderung: Dank einer Information und vorbereitender Analysen werden die Betroffenen in die Veränderungen eingebunden.
2. Hinüberleiten (Moving), also die Überleitung auf das neue Niveau: Dank Eingreifen der Verantwortlichen, Trainings und Kontrollen werden der Gruppe neue Regeln und Standards vermittelt.
3. Verfestigen (Freezing), also die Etablierung bzw. Verfestigung der »Umgewöhnung« der Gruppe. Ziel ist es, dass die neuen Regeln und Standards von der Gruppe mit der Zeit als »natürlich« und »dazugehörend« empfunden werden.

Aus den klassischen Phasen der Veränderung wurden im Hinblick auf den gesamten operativen Ablauf von Veränderungen in Innovationsprojekten die vier folgenden Phasen entwickelt (► Abb. 72).

Die erste Phase besteht aus der reinen Information der Betroffenen. Wie schon Lewin feststellte, sind alle Betroffenen rechtzeitig zu sensibilisieren. Ob dabei allerdings bereits eine Auflockerung (Unfreezing) stattfinden kann, ist offen. Vielmehr gilt zuerst einmal die Notwendigkeit zu kommunizieren und das Verständnis für den Bedarf an Innovationen zu wecken. Die Informationsphase sollte zusätzlich dank erster (Projekt-)Visionen motivieren und dank Aussagen zur (Projekt-)Struktur bei den Betroffenen Vertrauen schaffen.

Die Kommunikation von Informationen weckt bei den Zielpersonen/Betroffenen irgendeine Art von Emotionen. Die Verteilung in Freunde oder Ablehner wird dabei gerne in Form der Normalverteilung dargestellt, wonach nur wenige der Adressaten einer Veränderung gleich positiv gegenüberstehen (»Förderer«) und noch weniger Adressaten als Visionäre eine Veränderung gar anstoßen. Die Mehrzahl der von Veränderungen betroffenen Personen teilen sich in positive Mitmacher oder in abwartende Skeptiker auf. Mit ähnlicher Häufigkeit wie auf der positiven Reaktionsseite zeigt sich dann die Fraktion der (passiven) Bremser oder gar aktiven Blockierer (► Abb. 73).

Als Reaktion auf die Emotionen kommt es im besten Fall zur frühen Akzeptanz des Innovationsprozesses. Diese Akzeptanz kann sowohl aktiv aber ohne weiteres auch passiv sein. Bei der passiven Akzeptanz gibt der Betroffene zwar seine grundsätzliche Zustimmung zum Innovationsprojekt, aber bietet (vielleicht sogar aus nachvollziehbaren Grund) keine aktive Mitarbeit am Projekt an. Dies ist bei vielen Innovationsprojekten gar kein Problem, da viele Stakeholder (wie Kollegen, Gesellschafter, Geschäftspartner oder Kunden) nur gelegentlich informiert oder befragt werden wollen, ohne aktiv viel Zeit in ein Projekt zu investieren.

Anders die zentralen Mitglieder des Innovationsprojektes: Nur wer wirklich die Bereitschaft zur aktiven Teilnahme zeigt, sollte in das eigentliche Innovationsteam eingebunden werden. Aktive Teilnahme bedeutet Zeit, eigene Ideen und Anregungen zur Verfügung zu stellen, und nicht nur gelegentlich in Teamsitzungen für kreative Unruhe zu sorgen. Mit trockenem Humor könnte man die letztgenannte, eher störende Teilnahme als »Partizipation by Helikopter« bezeichnen. Also gelegentlich im Projekt zu

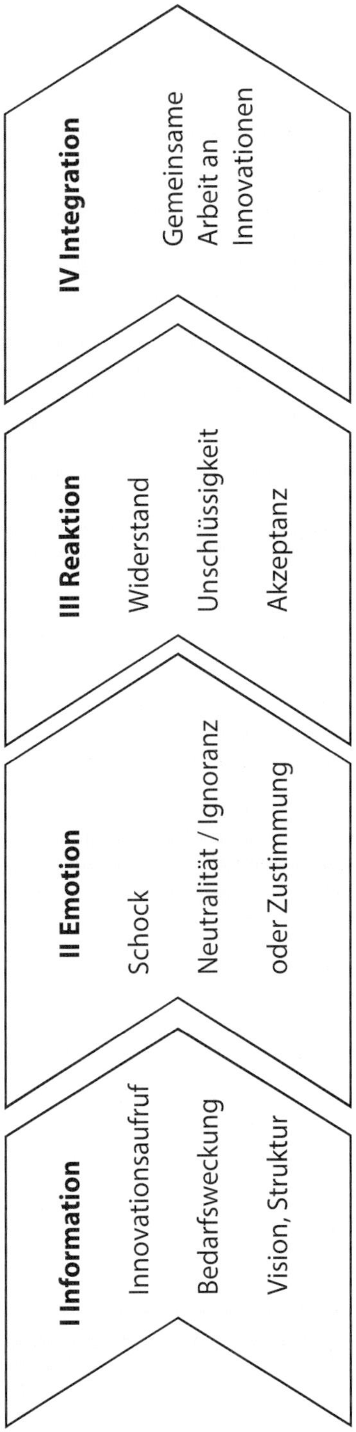

Abb. 72: Veränderungsphasen

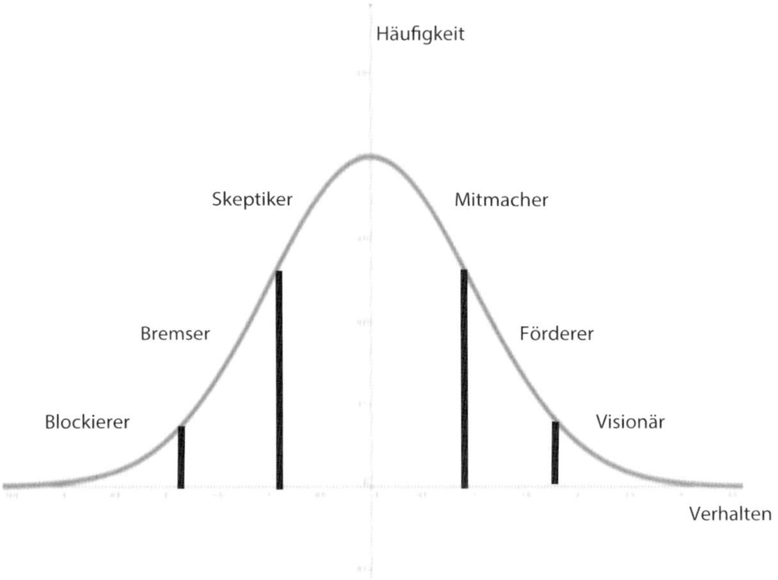

Abb. 73: Normalverteilung der Veränderungstypen

landen, viel Staub aufwirbeln und dann wieder zu verschwinden. Aktive Teilnahme heißt vielmehr eigene Wünsche, Kritiken, Diskussionen beizutragen und sich, seinen Bereich und bisherige Vorgehensweisen selbst in Frage zu stellen.

Die Emotionen können zu einer Unschlüssigkeit oder gar zu einem mehr oder weniger offenen Widerstand führen. Der Widerstand äußert sich dabei in verbalen oder nonverbalen Handlungen bzw. gar in Passivität. Entsprechende Widerstandsmuster beschreibt die Abbildung 72. Dort wird auch beschrieben, wie mit Widerstand umgegangen werden kann.

Die vierte Phase der Veränderung geht im besten Fall in die Integration der Innovationsteilnehmer in eine aktive, gemeinsame Arbeit an Innovationen über. Im schlechtesten Fall ist ein Projektteilnehmer jedoch aus dem Innovations- und Veränderungsprozess auszuschließen, was dem bereits erwähnten »Zwang« entspricht. Die vierte Phase repräsentiert nur den Abschluss der originären Veränderung, also der Bereitschaft, aktiv am Innovationsprojekt mitzuwirken. Es ist kein Abschluss des gesamten Innovationsprojektes, wie er an früherer Stelle beschrieben wurde. Gemäß Abbildung 21 wechselt diese Phase nun von der Initialisierung bzw. der Phase der Initiative in die Phasen der Ideenfindung und Implementierung.

Hinweis: Evolutionärer und revolutionärer Wandel

Grundsätzlich unterscheidet man zwischen einem evolutionären und einem revolutionären Veränderungs- bzw. Wandlungsprozess. Bei einem evolutionären Veränderungsprozess vollzieht sich der Wandel eher langsam in kleinen Schritten. Dieser

Wandel ist ein fortlaufender Prozess, mit dem die meisten Menschen eher leben können. Es ist dieser Wandel, der bei Innovationsprozessen üblicherweise zum Einsatz kommt.

Bei einem revolutionären Wandel werden sehr viele Veränderungsprozesse in einem relativ kurzen Zeitraum angestoßen. Ein solcher Ansatz ist bei etablierten Unternehmen tendenziell nur in Krisenzeiten (z. B. Auftragseinbruch, Insolvenz, Übernahme) zu wählen, da die Betroffenen von den vielen Änderungen in so kurzer Zeit oft überfordert und verunsichert reagieren und Ängste entwickeln. Anders bei Firmengründungen (sog. Start-ups): Hier spricht dank fehlender Bestandsorganisation und Verhaltensmuster wenig gegen den revolutionären Veränderungsprozess. Dies ändert sich erst, wenn aus der Firmengründung ein etabliertes Unternehmen wird.

2.1.2 Barrieren gegen Innovationen

Die Emotionen aus der zweiten Phase der Veränderungen resultieren vorwiegend aus den unterschiedlichen Barrieren, die gegen Veränderungen wirken. Neben emotionalen Barrieren für Innovationsprojekte gibt es ökonomische und technische, die in Abbildung 74 zusammengefasst sind.

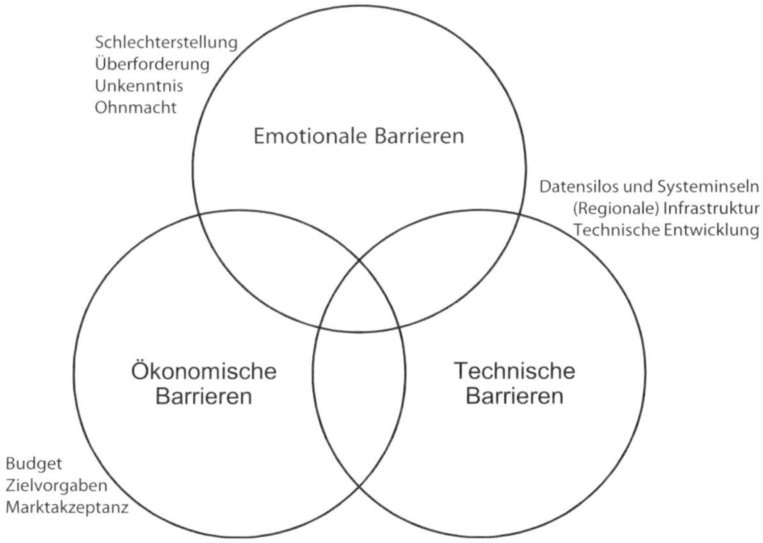

Abb. 74: Innovationsbarrieren

Barrieren sind Absperrungen, die jemanden von etwas fernhalten. Umso wichtiger ist es für jeden Innovator, all jene Barrieren, die gegen eine Innovation wirken, zu erkennen und – wo möglich – zu überwinden. Nur dann ist der Weg für Innovationen offen. Und nur dann ist der Weg zur Sicherung und Steigerung der Wettbewerbsfähigkeit eines Unternehmens, einer Organisationseinheit oder einer Einzelperson geebnet.

2.1.2.1 Ökonomische Barrieren

Bereits einige betriebswirtschaftliche Faktoren können ein Innovationsprojekt ver- oder behindern, nämlich:

1. Budget,
2. Zielvorgaben,
3. Marktakzeptanz.

Zur Umsetzung einer Idee in eine Innovation bedarf es ausreichender Ressourcen an Personal, Kapital und Zeit. Wenn kein angemessenes Budget für externe und interne Personalkosten etc. vorhanden ist, versanden die mit viel Euphorie gestarteten Innovationsprojekte in kurzer Zeit. Gerade für disruptive Innovationen haben Start-ups einen großen Vorteil: Dank erweiterter Businesspläne und Finanzierungsrunden, erhalten neue Projekte oft neues Kapital mit neuen Ressourcen.

Häufig werden eigentlich gute Ideen in einem frühen Stadium mit der Begründung abgelehnt, dass es viel zu teuer wäre, sie zu realisieren, oder dass die Vorteile nie eintreten werden. Der Blick auf die mögliche Relation der Rentabilität zu dem Risiko bedeutet für viele innovative Ideen das frühe Aus. Allerdings sind die Nutzen-Machbarkeit-Analysen wie an anderer Stelle bereits beschreiben oft oberflächlich oder man vergisst, dass sich auch Rahmenbedingungen, wie die Qualifikation der Mitarbeiter oder der Einsatz von Dienstleistern, ändern lassen.

> **Wichtig!**
> Vordergründig betrachtet behindern ökonomische Barrieren leicht Innovationen. Doch oft sind diese nur vorgeschoben. In Wahrheit sind emotionale Barrieren bei der Umsetzung von Innovationsprozessen viel stärker.

Am Ende können auch die Zielvorgaben der Gesellschafter/Aktionäre eine Innovation verhindern. Fokussieren sich diese Shareholder lieber auf Marktanteile und Wachstum, dann orientiert sich das Management eher an klassischen Instrumenten wie Werbung, Vertrieb, Kooperation oder Firmenaufkäufe als Maßnahmen zur geeigneten Produkt-, Prozess-, Markt- oder Geschäftsmodellinnovationen.

Schafft es eine Idee nicht, sich erfolgreich am Markt zu behaupten (»Marktakzeptanz«), kann dies auch rein wirtschaftliche Gründe haben. Denn es geht immer darum, neue Produkt-, Prozess-, Markt-, Geschäftsmodell- und Organisationsideen im Sinne des Marketings so zu gestalten, dass der Produktnutzen überzeugend, die Leistung verfügbar, der Preis akzeptabel und das Gesamtangebot bekannt und im Idealfall auch positiv emotional aufgeladen ist.

Wie schon mehrmals betont, definieren sich Innovationen aus dem Mehrwert, den die Anwender einer Innovation erlangen können und dem Anbieter gegenüber (monetär) honorieren. Produktinnovationen schaffen dem Kunden einen Nutzen, für den dieser gerne bezahlt. Darum ist es unverzichtbar, dass eine Innovation der Zielperson wirklich einen Nutzen stiftet. Dieser Nutzen kann bei der Verwendung, Qualität, Preis, Schnelligkeit, Größe, Gewicht, Service, Risiko oder rein aus Emotionen entstehen. Er kann die Leistungen vor dem Kauf (Beratung, Information, Individualisierung, Reservierung), Leistungen beim Kauf (Transport, Installation, Finanzierung, Leasing), Leistungen bei Nutzung (Schulung, Instandhaltung, Garantieleistungen) oder die Leistungen nach der Nutzung (Aktualisierung, Veranstaltungen, Club, Rücknahme) betreffen. Die Frage des Produktnutzens wurde bereits im Kapitel 1.1.2.1 dargestellt.

2.1.2.2 Technische Barrieren

Selbst heute, wo Personal Computer, Internet, Smartphones und Flatrates ganz selbstverständlich zum Alltag gehören, besehen technische Barrieren bei der Umsetzung von Innovationen und den dazugehörigen Veränderungen:

1. (Regionale) Infrastruktur,
2. Datensilos und Systeminseln,
3. Technische Entwicklung.

Zu den technischen Barrieren zählen neben regionalen Schwierigkeiten mit der technischen Infrastruktur (z. B. fehlendem Breitbandzugang) besonders die unternehmensinternen Barrieren, wie die vielen Datensilos und Systeminseln. Datensilos sind dabei abgeschottete Datenbanken wie beispielsweise für Produkt-, Rechnungs- oder Kundendaten. Nicht selten führt dies in Unternehmen zu Doppelerfassungen der gleichen Daten mit unterschiedlichen Datennummern und -bezeichnungen, so dass diese nicht kompatibel sind.

Oder mit anderen Worten: Während die Öffentlichkeit zurecht Entwicklungen wie »Big Data« und »Datensicherheit« kritisch betrachtet, stehen viele etablierte Unternehmen immer noch vor der Herausforderung, ihre Daten effizient managen zu können. Der Wunsch nach aussagefähigen Informationen in Echtzeit scheitert seit Jahrzehnten oft alleine an diesen Datensilos mit unübersichtlichen und unstrukturierten Stammdaten, bei denen Mehrfach-Nennungen der gleichen Produkte unter verschiedenen Artikelnummern oder identische Personen unter unterschiedlichen Kundennummern üblich sind. Preise können dann für das gleiche Produkt über verschiedene Verkaufsplattformen uneinheitlich sein. Noch schlimmer: In manchen Unternehmen liegen zentrale Daten weiterhin nur als Excel-Tabellen vor. Damit sind diese Daten begrenzt zugänglich und in vieler Hinsicht ungeschützt.

Wie sollen Prozessinnovationen oder neue Geschäftsmodelle umgesetzt werden, wenn die Grundlage des Datenmanagements nicht gegeben ist? Start-ups haben da den strategischen Vorteil, dass sie auf eine neue Datenstruktur und gleich auf zentrale Datenspeicher und -systeme bauen können. Die fehlende Notwendigkeit, Daten aus verschiedenen etablierten Systemen und von verschiedenen Organisationseinheiten mit den noch folgenden emotionalen Barrieren integrieren zu müssen, ist einer der zentralen Wettbewerbsvorteile von jungen Unternehmen gegenüber der Old Economy.

Bei Systeminseln fehlt wegen mangelnder interner Schnittstellen oder proprietärer Systeme die Datenkommunikation und der horizontale Austausch zwischen einzelnen IT-Systemen sowie zwischen den Buchhaltungs- und Logistiksystemen. Dadurch werden Daten nicht nur erneut doppelt und unterschiedlich erfasst, vielmehr fehlt die Transparenz über wirtschaftliche Vorgänge. So weiß – um ein typisches Beispiel auf der Praxis zu erwähnen – der Außendienst mit seiner Systeminseln CRM (Customer Relationship Management) nicht, dass Kundenrechnungen noch nicht bezahlt sind (Systeminsel Finanzbuchhaltung), die letzten Lieferungen nicht ankamen (Systeminsel Supply Chain Management) oder der Kunde gar eine Reklamation hatte (Systeminsel Beschwerdemanagement). Und obwohl gerade SAP mit dem Ansatz des Efficient Ressource Planning hier schon in den 1980er Jahren eine wichtige Innovation gesetzt hat, kommt es selbst heute noch häufiger vor, dass in der Produktion Daten umständlich und fehleranfällig via Excel in separate Anwendungen übernommen werden.

Systeminseln gibt es aber nicht nur unternehmensintern, sondern auch zwischen den Geschäftspartnern. Neben fehlenden internen Schnittstellen verhindern fehlende externe Schnittstellen die Optimierung von Prozessen. Noch heute gibt es in manchen Branchen keinen vollumfänglich funktionierenden elektronischen Datenaustausch (EDI) oder eine Vernetzung über das Internet. Das Fehlen dieser Konnektivität führt zu Mehraufwand, Fehler, Zeitverluste und Kosten. Während innovative Firmen neue Transaktionsprotokolle wie Blockchain ausprobieren, damit im Sinne des Internets der Dinge auch Maschinen untereinander direkt Zahlungsvorgänge kommunizieren, praktizieren manche dem Autor bekannte Firmen immer noch die manuelle Eingabe von Rechnungs- oder Logistikdaten. Wie sollen hier Prozesse innovativ umgestaltet werden, um Kosten- oder Nutzenvorteile zu generieren?

2.1.2.3 Emotionale Barrieren

Der wahre Grund für viele ökonomischen und technischen Barrieren gegen Innovationen liegt in den emotionalen Barrieren! Diese emotionalen Barrieren, die Ängste hervorrufen können, bestehen aus vier Problemfeldern:

1. Überforderung/Qualifikationsdefizit
2. Unkenntnis/Informationsdefizit
3. Ohnmacht/Organisationsdefizit
4. Schlechterstellung/Motivationsdefizit

Hinweis: Emotionale Barrieren und Ängste
Die genannten emotionalen Barrieren wirken häufig als Auslöser für Ängste wirken. Ängste bezeichnen einen Zustand, in dem man sich vor jemanden oder etwas fürchtet. Dabei gehört Angst zu unserem Leben, auch zum beruflichen Umfeld. Nur wer eine grundsätzliche Sorge um den Verlust der Wettbewerbsfähigkeit oder vor Arbeitsunfällen hat, bleibt aufmerksam und offen für Veränderungen. Doch kann die Angst bei zu hoher Intensität ins Negative umschlagen. Es folgen bei den Betroffenen Abwehrmechanismen oder gar Aggressionen bis hin zu psychosomatischen Leiden. Die Unternehmen erleben dadurch Einbußen in der Produktivität, der Kooperationsfähigkeit und letztlich in ihrer Innovationskraft.

Die Überforderung resultiert aus einem Qualifikationsdefizit, beispielweise aufgrund einer Reizüberflutung durch neue Informationen, die man zunächst nicht zuordnen kann. Wird beispielsweise im Rahmen einer Unternehmensentwicklung die eigene Funktion oder Aufgabe mehr oder weniger verändert, so sind manche Betroffenen mit der Einschätzung der neuen Situation und ihrer Konsequenz für sie selbst überfordert. Steigt die Komplexität der Aufgabe, kann sogar eine psychische Überforderung mit Versagensangst und einem Gefühl der Hilflosigkeit gegenüber der neuen Situation resultieren. Gemäß der Psychologie überschneiden sich dann gar psychische, soziale, emotionale, kognitive, intellektuelle bis hin zur seelischen und nervlichen Überforderung.

Organisationen, die in der Vergangenheit jegliche Kreativität unterbunden haben, können nicht von einem Tag auf den anderen auf eine positive Sichtweise von Neuerungen, Innovationen und Wandel umschalten. Hier herrschen emotionale Barrieren der Überforderung durch Qualifikationsdefizite, denn die Menschen dieser Organisationen haben nie gelernt, mutig und frei zu denken und Bestehendes kritisch zu hinterfragen. Man kann dieses Verhalten als »Spargeltheorie« bezeichnen: Ja nicht sein Köpfchen aus dem Boden strecken, denn sonst wird es abgeschnitten. Dementsprechend gibt es auch immer wieder Studien über das Sicherheitsdenken von deutschen Managern (wie z. B. von J.U. Meyer im Harvard Business Review 8/2011), wonach über 60 Prozent der Manager meinen, dass »Regeln wichtiger als Ergebnisse seien«. Diese Denkweise wächst in Zeiten von Compliance, Risikomanagement und dem Zwang zu Quartalsabschlüssen noch weiter und verhindert Innovationen.

Die zweite Begründung von emotionalen Barrieren bildet die schlichte Unkenntnis als ein Informationsdefizit. Sie beginnt bei der fehlenden Information der Betroffenen über die Gründe für anstehende Veränderungen. Solche Prozesse lassen sich im Regelfall leicht durch veränderte Unternehmensziele Strategien, Prozesse oder technische Entwicklungen begründen. Ferner fehlen rechtzeitige, umfassende und vor allem glaubhafte Informationen über die Konsequenzen der Veränderungen in der Organisation oder bei Prozessen. Aus Unkenntnis dieser Fakten reagieren Menschen daher oft mit Ignoranz, Ablehnung oder sogar Aggressionen. Umgekehrt meint jedoch noch so mancher Top Manager, dass er seine Mitstreiter lieber im Unklaren lassen sollte. Ganz nach dem Motto »Management by Champignons«, also die Mitarbeiter lieber im Dunkeln lassen, mit Mist bestreuen und wenn sich Köpfe zeigen, sofort absägen.

Ein klassisches Informationsdefizit ist die fehlende Sensibilisierung der Mitarbeiter, wie wichtig Anpassungen an neue Kundenbedürfnisse, neue Wettbewerber oder neue Technologien für Unternehmen sind. Denn nur wer sich immer wieder diesen Herausforderungen proaktiv stellt, kann langfristig seine Existenz sichern. Wir wissen aus der Evolutionstheorie, dass nicht die stärksten Spezies überleben würden, nicht die intelligentesten, sondern diejenigen, die sich am ehesten dem Wandel anpassen könnten.

Doch das Informationsdefizit führt in manchen Unternehmen eher zu der Auffassung, dass kein Bedarf an neuen Technologien oder Verfahren vorliegt, in Extremfällen werden sogar Kunden und ihre sich ändernden Wünsche als störend empfunden und dabei übersehen, dass es keine Gefahr durch neue Wettbewerber bzw. Substitutionen gibt. Solche Firmen sehen es dann als ausreichend an, ihre Kostenstrukturen regelmäßig zu optimieren und zu »benchmarken«, aber zögern gegenüber allem Andersartigen oder gar Revolutionären.

Informationsdefizite und die sich daraus ergebende Unkenntnis entstehen besonders gerne in sich gegenseitig blockierenden Organisationseinheiten. So wie konkurrierende »Fürstentümer« eine gemeinsame Innen- und Außenpolitik behindern, so blockieren dann Unternehmenseinheiten – wie der Einkauf gegen das Marketing oder das Controlling gegen den Vertrieb – den gegenseitigen Informationsaustausch über Trends, Herausforderungen oder Lösungen und damit jegliche Entwicklung und Anpassung an sich veränderte Märkte.

Diese dritte Form emotionaler Barrieren, die ihre Entsprechung in Organisationsdefiziten findet. So haben frühere Studien des Autors unter dem Titel »Preis der Angst« den Zusammenhang der Angst und der Ohnmacht der Mitarbeiter zu den daraus resultierenden unternehmerischen Kosten aufgezeigt (► Abb. 81).

Ein zentrales Organisationsdefizit, welches zur weiteren Ohnmacht der Beteiligten und damit zu enormen emotionalen Barrieren führt, ist eine fehlende Unterstützung des Top Managements bei der Umsetzung von Projekten und damit verbundenen Veränderungen. Es braucht immer mindestens einen echten Machtpromotor für die Unternehmensentwicklung! Diese Machtpromotoren oder englisch »Godfathers of Innovations«, die im Laufe noch ausführlicher beschrieben werden, leben die Veränderung vor, kämpfen aktiv und nachhaltig gegen alle Hindernisse, motivieren, kontrollieren und schaffen Freiräume, stellen Budgets, Zeithorizonte und Netzwerke für den Unternehmenserfolg bereit. Fehlen hingegen diese Machtpromotoren, dann fühlen sich die Betroffenen im Stich gelassen. Sie fragen sich, warum sie für »die da oben« all die Mühe auf sich nehmen sollen. Ihre persönliche Ohnmacht führt im schlimmsten Fall zum Boykott der Veränderungen.

Ein umgekehrtes Phänomen, welches ebenfalls zur Ohnmacht der Betroffenen führen kann, ist ein rein kurzfristiger und oberflächlicher Aktionismus des Managements. So findet man gelegentlich Unternehmen, in denen – aufgrund ständiger »strategischer« Neuausrichtungen und Restrukturierungen – die gleichen Mitarbeiter immer wieder mit neuen Theorien, Vorgaben und Zielrichtungen konfrontiert werden. So manche Großunternehmen irritieren ihre Organisationseinheiten und die dortigen Mitarbeiter mit regelmäßigen organisatorischen Umbenennungen bzw. veränderten Zuordnungen. Nach einiger Zeit wirkt die dabei entstehende Ohnmacht der Mitarbeiter derart, dass sie auf neue Impulse gar nicht mehr reagieren. Sie machen ihren Job nach Vorschrift, fallen nicht auf und leben ihr mündiges Leben vielmehr im Privaten. Sie sind quasi »berufliche Zombies«.

Die führt zur vierten Begründung emotionaler Barrieren: dem Motivationsdefizit aufgrund einer vermeintlichen Schlechterstellung. Gerade in der Lehmschicht des mittleren Managements findet man enorme Motivationsdefizite, wenn es um Veränderungen geht. Sie resultieren aus der Sorge des Machtverlustes gegenüber Untergebenen, der Sorge einer Schlechterstellung gegenüber Kollegen und Vorgesetzten sowie dem sog. Not-Invented-Here-Syndrom.

Veränderungshemmende Motivationsbarrieren existieren aber nicht nur im mittleren Management, sondern auch im Top Management. Auch hier geht es um die Angst vor einer Schlechterstellung, aber noch konkreter um Machtspiele. Denn wo immer Menschen zusammenkommen, gibt es zwischenmenschliche Machtspiele. Aber wie sagte schon Abraham Lincoln (1809-1865) »Willst du den Charakter eines Menschen erkennen, so gib ihm Macht«. Es geht um das »berufliche Ego«, um Statussymbole wie den Firmenwagen, Anzahl Bürofenster, die Anzahl zugeordneter Mitarbeiter, den eigenen Bonus oder die Möglichkeiten der statusbezogenen Außenwirkung. Mitarbeiter erleben diese Motivationsbarriere immer wieder bei den Vorgesetzen, wenn ihre Vorschläge oder Interventionen dem Chef »gefühlte« Nachteile bringen. Dann erlebt so mancher die Kraft von Gegenargumenten, politischen Spielen bis hin zu Aggressionen.

Emotionale Barrieren führen zu Konflikten! Diese resultieren aus einem Zusammenstoß unterschiedlicher Interessen zwischen mindestens zwei betroffenen Parteien (lateinisch »conflictus« = aufeinandertreffen). Konflikte können sehr unterschiedlich verlaufen. Manche dauern lange, manche kürzer, manche Konflikte sind sachlich, andere aggressiv, Konflikte werden offen angesprochen oder indirekt angegangen. Konflikte werden gar überschätzt, indem überempfindliche Menschen aus einer Mücke einen Elefanten machen.

Ein Konflikt spielt sich stets auf mehreren Ebenen ab: zum einen die Beziehungsebene, auf der emotionale oder durch Missverständnisse hervorgerufene Faktoren wirksam werden; zum anderen die Sachebene, die durch das persönliche Umfeld, berufliche oder soziale Rollen, Kompetenzbereiche und sachliche Interessen geprägt wird. Konflikte sind umso wahrscheinlicher, je verschiedenartiger die fachlichen Kenntnisse und Erfahrungen der Konfliktparteien sind, je unklarer die Rollen, Funktionen und Kompetenzen der Beteiligten sind, sowie je weniger die Projektziele präzisiert, bekannt und verstanden werden

2.1.3 Widerstandsmuster

Erste Konfliktsignale sind z. B. eine schlechte Teamstimmung. Hierzu zählen ein aggressiver Kommunikationsstil, verhärtete Diskussionen, Killerphrasen, Schlagworte unter der Gürtellinie, das Zerreden von Themen und eine fehlende Kompromissbereitschaft. Ein weiteres Signal für Konflikte ist der Rückzug der Beteiligten, z. B. durch Weigerung zur Übernahme von Aufgaben, Verweis auf andere, Abwesenheit, Unaufmerksamkeit, Passivität, Vermeidung von Augenkontakt und Flucht in andere Arbeiten außerhalb des Projektes. Drittens sind nicht eingehaltene Vereinbarungen, wie Unpünktlichkeit und Unzuverlässigkeit, weitere Anzeichen für einen kommenden oder bereits existierenden Konflikt. In Abbildung 75 werden die Reaktionsmuster auf den Widerstand systematisch zusammengefasst (Doppler K., Lauterburg C, 2001, S. 221).

	Verbal (Reden)	**Non-Verbal (Verhalten)**
Aktiv (Angriff)	**Widerspruch** • Gegenargumente • Vorwürfe • Drohungen • Polemik • Formalismus	**Aufregung** • Unruhe • Streit • Intrigen • Gerüchte • Cliquenbildung
Passiv (Flucht)	**Ausweichen** • Schweigen • Bagatellisieren • Blödeln • Ins Lächerliche ziehen • Unwichtiges Debattieren	**Lustlosigkeit** • Unaufmerksamkeit • Müdigkeit • Fernbleiben • Innere Kündigung • Krankheit

Abb. 75: Muster des Widerstands

Die Abbildung beschreibt bereits die beiden negativen Reaktionen auf Widerstand: die Flucht bzw. der Kampf. Bei der Flucht vermeidet mindestens eine der Konfliktparteien den Zusammenstoß mit der anderen Partei. Das Feld wird widerstandslos überlassen, das Problem aber nicht gelöst und eventuell sogar noch verschärft. Beim Kampf versuchen beide Parteien Recht zu behalten. Diese Reaktion behindert eine positive Unternehmensentwicklung durch Innovationen! Umso mehr müssen die emotionalen Barrieren identifiziert, analysiert und überwunden werden, damit Unternehmen auf Märkten, die sich ständig verändern, langfristig überleben können.

Bei der Strategie der Flucht kommt es zu keinem weiteren Gedankenaustausch zwischen den an einem Innovationsprozess notwendigerweise beteiligten Parteien. Eine Partei verabschiedet sich aus dem Innovationsprozess und nimmt damit ihre Ideen, Erfahrungen und Erkenntnisse aus dem Projekt mit. In der Folge wird die Innovation nur noch einseitig weiterentwickelt und es fehlt ihr langfristig an wichtigem Wissen.

Lassen die Konfliktparteien ihre Konfrontation zu einem Kampf eskalieren, so hat dies ebenso negative Auswirkungen auf den Innovationsprozess. Kämpfe haben die Eigenart, dass sie meistens einen Gewinner und einen Verlierer hervorbringen. Der Verlierer wird nach dem Konflikt wenig motiviert sein, eine aktive, konstruktive Rolle im weiteren Innovationsprozess zu übernehmen. Im Beispiel eines Konflikts zwischen dem Vertrieb und der Entwicklung könnte eine der beiden Parteien im Nachgang zu dem Kampf die weitere Realisation der Produktinnovation verweigern oder sogar boykottieren. Es braucht aber beide Parteien, um eine Innovation erfolgreich umzusetzen. Der Widerstand mittels Kampf vollzieht sich gerne in sieben Phasen (Disselkamp M. u. a., 2004, S. 22 f.):

- **Phase 1**: Aufeinandertreffen verschiedener Standpunkte und Interessen. Die Kommunikationsfronten verhärten sich, was dazu führt, dass die Konfliktparteien nicht mehr flexibel in ihrem Denken sind.
- **Phase 2**: Die Parteien suchen nicht mehr nach Lösungen, sondern wollen nur noch die Gegenpartei von ihrer eigenen Meinung überzeugen.
- **Phase 3**: Die Auseinandersetzung nimmt (vor allem nonverbal) handfestere Formen an. Durch die indirekte Kommunikation werden Fehl- und Überinterpretationen ausgelöst.
- **Phase 4**: Das Sachproblem rückt immer mehr in den Hintergrund. Dafür dominieren Emotionen und Machtaspekte. Jede Konfliktpartei reagiert nur noch auf die andere und fasst deren Agieren als Provokation auf.
- **Phase 5**: Ziel wird immer mehr, dass der Gegner das Gesicht verliert. Es werden Drohungen ausgesprochen, um die eigenen Ziele zu erreichen. Der Bedrohte fühlt sich unter Druck gesetzt und provoziert seinerseits.
- **Phase 6**: Es geht auf dieser Konfliktebene nur noch um Sieg oder Niederlage. Es gilt, den anderen um jeden Preis zu besiegen. Die eigene Verhaltensweise wird nicht mehr kritisch hinterfragt.
- **Phase 7**: Beide Parteien reagieren nur noch irrational. Der Blick auf die Sachebene ist komplett verbaut, die Konsequenzen sind völlig egal.

Neben dem Angriff (Kampf) und der Flucht existieren noch drei weitere Strategien zur Konfliktlösung: die Delegation, der Kompromiss und der Konsens. Die Delegationsstrategie integriert in den Konflikt eine dritte, neutrale Partei als Schiedsrichter zwischen den Kontrahenten. Wählen die Konfliktparteien einen neutralen Schiedsrichter und akzeptieren sie seinen Schiedsspruch, so kommt es zu einer schnellen und hoffentlich sachlichen Konfliktlösung. Im besten Fall gibt es keinen Verlierer. Dies ermöglicht es beiden Parteien, weiterhin gemeinsam an dem Innovationsprozess teilzunehmen und ihre individuellen Erfahrungen und Vorschläge einzubringen. Ansonsten geht der Konflikt von vorne los.

Der Kompromiss erhöht wie die Delegation die Chancen auf eine weiterhin erfolgreiche Umsetzung einer Innovation. Hier versuchen beide Parteien sachlich, ihre unterschiedlichen Meinungen auszutauschen und einen gemeinsamen Nenner zu finden. Der Nachteil liegt für die Innovation in der Tatsache, dass Kompromisse oft unter erheblichem Zeitaufwand gefunden werden und oft nur eine zweitbeste Lösung für den weiteren Prozess darstellen. Dennoch können nach der Lösung des Konflikts beide Parteien weiter gemeinsam am Innovationsprozess mitwirken.

Am besten ist und bleibt der Konsens. Nur hier erfährt der Konflikt eine konstruktive Lösung! Im Vordergrund steht nicht nur die sachliche Einigung, sondern die konstruktive Konfliktbewältigung. Sich widersprechende Meinungen werden diskutiert und zu einem besseren Ganzen zusammengeführt. Beide Parteien dürfen sich am Ende des

Lösungsprozesses als Gewinner fühlen, was den Fortgang des Innovationsprozesses unterstützt und die Beteiligten motiviert. Der Konsens stellt allerdings hohe fachliche und soziale Anforderungen an die Beteiligten und ist häufig zeitaufwendig.

> **Tipp!**
> (1) Konflikte müssen aktiv gelöst werden. Die Zeit löst keine Konflikte, sondern lässt sie höchstens einschlafen. (2) Konfliktlösungen sind Lernprozesse. Sie ändern Einstellungen und Verhaltensweisen. Dies ist zu berücksichtigen. (3) Konflikte können nur unter Einbindung der Betroffenen gelöst werden.

2.2 Initiative

Wie gesehen hemmen diverse Barrieren die Umsetzung von Innovationen und die damit verbundenen Veränderungen. Sie zu überwinden ist die Zielsetzung des nun folgenden Abschnitts unter der programmatischen Bezeichnung »Initiative«. Es geht um die Erfolgsfaktoren für das Veränderungsmanagement sowie um die verschiedenen Rollen in Veränderungsprozessen, wobei der Fokus auf den kaufmännischen Aspekten des Veränderungsmanagements und weniger auf den psychologischen und organisationstheoretischen liegt.

2.2.1 Erfolgsfaktoren für Veränderungen

Zurückblickend auf die vier Phasen der Veränderung in Innovationsprozessen (► Abb. 76), welche aus der Information, der Emotion, der Reaktion und hoffentlich aus der Integration bestehen, interessieren zuerst die klassischen Managementaktivitäten in den Veränderungsphasen, um daraus die zentralen Erfolgsfaktoren für Veränderungen abzuleiten.

Sinnvolle Managementaktivitäten zur Steuerung der ersten Phase in Veränderungsprozessen ist die angemessene, rechtzeitige und aufrichtige Information der Betroffenen. Es geht um eine »klare Ansage« an die Beteiligten, den Abschied vom bisherigen Status quo durch die Sensibilisierung für notwendige Veränderungen und um das Aufzeigen realistischer Entwicklungsperspektiven durch den Innovationsprozess. Wichtig ist die proaktive Kommunikation der Projektvision und Projektstruktur, damit die Betroffen an dieser Stelle schon einmal einen kleinen »Anker« bekommen.

Die in Veränderungsphasen erlebten Emotionen können positiv aber auch negativ sein. Wichtig ist die Akzeptanz und Ansprache dieser Gefühle. Es gibt immer noch Organisationen, in denen Vorgesetzte die Gefühle ihrer Mitarbeiter sowie von sich selbst im beruflichen Alltag ablehnen. Menschen leben aber dank und mit ihren Gefühlen. Diese Emotionslage und die zugehörigen Ursachen gilt es zu verstehen und Hilfe bei der Überwindung negativer Emotionen anzubieten.

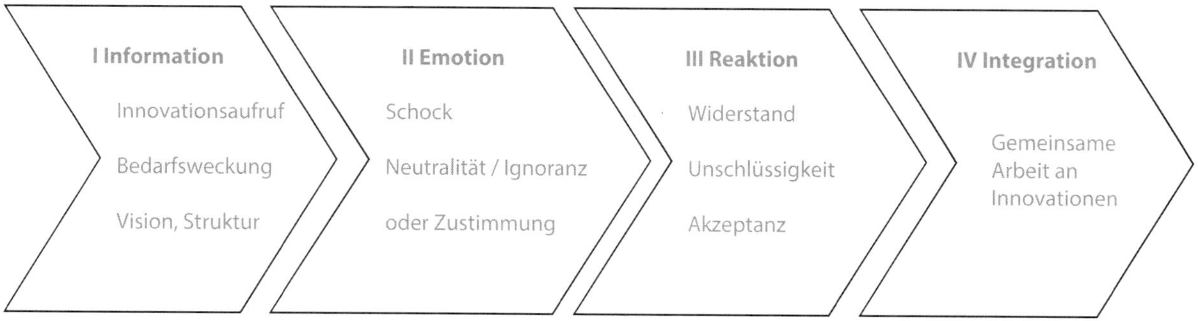

• Information • Erklärungen • Gefühle ansprechen • Abschied nehmen	• Aktives Zuhören • Konkrete Hilfe anbieten • Erfahrungsaustausch • Verhandlung, Beteiligung	• Training, Kontrolle • ggfs. neue Regeln • Manipulation, Zwang • Erste Erfolge feiern	• Projektabschluss • Belohnung • Weiterentwicklung

Abb. 76: Managementaktivitäten in den Veränderungsphasen

Die dritte Phase des Veränderungsprozesses zeigt als Reaktion auf die Emotionen den diskutierten Widerstand, eine Unschlüssigkeit oder bereits die Akzeptanz. Klassische Managementinstrumente für die erfolgreiche Bewältigung der Herausforderungen sind Schulungen, Training, Coaching, Kontrolle, in negativer Hinsicht aber auch Manipulation oder gar Zwang. Wichtig ist das Etablieren von mit der Zeit akzeptierten Regeln sowie das Voranschreiten in kleinen Schritten mit regelmäßigen Zwischenerfolgen, die entsprechend gewürdigt und gefeiert werden.

Die Integrationsphase als vierte Veränderungsphase bedeutet nicht das Ende der Veränderung, sondern nur ein Abschluss eines Projektes auf dem Weg zu weiteren, laufenden Veränderungen. Aber jeder Abschluss ist zu würdigen und alle Beteiligten sind entsprechend ihres Beitrages und ihrer Unterstützung zu belohnen.

Die hier nur kurz angesprochenen Managementaktivitäten und noch viele mehr, lassen sich in einem 4C-Modell strukturieren und diskutieren. Denn vier zentrale Bereiche repräsentieren die Erfolgsfaktoren, damit Organisationen gegenüber Innovationen und daraus resultierende Veränderungen positiv veränderungsbereit gestimmt sind. Die vier Erfolgsfaktoren des 4C-Modells verknüpfen zentrale Erkenntnisse der schon erwähnten, klassischen und agilen Innovations-, Produktentwicklungs-, Softwareentwicklungs-, Start-up- und Projektmanagement-Methoden.

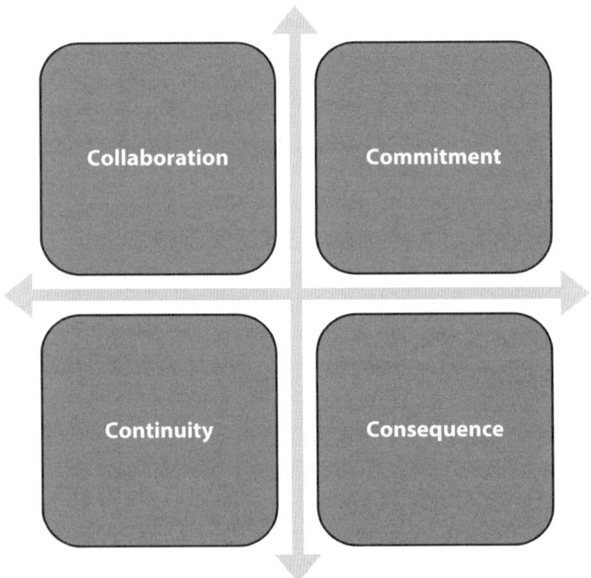

Abb. 77: Erfolgsfaktoren für Veränderungen

Die Kollaboration (»Collaboration«) umfasst die Integration aller von einer Innovation bzw. Veränderung betroffenen Personenkreise (Stakeholder) unter besonderer Beachtung des »Gesetzes der Wenigen«. Nicht alle Stakeholder sind nämlich in der gleichen

Art und Weise oder mit der gleichen Intensität und Häufigkeit in den Projektverlauf einzubinden. Agile Strukturen helfen bei der Berücksichtigung der Betroffenen sowie bei dem Dilemma von flexiblen, überschaubaren Teamgrößen.

Unter dem Begriff Kontinuität (»Continuity«) sammeln sich die Aspekte der Nachhaltigkeit von Unternehmens- und Projektvision, Strategien und Strukturen. Kontinuität beinhaltet weiterhin die Bereitschaft einer kontinuierlichen Prüfung und Verbesserung der eigenen Leistungsfähigkeit, des Leistungsangebots und der Leistungserbringung.

Das dritte »C« steht für Konsequenz (»Consequence«) und damit für eine konsequente Ausrichtung der Unternehmens- bzw. Projektstrategie auf das Ziel der Nutzen- und/oder Kostenführerschaft. Umgesetzte Ideen heißen nur dann Innovationen, wenn sie am Ende einen Nutzen für die Organisation aber auch für die internen bzw. externen Kunden liefern. Dies gilt es konsequent in der Unternehmens- und Projektstrategie sowie in den Zielen für alle Beteiligte einzubinden. Konsequent sind zudem die Innovationsschritte in realisierbare Einzelmaßnahmen aufzugliedern, die nicht nur kurzfristige Erfolge ermöglichen, sondern auch in einem iterativen Prozess überprüft und verbessert werden.

»Commitment« beinhaltet schließlich die Übernahme von Verantwortung sowie die zeitliche und fachliche Verfügbarkeit aller für den Innovationserfolg nötigen Personen mit den unterschiedlichsten, dringend notwendigen Rollen im Innovationsprozess. Ohne dem Commitment dieser Personen sind Innovationen nicht umsetzbar. Sie engagieren sich, sind zum richtigen Zeitpunkt präsent und leben eine kollaborative, motivierende aber auch konsequente Kommunikation.

Tipp! Nutzung des Formblatts 4C Scorecard
In Kapitel 3.1 findet sich ein Formblatt für die 4C Scorecard, mit welcher der Status Quo der 4C Erfolgsfaktoren für Veränderungen bewertet werden können. Die Note 1 bedeuten ein starkes Zutreffen der Eigenschaft, eine 6 quasi ein Fehlen dieser für Veränderungen wichtigen Eigenschaft. Zusammen mit einer frei definierbaren Gewichtung errechnet sich pro Eigenschaft ein Wert, der in der Summe aller Eigenschaften eine Gesamtnote der Fähigkeit zur Veränderung aufzeigt.

2.2.1.1 Collaboration

Unter Collaboration versteht man die Einbindung aller notwendigen internen und externen Stakeholder, ohne dass zu viele Personen dauerhaft operativ im Innovationsprojekt mitarbeiten. Im Rahmen des Gesetzes der Wenigen gilt es vielmehr, die richtigen Stakeholder zu identifizieren und für die Projektarbeit zu motivieren. Eine agile Teamstruktur hilft, die Anforderungen des normalen operativen Tagesgeschäftes mit dem spezifischen Bedarf der Projektarbeit zu vereinbaren.

Einbinden von Stakeholdern

Eine klassische Regel sowohl des Innovations- als auch Veränderungsmanagements lautet, Betroffene zu Beteiligten zu machen. Sie sind entsprechend ihrer Art der Beteiligung und ihrer Bedeutung in das Projekt zu integrieren. Die Einbindung der Stakeholder hat dabei zwei Zielrichtungen: Erstens berücksichtigt man jene internen Mitarbeiter, Kollegen und Vorgesetzte, die für das Innovationsprojekt eine zentrale Bedeutung als Experten, Entscheider, Förderer oder Bremser haben. Zweitens integriert man auch jene externen Stakeholder in ein Innovationsprojekt, die vom Markt her einen positiven bzw. negativen Einfluss auf den Erfolg des Projektes ausüben können. Eine Übersicht der bei Innovationsprojekten relevanten externen Stakeholder zeigt Abbildung 45.

Das (externe und interne) Kunden zentrale Stakeholder für Innovationen sind, ist nicht neu. Externe Kunden sind jene, die dank des von ihnen generierten Umsatzes, die Kosten des Unternehmens decken und Gewinne ermöglichen. Ihre Nachfrage, ihre Bedürfnisse, Kauf- und Anwendungsgewohnheiten stehen im Zentrum des gesamten Innovationsprozesses zugunsten von Produkt-, Markt- und Geschäftsmodellinnovationen. Interne Kunden sind die nachgelagerten Prozessschritte oder jene Unternehmensbereiche, für welche die jeweilige Leistung eine Voraussetzung für ihre eigene Tätigkeit ist. Interne Kunden profitieren besonders von Prozess- sowie Organisationsinnovationen. Alle Ideen werden daher konsequent auf die Chance der Erzielung einer wirtschaftlich attraktiven Nachfrage dieser externen und internen Kunden geprüft hin, ausgewählt und umgesetzt.

> **Tipp!**
> Innovativ sein heißt, mit (internen bzw. externen) Kunden die Zukunft zu gestalten.

Aber nicht nur die Kunden sind zentrale Stakeholder. Auch Lieferanten, Dienstleister (wie Transporteure, Logistiker oder Subunternehmer) und weitere Geschäftspartner (wie Steuerberater, Wirtschaftsprüfer, Sachverständige) sind Stakeholder des Innovationsprozesses, da sie Anregungen für Innovationen und wichtige Unterstützung bei deren Umsetzung anbieten.

Im von Toyota übernommen Lean Management-Ansatz heißt einer der fünf Leitsätze: »Gehe an die Quelle und schau es Dir selbst an« (Genchi gembutsu). Also spreche mit Kunden über Probleme, Bedürfnisse und Träume oder betrachte die übergreifenden Prozesse mit Deinen Lieferanten und Dienstleistern. Frage auch Deine Geschäftspartner nach ihren eigenen innovativen Prozess- und Produktlösungen, als Inspirationen für Deine eigenen Abläufe oder Leistungen. Doch wie viele Fach- und Führungskräfte sehen wirklich danach, wie ihre Produkte bei den Kunden verwendet werden und welche Begeisterung diese hervorrufen? Wer kennt die realen Schwierigkeiten bei den aktuellen Unternehmensprozessen? Welcher Top Manager spricht direkt mit den Entwicklungsteams über Produkt-, Prozess-, Markt-, Geschäftsmodell- oder Organisationsinnovationen?

Hinweis: Fünf Leitsätze des Toyota Way
Neben »Genchi gembutsu« gehören Kaizen (also die kontinuierliche Verbesserung), Herausforderung (mit Mut und Kreativität offen gegen Herausforderungen antreten), Teamwork (Maximierung der Leistung des Einzelnen und der Gruppe) sowie Respekt (gegenseitiges Verständnis und Vertrauen) zu den fünf Leitsätzen des Toyota Konzerns (www.toyota-forklifts.de).

Doch nicht jeder Stakeholder ist in der gleichen Art und Weise sowie in der gleichen Intensität und Häufigkeit in ein Innovationsprojekt einzubinden, damit er die Veränderung versteht und akzeptiert. Vielmehr gilt es die richtigen Stakeholder zum richtigen Zeitpunkt am richtigen Ort zu integrieren. Hierbei hilft das Gesetzt der Wenigen.

Gesetz der Wenigen

In seinem Besteller »The Tipping Point: How Little Things Can Make a Big Difference« untersuchte Malcom Gladwell im Jahr 2000 die Verbreitung »sozialer Epidemien«. Soziale Epidemien sind Phänomene, die durch vermeintlich irrelevante Kleinigkeiten gestartet werden, sich aber irgendwie lawinenartig zu einem gesellschaftsübergreifenden und schnell wachsenden Trend entwickeln. Jener Punkt, an dem eine Idee, ein Trend oder eine soziale Verhaltensweise eine Grenze überschreitet und sich dann wie ein Lauffeuer verbreitet, nennt Gladwell den Tipping Point (»Kipp-Punkt« oder »Umkipp-Punkt«).

Einer der drei zentralen Faktoren, die für die Ausbreitung einer Epidemie verantwortlich sind, ist laut Gladwell das Gesetz der Wenigen (»The Law of the Few«). Genauso wie eine kranken Einzelperson auslöst, so kann ein kleiner, aber präziser Schub einen Modetrend auslösen und die Steigerung der Beliebtheit eines neuen Produkts bewirken. Somit haben nicht alle Mitglieder einer Gruppe oder Teams den gleichen Einfluss. Vielmehr haben einzelne Mitglieder einen überproportional großen Einfluss, Veränderungen herbeizuführen.

Überträgt man das Gesetz der Wenigen und die Idee des Tipping Points auf die Umsetzung von Innovationen, so bedeutet dies, dass Veränderungen zwar einer positiv wirkenden Gruppendynamik (▶ Kap. 2.2.1.1.) bedürfen, aber das die Gruppendynamik durch Einzelne hervorgerufen wird. Die an Veränderungen interessierten müssen sich auf einzelne bzw. extreme Meinungsmacher konzentrieren, welche einen asymmetrisch großen Einfluss auf ihr Umfeld haben und einen »Tipping Point« auslösen können. Dieses Prinzip gilt ebenfalls gegenüber Käufern und Nutzern, wo einzelne Personen oder Personengruppen als Multiplikatoren, Meinungsmachern oder Beeinflussern den Erfolg eines Produktes ausmachen.

Hinweis: Weitere Faktoren für den Tipping Point
Gemäß Malcom Gladwell existieren noch zwei weitere Faktoren, die für die Ausbreitung einer Epidemie verantwortlich sind (Gladwell M., 2000): Unter »Stickiness« (Haftenbleiben) versteht er den großen Einfluss, den die Art und Weise einer Botschaft

(Stichwort: Storytelling) darauf hat, ob die Adressaten tatsächlich zum Handeln motiviert werden können. Die Umweltbedingungen (»The Power of Context«) eines Adressanten beeinflussen als dritter Faktor die Ausbreitung von sozialen Epidemien. Beide Faktoren wurden bzw. werden an anderen Stellen diskutiert.

Aus dem Gesetz der Wenigen lassen sich hinsichtlich der Einbindung interner und externer Stakeholder für Innovationsprojekte folgende Leitsätze formulieren:

- Klasse vor Masse.
- Qualifikation vor Titel oder Image.
- Keine Notlösung, nur Teammitglieder, die wirklich zentrale Beiträge liefern!
- Aktive Denker, keine passive Ignoranten.
- Mix aus Träumer, Kritiker und Realisten.
- Keine »Lehrlinge«, sondern »Macher«.

Starten wir mit der Aussage »Klasse vor Masse«. Während man früher oft noch Projektteams mit 10 oder viel mehr Teilnehmern vorfand, arbeiten moderne Teams gerne mit einer Anzahl von maximal 5 bis 7 Teilnehmern. Kleine, interdisziplinäre Teams kommen einfacher und schneller zu Ergebnissen, als wenn zu viele Personen involviert sind. Ganz nach dem Motto »viele Köche verderben den Brei« geht es um die Auswahl der wenigen, zentralen Projektteilnehmer. Die weiteren, projektrelevanten Stakeholder werden von Fall zu Fall, beispielsweise über kollaborative Software-/Online-Arbeitsumgebungen oder über monatliche Reviews eingebunden.

Beispiel: Einbindung der Stakeholder in Scrum-Projekten
Scrum fordert dazu auf, dass alle 30 Tage ein sog. Sprint Review stattfinden soll. Zu dem Sprint wird der große Kreis aller projektrelevanten Stakeholder (Kunden, Anwender und Management) eingeladen. Das Meeting soll nicht länger als zwei Stunden dauern und über die Arbeit der letzten 30 Tage, die Ergebnisse und die nächsten Schritte berichten. Zwischen diesen 30 Tagen kann das eigentliche, viel kleinere Innovationsteam autonom an seinem Projekt arbeiten und wird nicht von äußeren Faktoren (neue Wünsche bzw. Kritiken von Stakeholdern) gestört.

Zur Auswahl der (geeigneten) Stakeholder für die Einbeziehung in ein Innovationsprojekt dient das Stakeholder Rating, wobei für die Bewertung zweckmäßigerweise ein Rating zum Einsatz kommt (► Abb. 78).

Je nach dem Risikopotential aus einem Stakeholder oder einer Stakeholdergruppe sowie dem jeweiligen Nutzenpotential, werden die Teilnehmer von Innovationsprojekten gemäß der Bewertungsmatrix eingestuft. Mindestens die Stakeholder aus dem rechten, oberen Matrixfeld sind in der Folge als aktive Stakeholder im Innovationsprozess laufend zu informieren oder sogar aktiv in die Projektarbeit einzubinden.

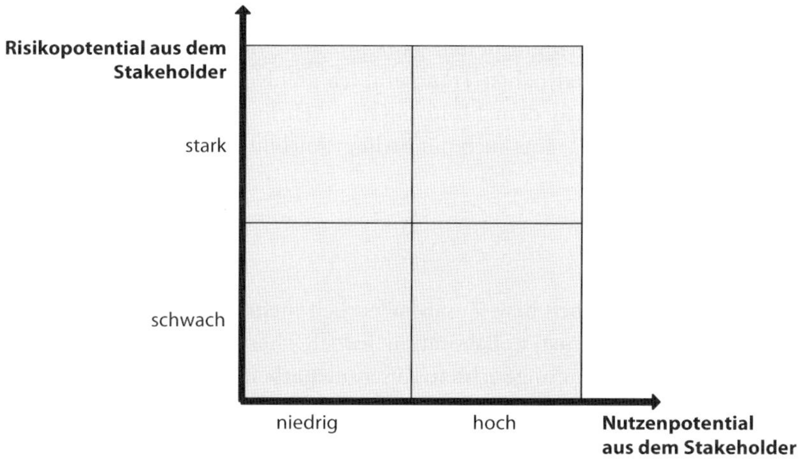

Abb. 78: Matrix für das Stakeholder Rating

In dem kleinen Innovationsteam sind die Mitglieder aufgrund ihrer Qualifikation, Ideen, Erfahrungen und Kompetenzen einzubinden, und nicht wegen ihren Titeln oder ihrer Zugehörigkeit zur Managementebene. Das Motto von Innovationen ist »Nutzen«. Dies gilt auch für jedes Mitglied in einem Innovationsteam: Welchen Nutzen bietet er/sie dem Team und dem ganzen Projektverlauf? Brauchen wir dieses Teammitglied wirklich, oder ist ein anderer besser geeignet? Hat diese Person überhaupt Zeit und Lust, an dem gemeinsamen Projekt mitzuwirken, oder ist eine andere Person verfügbarer bzw. motivierter? Kein Teilnehmer als Notlösung: Weder aus politischen, fachlichen oder emotionalen Gründen sollte man Teilnehmer akzeptieren, die keinen zentralen Beitrag (inhaltlicher oder zeitlicher Natur) liefern.

Hinweis: Schweine und Hühner

Die Scrum-Methodik nennt die direkt am Innovationsprozess beteiligten Personen »Pigs« (Schweine) und Außenstehende »Chickens« (Hühner). Diese Begriffe gehen auf einen englischen Witz zurück, welcher im Original wie folgt lautet:

»A chicken and a pig were brainstorming...

Chicken: Let's start a restaurant!
Pig: What would we call it?
Chicken: Ham ›n‹ Eggs!
Pig: No thanks. I'd be committed, but you'd only be involved!«

Mit anderen Worten: All jene Teammitglieder, die mit ihrer Teamzugehörigkeit Verantwortung und Risiko übernehmen, sind »committed«. Srum bezeichnet diese als »Pigs«. All die Personen, die zwar gern mitreden, kritisieren und am möglichen Erfolg partizipieren wollen, ansonsten aber eher unbeteiligt den eigentlichen Machern bei der Arbeit zusehen, bezeichnet man in Scrum »Chickens«. Sie wollen gern »involved« sein, aber ohne Verantwortung zu übernehmen.

Vom persönlichen Charakter benötigen Innovationsteams aktiver Denker und keine passive Ignoranten, sondern am besten ganz im Sinne der Walt Disney Kreativitätstechnik einen Mix aus praxisnahen Träumern, teamfähigen Kritiker und umsetzungsorientierten Realisten. Nach dem Motto »Keine Lehrlinge, sondern »Macher«, sind Innovationsprojekte und -Teams auch nur bedingt Ausbildungsplätze für unerfahrenere Teammitglieder.

Agile Teamstrukturen

Collaboration heißt Mitarbeit bzw. Zusammenarbeit mehrerer Personen oder Gruppen von Personen. Historisch ist Collaboration jedoch eher negativ als eine gegen die Interessen des eigenen Landes gerichtete Zusammenarbeit mit dem Kriegsgegner bzw. einer Besatzungsmacht definiert. Aber in englischsprachigen Lexika findet zusätzlich den Verweis auf »to work jointly with others or together especially in an intellectual endeavor«.

Damit die Zusammenarbeit in Innovationsprojekten fruchtet, bedarf es Techniken, Regeln und Verfahren für die Zusammenarbeit in Teams. Diese Regeln dürfen aber nicht die Kreativität der Akteure behindern. So hat sich in den letzten Jahren vermehrt eine »agile« Systematik des Innovationsmanagements herausgebildet, in welchem die Teammitglieder ihre Zusammenarbeit in einem abgesteckten Rahmen vorwiegend selbst organisieren. Das Führungskräfte dieser Teams bzw. der beteiligten Personen stellen die notwendigen Ressourcen bereit, inspirieren, fördern durch regelmäßige Impulse und überwachen die wichtigsten Meilensteine. Die eigentliche Projektarbeit aber überlassen die Führungskräfte den Projektbeteiligten als Experten.

Beispiel: Gute Mitarbeiter treffen bessere Entscheidungen
Wer sollte in einem Unternehmen welche Sachverhalte entscheiden? Bei Spotify, dem größten Musik-Streaming-Dienst der Welt, sehen sie es so: Ein guter Mitarbeiter trifft in 70 Prozent aller Fälle dieselben Entscheidungen wie sein Chef. In 20 Prozent fällt er bessere Entscheidungen, weil er von der Sache mehr Ahnung hat. Und in 10 Prozent liegt er daneben. Geprägt hat diese Glaubenssätze Daniel Ek, Gründer und Vorstandsvorsitzender von Spotify. Seine Botschaft ist klar: Nicht fragen, machen. Die richtig guten und innovativen Schritte, die ein Start-up voranbringen, bleiben sonst aus (Brand Eins, 03/2015, S. 88 ff.).

Collaboration im Rahmen agiler Strukturen heißt somit, Verantwortlichkeiten sukzessive vom Vorgesetzten weg hin zu den Projektmitgliedern zu verlagern, so dass Entscheidungen nicht mehr über mehrere Hierarchieebenen hinweg getroffen werden müssen und Ergebnisse rascher sichtbar sind.

Hinweis: Holacracy
Überträgt man die Ideen des agilen Projektmanagements mit seinen Rollen und flexiblen Teamstrukturen auf die gesamte Unternehmensorganisation, dann entstehen flexible Netzwerke mit dezentralen Entscheidungsstrukturen. Brain J. Robertson formulierte mit seinem Buch »Holacracy« von 2015 eine derartige, agile Organisationsform (Robertson B.J., 2015). Bei ihr bestimmen nicht Linienfunktionen und Personen eine Organisation, sondern Rollen die sich an konkreten Aufgaben orientierten. Die Rollen haben festgelegte Verantwortlichkeiten und ggfs. Befugnisse über materielle Ressourcen. Zusammengehörende Rollen bilden ein Team bzw. einen sog. Kreis. Die Teams organisieren sich, ihre Strukturen und Verantwortlichkeiten weitestgehend selbst. Ein Teammitglied kann mehrere Rollen gleichzeitig ausfüllen bzw. wieder abgeben, anstatt in starren Jobbeschreibungen gefangen zu sein.

Vier Leitlinien bestimmen die Holacracy (aus dem altgriechischen όλός, holos, vollständig, ganz und κρατία, kratía, dt. -kratie, Herrschaft): (1) die Trennung von Steuerungs- und operativen Treffen (also eine Trennung von Entscheidungen und Tagesgeschäft), (2) eine sog. doppelte Verbindung (d. h. sowohl eine direkte Teilnahme eines Teamvertreters in dem nächsthöheren sowie in den unteren Kreisen, mit denen man in enger Verbindung steht), (3) die gemeinsame und präzise Klärung der Zuständigkeiten und Rollen sowie (4) eine dynamische Steuerung, bei der nicht optimale Entscheidungen gesucht werden, sondern brauchbare und korrigierbare Wege.

Die Verlagerung von Entscheidungen betrifft bei agilen, autonomen Teamstrukturen auch die Frage, welche Person wann, wo, mit wem und wie intensiv an welchem Teilprojekt arbeiten soll. Gerade agile Teamstrukturen erlauben es, Stakeholder zu unterschiedliche Zeiten verschiedenartig in Innovationsprojekte einzubinden. Im Gegensatz zu früher können im agilen Projektmanagement die Teamstrukturen variieren.

Hinweis: Vertikale und horizontale Skalierung von Innovationsteams

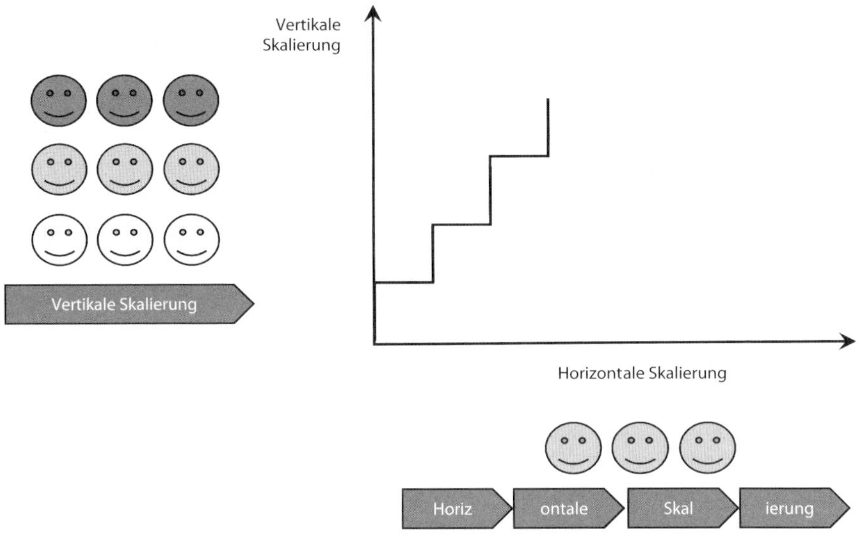

Abb. 79: Vertikale und horizontale Skalierung

Eine vertikale Skalierung von Innovationsteams liegt vor, wenn mehrere Teams verschiedene Anteile an einer Wertschöpfungskette verantworten. Bei einer horizontalen Skalierung verantwortet ein Team große Teile der bzw. die ganze Wertschöpfungskette des Innovationsprojektes.

Innovationsprojekte können also in unterschiedliche Teile differenziert werden, deren Abarbeitung dann an verschiedene Teams übertragen wird (vertikale Skalierung). Je nach Projektauftrag ist auch denkbar, dass ein einziges Team das gesamte Innovationsprojekt verantwortet, also von der Konzeption, Entwicklung bis zur Markteinführung oder sogar späteren Betrieb (horizontale Skalierung).

Ob es sinnvoll ist, alle Mitarbeiter in agilen Teams arbeiten zu lassen und ob diese Teams jeweils die komplette Wertschöpfungskette verantworten sollten, hängt vom Unternehmen, vom Projekt bzw. der Aufgabe und den teilnehmenden Personen ab. Denn nicht alle Aufgaben eines Unternehmens benötigen Agilität. Leistungsprozesse, die standardisiert stattfinden und in denen Lernen keine große Rolle spielt, profitieren von Agilität viel weniger als die Bereiche, in denen Lernen unumgänglich ist.

Gleichzeitig sind nicht alle Menschen für agile Teamstrukturen geeignet. Das Reifegradmodell (► Kap. 1.1.2.5) verdeutlicht, dass nicht jeder Mitarbeiter bereit ist, für das Unternehmen oder nur für ein Projekt Verantwortung zu übernehmen. Mitarbeiter eines niedrigeren Reifegrades benötigen langfristige Strukturen und klare Hierarchien mit disziplinarischen Vorgesetzte. Sie sind vielleicht kreative Ideengeber oder einfach nur sehr gute Fachleute und Umsetzer, bevorzugen jedoch klare Anweisungen bzw. Erklärungen für Entscheidungen.

So schön der Gedanke an Agilität und agile Teamstrukturen im Rahmen eines kollaborativen Innovations- und Veränderungsmanagements ist, so existieren neben dem persönlichen Reifegrad eines Mitarbeiters weitere Risiken bei agilen Strukturen. Die Dezentralisierung und Enthierarchisierung der Organisation kann bei den Betroffenen (Projekt-)Mitarbeitern zu Problemen der Politisierung, Komplexität, Identität und Haftung führen (Kühl S., 1998).

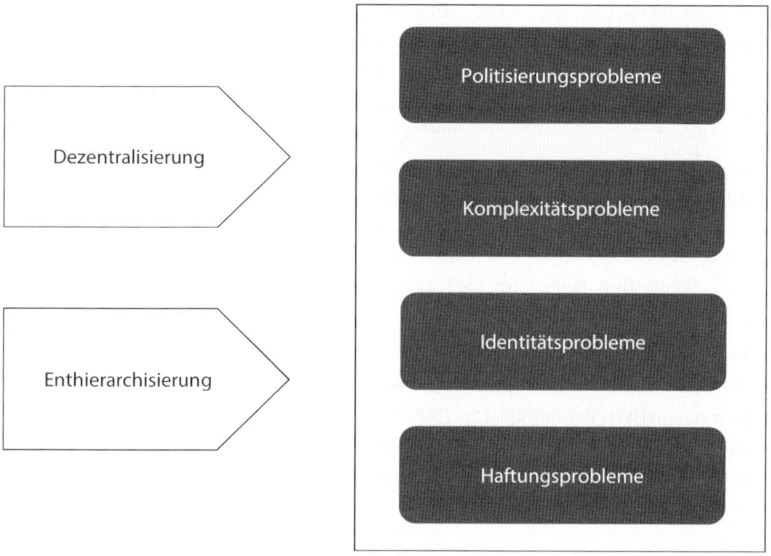

Abb. 80: Risiken agiler Strukturen

Agilen Teams droht die Gefahr von anhaltenden Diskussion zur Konsens- und Entscheidungsfindung und das Entstehen von Fraktionen (Politisierungsprobleme). Im schlimmsten Fall kommt es zu Kämpfen zwischen den Fraktionen, zur Akzeptanz des niedrigsten gemeinsamen Nenners oder gar zur Blockade des Projektes. Fehlende, zentrale Führung und Hierarchien können des Weiteren die Komplexität in einem Projekt und Team erhöhen oder bei Mitarbeitern mit niedrigeren Reifegrad zu Identitätsproblemen führen, obwohl gerade die Reduktion von Komplexität sowie eine gesteigerte Einbindung und Identifikation der Betroffenen das Ziel agiler Strukturen ist. Schlussendlich kann die Dezentralisierung und Enthierarchisierung zu Haftungsproblemen im Sinne der Organhaftung von Geschäftsführern und Vorständen führen, wenn sich niemand mehr für ein Projekt verantwortlich fühlt. Doch auch hier sucht die Agilität das Gegenteil, indem sich die Mitglieder von Innovationsprojekten als die Verantwortlichen sehen und fühlen.

2.2.1.2 Continuity

Unter dem zweiten Begriff des 4C-Modells, der Kontinuität, sammeln sich die Aspekte der Nachhaltigkeit von Unternehmens- und Projektvision, Strategien und Strukturen. Kontinuität beinhaltet gleichzeitig die Bereitschaft einer laufenden, gesunden Prüfung und Verbesserung der eigenen Leistungsfähigkeit, des Leistungsangebots und der Leistungserbringung.

Wichtig: Stabilität und Weiterentwicklung
Die hier beschriebene Kontinuität ermöglicht es im Innovationsteam sowohl die Stabilität zu erhalten als auch die inhaltlich-sachliche Weiterentwicklung zu gewährleisten. Eine Unternehmenskultur mit stabilen Werten und Gepflogenheiten ermöglicht es, sich immer wieder konstruktiv zu hinterfragen ohne sich in generell »Frage zu stellen«.

Stabilität

Im Rahmen der Innovationsfreiräume wurde bereits über die Bedeutung von Visionen und Strategien berichtet (▸ Kap. 1.2.3). Daher sei an dieser Stelle nochmals erwähnt, wie wichtig es ist, dass Visionen und Strategien nachhaltig wirksam sind. Organisationen, die ihre Mitarbeiter ständig mit neuen Strategien und Visionen konfrontieren, verlieren an Glaubwürdigkeit und Überzeugungskraft. Die hiervon betroffenen Mitarbeiter wechseln in den Leitsatz »Job nach Vorschrift« bzw. »Lass die da oben mal machen, wir arbeiten erst einmal so weiter wie bisher«. Von solchen Organisationen kann man maximal Verbesserungen, aber kaum disruptive Innovationen erwarten.

Fehlende Stabilität bei den Grundsätzen eines Unternehmens, wie eben Vision, Strategie aber auch Unternehmenskultur, erhöhen die emotionalen Barrieren und resultieren gar in existentiellen Ängsten der Betroffenen. Dies führt nicht nur zu Innovationsbarrieren, sondern in mehreren Konsequenzen zu einer Reduktion der Wettbewerbsfähigkeit: Erstens zu Erkrankungen und Ausfällen der betroffenen Mitarbeiter und zweitens zu einem Verlust der Rentabilität.

Während aber das Phänomen der Angst von der Psychologie, Soziologie, Philosophie und auch von der Medizin bereits seit langem intensiv erforscht wird, interessieren sich die Wirtschaftswissenschaften erst seit wenigen Jahrzehnten dafür: Winfried Panse und Wolfgang Stegmann formulierten 1996 vier Kostenblöcke und korrespondierende Kostenhöhen, die aus der Angst resultieren. Dabei untersuchten sie die angstbedingten Fehlzeiten der Mitarbeiter, die angstverursachten, betrieblichen Aktivitäten (wie z. B. dem Einkauf von Versicherungen, externer Berater oder der inneren Kündigung), den angstbedingten Konsum von Alkohol und Medikamenten und die Effekte des Mobbings. Diese vier Kostenblöcke summieren sich alleine für Deutschland auf geschätzt 91,5 Mrd. Euro (Panse W., Stegmann W., 2001, S. 175 f.).

Die Studie von Panse und Stegmann konzentrierte sich mit ihren vielen Schätzwerten auf die volkswirtschaftlichen Konsequenzen und weniger auf die betriebswirtschaftlichen Auswirkungen. Diese sind mindestens genauso wichtig, um auch Manager und Unternehmer von der hohen Bedeutung der Angst zu sensibilisieren. Nur wenn sie direkt sehen, was die Angst ihrer Mitarbeiter sie selbst kostet, ist eine Umkehr in der oft angstgesteuerten Unternehmensführung zu erhoffen. Aus diesem Grunde unterstützte 2003 der Fachbereich für Innovations- und Technologiepolitik der Vereinigten Dienstleistungsgewerkschaft (Ver.di) den Autor bei der Analyse der ökonomischen Kosten der Angst der Mitarbeiter für Unternehmen. Unter dem Motto »Preis der Angst« wurde damals erstmalig nach einer einheitlichen Messmethode (»Angstindex«) der ökonomische Faktor »Angst im Unternehmen« gemessen. Der errechnete Angstindex ermöglichte eine neue Transparenz und Vergleichbarkeit zwischen Organisationseinheiten und Firmen. Er unterstützte die Identifikation und Extrahierung erprobter Lösungen (sog. »Best Practices«) und Entwicklung konkreter Maßnahmen für die Personal- und Organisationsentwicklung. Das Besondere des Angstindex' ist die Kombination klassischer Messmethoden für Ängste mit Controlling-Kennzahlen der Betriebswirtschaftslehre. Erste Forschungsergebnisse bestätigten damals die These, dass ein gewisses Maß an Angst noch motivierend wirken kann, eine Überschreitung jedoch die Mitarbeitermotivation und die Innovationsfähigkeit der Unternehmen hemmt. Denn mit ansteigender Angst nimmt die Leistungsfähig und Leistungsbereitschaft der Beschäftigten ab. Es folgen Einbußen der Produktivität und für die Betriebe eine geringere Wirtschaftlichkeit und gesunkene Rentabilität.

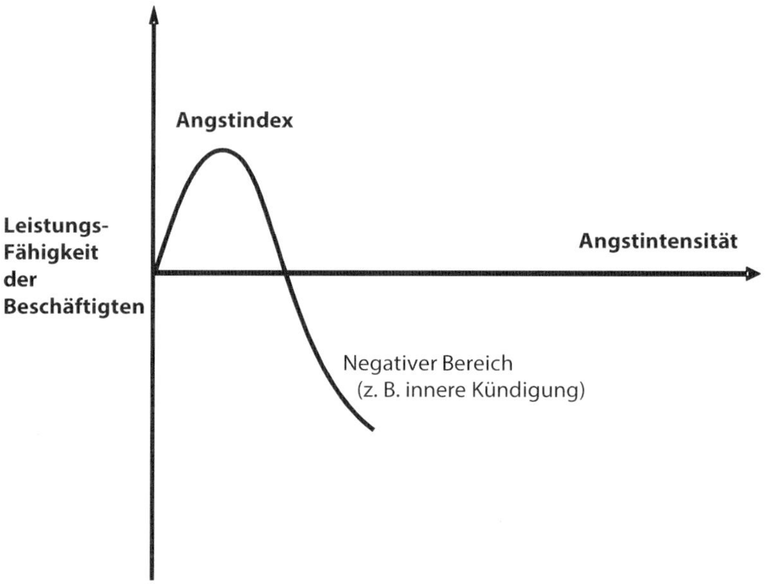

Abb. 81: Preis der Angst

Laufende Weiterentwicklung

Ein Mantra des Innovationsmanagements bezeichnet Stillstand als den Verlust der Wettbewerbsfähigkeit. Ganz nach dem Motto »Schlechter geht immer, zehn Prozent besser aber auch« sind es gerade die kleinen Schritte, mit denen man vorhandene Leistungen kontinuierlich verbessern kann. Die akademische Lehre bezeichnet die laufende Weiterentwicklung und kontinuierlichen Verbesserungen als »inkrementelle« Innovationen oder ergänzend als »erhaltende« (sustaining) Innovationen (► Kap. 1.1.2.1).

Ihnen gemeinsam ist es, die eigene Marktposition dank kontinuierlichen Weiterentwicklungen zu erhalten, die meist klaren Regeln, Prozessen und Verantwortungen unterliegen. Ein ganzes Managementmodell hat sich aus diesem Denkansatz entwickelt, welches sich in Deutschland unter dem Namen »Kontinuierlicher Verbesserungsprozess« (kurz: KVP) bzw. in Japan als »Kaizen« etabliert hat (► Kap. 1.1.2.1).

Bekannt wurde der Begriff »Kaizen« in der westlichen Welt durch Imai Masaaki's gleichnamige Publikation von 1986. Ein zentraler Schlüssel der japanischen Industrie im globalen Wettbewerb sei laut Imai Masaaki das Verantwortungsbewusstsein vieler japanischer Beschäftigten, die es als ihre Pflicht sehen, ihre Produkte und Prozesse kontinuierlich zu verbessern.

Betroffen sind von dem permanenten und systematischen Verbesserungsstreben grundsätzlich alle Arbeits- und Erfahrungsbereiche sämtlicher Beschäftigten. Hierdurch realisiert Kaizen sowohl kostensenkende als auch qualitäts- und flexibilisierungssteigernde Vorteile. Konkreter Ausdruck hierfür sind geringere Fehler-, Ausschuss- und Nacharbeitsquoten, eine Reduzierung von Reklamationen, ein geringerer Anteil an Sonderverkäufen und geringere technische Änderungen.

Für die innovationsorientierten Führungskräfte bringt KVP die Chance, dass sich die Mitarbeiter ohne weitere Managementimpulse regelmäßig und selbständig Gedanken über Abläufe und Leistungen machen und Verbesserungspotentiale identifizieren. Die Kultur des kontinuierlichen Verbesserns reduziert die emotionalen Barrieren gegen Innovationen und Veränderungen. Sie öffnet sogar die Chancen für disruptive Innovationen.

2.2.1.3 Consequence

Das dritte »C« steht für Konsequenz und damit für eine konsequente Ausrichtung der Unternehmensstrategie und all davon abgeleiteten Maßnahmen auf die Förderung der Nutzen- und/oder Kostenführerschaft. Umgesetzte Ideen heißen nur dann Innovationen, wenn sie am Ende einen Nutzen für die Organisation aber auch für die internen bzw. externen Kunden liefern. Dies gilt es konsequent in der Unternehmens- und Projektstrategie sowie in den Zielen für alle Beteiligte einzubinden. Konsequent sind zudem die Innovationsschritte in realisierbare Einzelmaßnahmen aufzugliedern, die nicht nur kurzfristige Erfolge ermöglichen, sondern auch in einem iterativen Prozess überprüft und verbessert werden können.

Fokussierung Kosten-/Nutzenführer

Innovationen dienen dazu, die Wettbewerbsfähigkeit eines Unternehmens zu erhalten, indem entweder die Kosten- oder Marktführerschaft – oder im Idealfall beides – angestrebt wird (► Kap. 1.1.1). Somit ist die Konzentration auf dieses Ziel ein wesentlicher Erfolgsfaktor für das Innovationsmanagement und die Umsetzung von Veränderungen.

Konzentration (lateinisch für »zusammen zum Mittelpunkt«) ist die bewusste Ausrichtung der Aufmerksamkeit auf eine bestimmte Tätigkeit, das Erreichen eines kurzfristig erreichbaren Ziels oder das Lösen einer gestellten Aufgabe. Einige Fragen erlauben die Überprüfung, ob eine solche Konzentration in der Organisation implementiert ist:

- Ist die Vision einer Kosten- / Nutzenführerschaft vorhanden und besitzt sie im Tagesgeschäft überhaupt Relevanz?
- Sind alle unternehmerischen Maßnahmen wie auch Innovationsprozesse auf die Strategie der Kosten-/Nutzenführerschaft ausgerichtet?
- Ist die Organisation oder Organisationseinheit aktuell ein Kosten-/Nutzenführer? Gefährdet ein Wettbewerber diese Position? Welche Möglichkeiten hat die Organisation, um noch länger Kosten-/Nutzenführer zu bleiben?
- Werden alle Investitionen – im Sinne der vier Ebenen der Innovation Scorecard – auf die Sicherung bzw. Steigerung der Wettbewerbsfähigkeit konsequent geprüft und implementiert?

Wichtig: Fundament für Stabilität
Die nachhaltige Konzentration auf die Kosten-/Nutzenführerschaft bildet das Fundament für die langfristige Wettbewerbsfähigkeit von Unternehmen und somit für die Stabilität der Arbeitsplätze. Diese Kontinuität einer erfolgreichen Strategie schafft Vertrauen bei den Mitarbeitern. Gleichzeitig resultiert eine anhaltende Kosten-/Nutzenführerschaft nur dank Innovationen mit den dadurch verbundenen Veränderungen. Dieser Zusammenhang ist allen Betroffenen zu kommunizieren und vorzuleben.

Konzentration auf Kernkompetenzen

Ergänzend zu einer Vision und Strategie der Kosten-/Nutzenführerschaft, resultiert die Stabilität aus der Konzentration auf Kernkompetenzen. So die Mehrzahl der Mitarbeiter eine Veränderung bei der strategischen Ausrichtung ihrer Organisation wollen, so eng fühlen sie sich auch mit den Kernkompetenzen ihres Bereichs verbunden. Oder anders ausgedrückt: Je mehr sich ein Unternehmen von seinen Kernkompetenzen entfernt, ohne seine Mitarbeiter entsprechend einzubinden, desto mehr verlieren diese den Glauben an das eigene Unternehmen und damit die Bereitschaft zu Veränderung, Anpassung und Innovationen.

Die Kernkompetenzen spielen bereits bei der Wahl des Arbeitgebers eine große Rolle. Neben einem attraktiven Gehalt und Zusatzleistungen, ansprechenden Weiterbildungsangeboten und einer Work-Life Balance, sind es vorwiegend Gründe rund um das Image und die Kernkompetenz, die für einen Arbeitgeber sprechen oder nicht. Die Kernkompetenz findet sich dann in Aspekten wie einem attraktiven Geschäftsfeld, Internationalität, erfolgreicher Leistungsbilanz, hoher Qualität und Innovationskraft und einem guten Ruf.

Eine Kernkompetenz ist die Fähigkeit in etwas besser als die Konkurrenz zu sein und dadurch einen (im Regelfall vorübergehenden) Wettbewerbsvorteil zu erlangen. Bereits 1986 formulierte Jay Barney mit seiner sog. VRIN-Methode vier Charakteristika von Kernkompetenzen, nach denen diese identifiziert werden können (Barney, J.B., 1986): Demnach bieten Kernkompetenzen einen Mehrwert/Nutzen (Value), zeichnen sich durch Seltenheit (Rarity) und Unnachahmbarkeit (Imitability) sowie die geringe Gefahr von Substitutionen/Ersatz (Non-Substitutability).

Im Jahr 1990 publizierten die beiden Professoren Prahalad und einen Aufsatz mit dem Titel »The core competence of the corporation« und entwickelten darin das Konzept der Kernkompetenzen (Prahalad C.K., Hamel G, 1990, S. 79 ff.). Drei Tests schlugen sie zur Identifikation von Kernkompetenzen vor: (1) Welche unternehmensweiten Kompetenzen haben einen Zugang zu einer Vielzahl von Märkten? (2) Welche Kompetenzen haben einen wesentlichen Beitrag zum wahrgenommenen Kundennutzen? (3) Welche Kompetenzen können vom Wettbewerb nur schwierig kopiert werden?

Wichtig: Kernkompetenzen, Innovationen und Stabilität
Kernkompetenzen resultieren aus Innovationen und bilden das Fundament für zukünftige Innovationen. Gleichzeitig bieten Kernkompetenzen Mitarbeitern emotionalen Halt und Stabilität in einer von Veränderungen geprägten Zeit.

In Workshops hat sich folgende Vorgehensweise des Kompetenz Mappings zur Identifikation und Entwicklung von Kernkompetenzen bewährt. In vier Stufen werden dabei vorhandene Kompetenzen im Hinblick auf ihren strategischen Beitrag zur Wettbewerbsfähigkeit überprüft.

Gestartet wird beim Kompetenz-Mapping mit einer Auflistung aller Kompetenzen einer Organisation, am besten gegliedert nach Fähigkeiten, Wissen, Erfahrungen, Produkten, Kunden und Referenzen. Diese werden im zweiten Schritt anhand verschiedener Faktoren bewertet, wie u. a. nach der Nutzungshäufigkeit, Stärke, Verfügbarkeit, Mitarbeiterabhängigkeit, Imitierbarkeit und der Gefahr eines möglichen Transfers sowie einer Substitution. Erst dann wird die strategische Bedeutung der jeweiligen Kompetenz anhand der Kriterien Nutzenvorteil, Kostenvorteil, allgemein herausragende Position oder gar Lücken (sog. weiße Flecken) definiert. Nur die Kompetenzen mit einer aktiven Bedeutung für die Generierung von Nutzen- und/oder Kostenvorteilen gelten daraufhin als Kernkompetenzen einer Organisationseinheit. Der vierte Schritt endet mit einem Maßnahmenkatalog, der Kernkompetenzen zukünftige Aktivitäten zuordnet, wie beispielsweise die Übertragung einer Kompetenz auf weitere Produkte oder Dienstleistungen, die Weiterentwicklung einer Kernkompetenz oder die Absicherung durch Patente, Markenschutz etc.

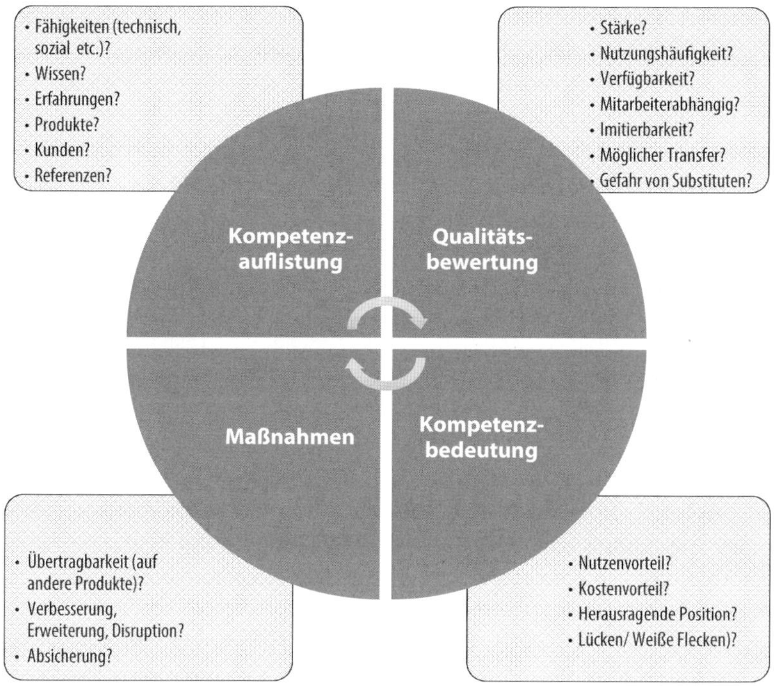

Abb. 82: Kompetenz-Mapping

> **Wichtig: Kontinuierliche Entwicklung der Kernkompetenzen**
> Kernkompetenzen entwickeln sich genauso wie das Unternehmen selbst mit seinen Produkten (Produktinnovation), Prozessen (Prozessinnovation), Märkten (Marktinnovation), Geschäftsmodellen (Geschäftsmodellinnovation) und der Organisation (Organisationsinnovation). Aber die Entwicklung der Kernkompetenzen findet eher in Form von Verbesserungen und Erweiterungen statt und weniger über Disruptionen.

Gelebte Spielregeln

Konsequenz bedeutet nicht nur eine nachhaltige Ausrichtung als Kosten-/ Nutzenführer basierend auf den eigenen Kernkompetenzen, sondern auch ein konsequentes Projektmanagement mit gelebten Spielregeln. Denn die Umsetzung von Ideen zu erfolgreichen Innovationen ist ein Projekt und will wie ein Projekt gemanagt werden! Wer also denkt, Ideen ließen sich schnell in Innovationen umsetzen, hat sich geirrt. Schon Peter Drucker sagte, dass Innovationen methodisch erarbeitet werden müssen. Die Umsetzung im Rahmen eines strukturierten und überwachten Projektmanagements ist dabei wie gezeigt einer der zentralen Erfolgsfaktoren.

Die entsprechenden Regeln und Techniken, die sich aus dem gewählten Projektmanagementansatz ergeben (▸ Kap. 1.1.2.5), sind am besten gleich am Anfang eines Projektes zwischen allen Projektteilnehmern zu vereinbaren, da es zu dem frühen Zeitpunkt wesentlich einfacher ist, sich auf gemeinsame Spielregeln zu einigen.

Zu den Spielregeln zählen die in Abbildung 83 dargestellten Parameter, die im Wesentlichen mit den zentralen Führungsaufgaben des Projektmanagements deckungsgleich sind (DIN 69901-5:2009-01).

Integration aller Beteiligten	Einhaltung des Zeitrahmens	Lieferung von Ergebnissen
Aufgaben der Teammitglieder	Einhaltung des Budgets	Feedback-Schleifen
Dokumentation Projektfortschritt	Kommunikations-Regeln	Deeskalations-Regeln

Abb. 83: Spielregeln für Innovationsprojekte

Die erste Spielregel »Integration aller Beteiligten« war das zentrale Thema des vorhergegangenen Abschnittes. Die zweite Spielregel »Einhaltung des Zeitrahmens« wird im nächsten Abschnitt nicht nur ausführlicher besprochen, sondern um die Forderung nach schnellen Erfolgen ergänzt.

Innovationsprojekte haben die Entwicklung und Umsetzung von innovativen Produkten, Prozessen, Märkten, Geschäftsmodellen bzw. Organisationen zum generellen Ziel. Im Rahmen eines sog. Scope Managements werden die konkreten Projektziele und Anforderungen konkretisiert und visualisiert. Das Scope Management als Teil des Projektmanagements plant und verifiziert alle Arbeitsschritte nach Inhalt und Umfang und verantwortet, dass keine unnötigen Aufgaben durchgeführt werden. Es orientiert sich dabei an der User Story (▸ Kap. 1.1.2.1) mit den Fragen, für wen (externer/interner Kunde), was (Funktion) warum (Grund) und wie zu erstellen ist. Dabei gilt es nicht nur, die »richtigen Ziele« zu definieren, sondern auch diese Ziele »richtig« zu definieren!

Die zentralen Erkenntnisse des Scope Managements werden in Anforderungskatalogen (▸ Kap. 1.3.4) festgehalten. Die agile Methode SCRUM verwendet dazu den schon erwähnten Product Backlog, in welchem alle Anforderungen (Requirements) an ein Innovationsprojekt aufgelistet, kontinuierlich gepflegt, erweitert und priorisiert wird. Die einzelnen Arbeitspakete heißen in dieser Methodik Increments und werden nur zu den offiziellen Sitzungen aller relevanten Stakeholder offen diskutiert und modifiziert.

Hinweis: Stufenweise Konkretisierung der Anforderungen

Während im klassischen Projektmanagement (wie dem Wasserfall- oder Stage-Gate Modell) die Projektziele und Anforderungen ganz am Anfang in ausführlichen Lasten- und Pflichtenheften fixiert wurden, arbeitet das Scope Management in agilen Projekten iterativ in unterschiedlichen Feedback-Schleifen. Dies erhöht zwar zunächst die Komplexität des Projektes, erhöht aber bei richtiger Anwendung die Erfolgsquote des Innovationsprozesses und reduziert die Prozesszeiten und -kosten (Time-to-Market).

Die gelebten Spielregeln umfassen ferner die effiziente und effektive Verteilung der (Teil-) Aufgaben aus dem Anforderungskatalog auf die verschiedenen Teammitglieder. Im Sinne des Gesetzes der Wenigen ist bei der Einteilung darauf zu achten, dass die fachliche Qualifikation und die zeitliche Verfügbarkeit vor Titel, Hierarchie oder Image zählt. Projektarbeit ist zwar sicherlich auch Bestandteil der eigenen Weitentwicklung, aber dennoch sollten – je nach Projektbedeutung – keine »Lehrlinge« wichtige Aufgaben im Projektteam übernehmen, sondern vorwiegend »Macher«.

Innovationen dienen zur Erlangung bzw. dem Ausbau der Kosten-/Nutzenführerschaft und die Beachtung der Kosten sind bei beiden Strategien wichtig. In dem Sinne ist auch die Einhaltung des (Projekt-)Budgets ein bedeutender Bestandteil der gelebten Spielregeln. Eine Projektkostenrechnung mit projektbezogenen Kostenstellen und Kostenträgern erfasst den Kostenverlauf. Im Falle von Kostenabweichungen sind gegebenenfalls Gegenmaßnahmen (z. B. Einleitung von Sparmaßnahmen, Korrektur der Projektziele oder Budgetplanung) einzuleiten.

Das Herzstück des agilen Projektmanagements ist die sog. Bauen-Testen-Lernen-Feedback-Schleife. Da externe und interne Kunden mit Prototypen bzw. (Zwischen-) Produkten interagieren, erzeugen sie Rückmeldungen (Feedback) und Daten auf qualitativer (z. B. was gefällt, was nicht) und quantitativer Ebene (z. B. wie viele Menschen würden diese Lösung nutzen?). Alle Prototypen und Produkte sind in dieser Gedankenwelt Experimente, um zu lernen und sich zu verbessern. Die Spielregel der regelmäßigen Feedback-Schleifen beinhaltet nicht nur Rückmeldungen der externen bzw. internen Kunden, sondern auch gegenüber allen Projektmitgliedern. Dies geschieht im Rahmen einer offenen Feedback-Kultur, in der sich die Projektmitglieder untereinander direkt und ehrlich austauschen können.

Die offene Feedback-Kultur korrespondiert mit einer zielgerichteten Information und Einbindung aller Projektbeteiligten und -betroffenen mittels einer sinnvollen Auswahl von Kommunikationsinhalten, -medien, -kanäle und -frequenzen. Ziel der Kommunikationsspielregeln ist das Verhindern der emotionalen Barriere der Unkenntnis als ein Informationsdefizit. Fehlende Informationen über aktuelle Projektmaßnahmen, Ergebnisse, Hindernisse, Hintergründe und Entscheidungen führen bei den Betroffenen mit der Zeit zu Ignoranz, Ablehnung oder sogar Aggressionen. Wie in der Widerstandsmatrix dargelegt, kommt es dann zum aktiven Angriff (z. B. Widerspruch, Streit oder Intrigen) bzw. zur passiven Flucht (z. B. unwichtigem Debattieren, fernbleiben oder innerlich kündigen).

Tipp! Push-Prinzip der Kommunikation
Heute gilt nicht mehr das Pull-Prinzip der Information, so dass sich die Mitglieder eines Innovationsteams selbst ihre Informationen holen müssen, sondern das Push-Prinzip. Bei diesem werden (auch nicht anwesende) Teammitgliedern direkt informiert.

Zur Umsetzung des Push-Prinzips helfen kollaborative Software-Tools, wie Podio, Slack, Trello oder Yammer, aber auch einfache Tools wie LinkedIn und Co. Beispielsweise kann eine Projektsitzung direkt per LinkedIn zusammengefasst und an alle (auch abwesende) Projektteilnehmer gesendet werden. Danach hat jeder 1-2 Tage Zeit, seine Anmerkungen oder Kritiken gegen eine getroffene Entscheidung direkt via LinkedIn abzugeben.

Funktioniert das Push-Prinzip nicht, so müssen sich die Projektteilnehmer von sich aus über Neuigkeiten und Ergebnisse informieren (Pull-Prinzip) und ein eigenes Feedback melden. Dies kostet nicht nur mehr Zeit beim Reagieren, sondern vor allem auch beim Suchen der eigentlichen Information. Im schlimmsten Fall kommen zentrale Informationen gar nicht beim Adressaten an, was erneut zu Zeitverlust, ggf. aber auch zu Missverständnissen, Fehlentscheidungen und unnötigen Kosten führt.

Trotz aller ehrbaren Versuche, mittels Spielregeln, Transparenz und Einbindung der Betroffenen Konflikte zu vermeiden, kommt es in Projekten trotzdem oft zu sachlichen oder emotionalen Auseinandersetzungen. Daher empfiehlt sich bei der Vereinbarung der Spielregeln die Berücksichtigung von Deeskalationsregeln. Deeskalation bedeutet zunächst einmal das Verhindern von Konflikten und sich aufschaukelnden Prozessen (»Teufelskreise«). Es geht um die Vorbereitung präventiver Maßnahmen und Notfallkonzepte, wie beispielsweise ab wann welcher Vertreter einer höheren Hierarchiestufe oder ein neutraler Mediator in einen Konflikt einzubinden ist.

Eine Technik zur Verhinderung späterer Konflikte ist die rechtzeitige und umfassende Dokumentation des Projektfortschritts, also aller Erfahrungen und Ergebnisse, erforderlich. Das Kapitel 1.1.4 listet die unterschiedlichen Enddokumente eines Projektes auf. Als laufende Dokumentationen haben sich Sitzungsprotokolle, Projektstatusbericht, Risikobericht, Finanzbericht und die Fortschreibung des Anforderungskatalogs (Product Backlog) bewiesen. Welche davon wirklich für ein konkretes Projekt notwendig sind, hängt von der Komplexität, Bedeutung und Laufzeit des jeweiligen Projektes ab.

Konsequent kurzfristige Aktionen

Zum Start von Innovationsprojekten sind noch (fast) alle Projektteilnehmer hochmotiviert. Mit dem Projektalltag verliert – auch aufgrund des mitunter stressigen Tagesgeschäfts – ein Projekt an Attraktivität und damit reduziert sich die Bereitschaft, sich selbst aktiv und mit viel Zeit an diesem zu beteiligen. Um dieses Verhalten zu vermeiden, gibt es eine zentrale Lösung: Schnelle Erfolge.

Wichtig: Schnelle Erfolge
In Projekten jeglicher Art gilt das Motto: Menschen benötigen kurzfristige Erfolge. Man darf sie nicht zu lange auf Erfolge warten lassen. Auch wenn es manchmal nur kleine Erfolge sind, jeder Erfolg zählt.

Die Konzentration auf kurzfristige Aktionen korrespondiert mit der Philosophie des agilen Managements. Es ist wichtiger, kurzfristig Erfolge nachzuweisen, als (nach längerer Zeit) das fest definierte Ergebnis zu erreichen. In Anlehnung an Jörg Preußig stellt die folgende Abbildung vereinfacht diesen zentralen Unterschied zwischen dem klassischen und agilen Management von Innovationsprojekten dar (Preußig J., 2015, S. 36). Im agilen Management wird im Falle von Engpässen zuerst der Leistungsumfang verringert, da es wichtiger ist, im vereinbarten Zeitraum nutzbare Lösungen abzuliefern. Demgegenüber erhöht das klassische Projektmanagement eher den Zeitbedarf und verschiebt den Endtermin für einen Meilenstein (Benchmark), damit auf jeden Fall das definierte Leistungsziel erreicht wird.

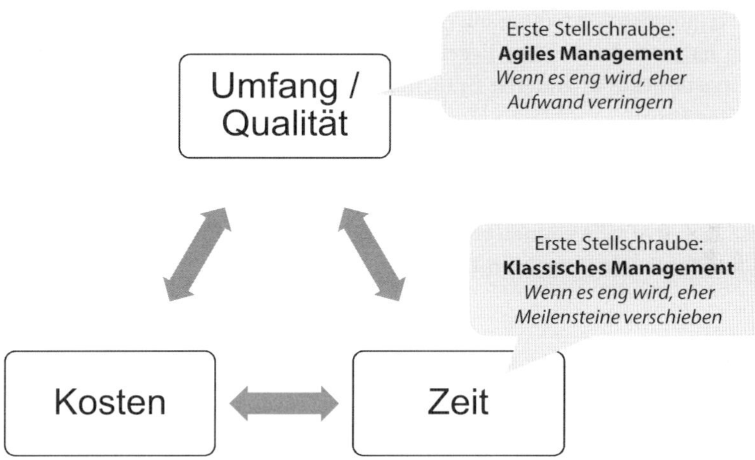

Abb. 84: Stellschrauben des Projektmanagements

Zwei Regeln helfen bei der Realisierung von schnellen Erfolgen: Erstens die Aufgliederung des Gesamtprojektes in kleine abgegrenzte Teilaufgaben mit kurzen Planungshorizonten. Dies geschieht im schon beschriebenen Scope Management und wird im Anforderungskatalog fortlaufend dokumentiert. Zweitens erfolgt ein Abgleich der Teilaufgaben mit realistischen Meilensteinen. Meilensteine dienen dabei als zeitliche Eckpunkte im Projektmanagement, zu denen bestimmte Zwischenergebnisse (Deliverables) oder Zwischenabnahmen (Reviews) stattfinden, Entscheidungen getroffen werden bzw. Projektphasen enden und neue Phasen starten. Erst die Zeitziele der Meilensteine bilden die Basis, dass einzelne Teilaufgaben in kurzen Phasen wirklich realisiert werden.

Wichtig: Zwischenergebnisse als Erfolge
Jedes gute Zwischenprodukt oder -ergebnis stellt einen kurzfristigen Erfolg dar und ist entsprechend zu würden.

Die Scrum-Methodik (▸ Kap. 1.1.4) hat – wie schon gezeigt – alle 30 Tage einen definierten Meilenstein in Form des sog. Sprint Reviews. Dazu werden alle projektrelevanten Stakeholder (Kunden, Anwender und Management) eingeladen, nicht länger als zwei

Stunden über die Arbeit der letzten 30 Tage, die Ergebnisse und die nächsten Schritte zu berichten und Entscheidungen zu treffen. Zwischen diesen 30 Tagen kann das eigentliche Innovationsteam autonom an seinem Projekt arbeiten und wird nicht von äußeren Faktoren (neue Wünsche bzw. Kritiken von Stakeholdern) gestört.

Hinweis: Was heißt kurzfristig?
Ob nun ein Innovationsteam wirklich alle 30 Tage seine aktuellen Projektstatus präsentieren kann und soll, hängt sicherlich vom Unternehmen, von dem Projekt und der regionalen Verteilung aller Stakeholder ab. In Projekten der Softwareentwicklung hat sich die 30 Tage Regel schon weitgehend durchgesetzt, und auch für Innovationsprojekte in anderen Branchen gab es schon viele gute Erfahrungen mit der 30 Tage Regel.

Kurzfristige Aktionen heißt nicht nur, dass der Projektfortschritt kurzfristige Erfolge nachweist. Kurzfristige Aktionen bedeutet ferner, dass jedes Projektmitglied selbst in der Lage ist, kurzfristig einen eigenen Beitrag zu liefern.

2.2.1.4 Commitment

»Commitment« beinhaltet die Übernahme von Verantwortungen, die zeitliche und fachliche Verfügbarkeit aller für den Innovationserfolg nötigen Ressourcen sowie die gelebte, eigene Präsenz der unterschiedlichen Förderer und Promotoren, wie sie später noch beschrieben werden. Ohne Commitment dieser Personen sind Innovationen nicht umsetzbar. Sie engagieren sich, sind zum richtigen Zeitpunkt präsent und leben eine kollaborative, motivierende aber auch konsequente Kommunikation.

Klare Verantwortungen

Zuerst einmal bedeutet Commitment die Übernahme von Verantwortung. Jede an einem Innovationsprozess beteiligte Person sollte sich bewusst sein, dass ihre Rolle nicht nur Freiräume und Chancen bietet, sondern sie mit Pflichten und Verantwortung verbunden ist. Verantwortliche Innovatoren sind sich der Bedeutung ihrer Aktivitäten und Entscheidungen bewusst und handeln entsprechend.

Der Duden definiert Verantwortung als die Verpflichtung aus einer bestimmten Aufgabe oder Stellung, dafür zu sorgen, dass – innerhalb eines bestimmten Rahmens – ein guter Verlauf stattfindet und kein Schaden entsteht. Entsteht dennoch ein Schaden, so übernimmt der hierfür Verantwortliche die Verpflichtung, für das Geschehene einzustehen. Verantwortliche Personen legen gegenüber Organisationen und Stakeholdern für ihr Handeln Rechenschaft ab.

Alle Teammitglieder tragen die Verantwortung, konstruktiv mit ihrem Fachwissen und Ihrer ganzen Einsatzkraft zum Gelingen eines Innovationsprozesses mitzuwirken. Kommt man dieser Verantwortung nicht nach, sollte dies mindestens zu einer offenen

Diskussion, zu einer Ermahnung oder als Ultima ratio zum Verweis aus dem Team führen.

Hinweis: Verantwortung und Haftung
Bei aller Bereitschaft zur kollaborativen Zusammenarbeit benötigt es klare Regeln über die jeweilige Verantwortung für eine Entscheidung. In Zeiten von Compliance, Verbraucherschutz etc. sind die Rechte und Pflichte der Unternehmensleitung (Organhaftung) zu berücksichtigen. Kollaboration steht hier in keinem Widerspruch. Eine Führungskraft kann kollaborativ seine Experten in die von ihm zu verantwortende Entscheidung einbinden. Oder anders formuliert: Wenn er seine Experten nicht offen und transparent einbindet, dann trifft er vielleicht erst recht eine falsche, gefährliche Entscheidung.

In Kapitel 2.2.2 werden die für Innovationsprozesse wichtigen Rollen im Veränderungsmanagement aufgezeigt. Gerade die Personen, die die dort beschriebenen Funktionen/Rollen übernehmen, müssen sich ihrer Aufgaben und Verantwortung bewusst sein, wobei dazu auch die zeitliche Verfügbarkeit gehört.

Verfügbarkeit der Projektbeteiligten

Kurzfristige Aktionen benötigen Projektmitglieder, die selbst in der Lage sind, kurzfristig einen Beitrag zu liefern. Doch viel zu oft Fehlen wichtiger Projektbeteiligte bei zentralen Entscheidungssitzungen oder haben offenbar keine Zeit für das Abarbeiten von Projektaufgaben. Gerade die Verfügbarkeit von Projektmitarbeitern und Stakeholdern ist aber das zentrale Problem vieler Projekte und führt nicht selten zum Scheitern der Projekte.

Es sind vorwiegend die guten Mitarbeiter, die regelmäßig zur Mitarbeit an im Rahmen von Projektteams aufgefordert werden. Zwar können derartige Anfragen den Wunsch der Mitarbeiter nach der Werschätzung stillen, sie führen aber häufig auch zu Überlastung/Überforderung und emotionalen Barrieren gegenüber dem (Innovations-) Projekt. Die Überlastung/Überforderung bewirkt dann ein Gefühl der Hilflosigkeit oder Versagensangst. Wegen dieser Emotionen, die sich parallel zum operativen Tagesgeschäft ergeben, reagieren die Betroffenen häufig auf neue Impulse nicht mehr. Sie machen nur noch »Dienst nach Vorschrift« und sind damit letztlich für das Innovationsprojekt »verlorene Stakeholder«. Werden diese Personen dann in ein Innovationsprojekt eingebunden, wirken sie häufig demotiviert oder gar destruktiv. Es empfiehlt sich daher, nur jene Projektmitarbeiter auszuwählen, die wirklich über die notwendige Zeit verfügen.

Tipp! Zeit für Projektarbeit
Je nach Art und Bedeutung des Innovationsprojektes und der Funktion des einzelnen Teammitglieds fallen pro Woche 0,5 Tagen bis 3 Tagen pro Woche.

Daher sollten die Mitglieder eines Innovationsteams über genügend freie Zeiten verfügen, um sich der Projektarbeit widmen zu können; eigentlich eine Selbstverständlichkeit, die aber allzu oft missachtet wird! Fehlen diese Freiräume oder werden diese Zeiten regelmäßig von anderen Tätigkeiten (z. B. Anrufen, E-Mails oder Anfragen des Vorgesetzten) gestört, dann verliert der Betroffene zwangsläufig Konzentration und Kreativität. Umgekehrt bildet die Schaffung von Freiräumen im Tagesgeschäft die Grundlage dafür, dass die Betroffenen selbst als Ideenquellen und als »Sparringpartner« für die Innovationsthemen fungieren können.

Beispiel: Google's frühere 20-Prozent Regel
Bis 2013 durften die Google-Mitarbeiter im Rahmen der »20-Prozent-Regel« einen Tag pro Woche eigenen, frei gewählte Projekten widmen. Es entstanden dadurch für das Unternehmen beachtliche Entwicklungen, die heute Millionen Menschen nutzen, wie Google-Mail, der Google News Reader oder das Chat-Programm Google Talk. Google hat diese Regel in der Zwischenzeit geändert. Nun sind die freien Projektzeiten klar auf berufliche Themen zu fokussieren und mit dem Vorgesetzten abzustimmen.

Eine praxiserprobte Technik zum Management von Projekten im Rahmen der Verfügbarkeit der Projektbeteiligten ist die Kanban-Technik zur Steuerung von Projektaktivitäten und damit auch von Projekt(arbeits)zeiten. Ursprünglich von David J. Anderson für Softwareentwicklung erdacht (Anderson D.J., 2011), schafft Kanban zuerst einmal eine gute Transparenz über die Anzahl paralleler Aktivitäten und möglicher Engpässe. Basierend auf der Transparenz werden dann die aktuell stattfindenden Arbeiten (Work in Progress – WiP) mit Blidk auf die (realistische) Umsetzbarkeit priorisiert.

Hinweis: Kanban und Lean Management
Das japanische Wort Kanban ergibt sich aus den beiden Begriffen »Kan« (Signal) und »Ban« (Karte) und ist eine Technik aus dem Toyota-Produktionssystem bzw. dem »Lean Management«. Taiichi Ohno, der Erfinder des Toyota-Produktionssystems, hatte die Idee, dass der Materialfluss in der Produktion nach dem Supermarkt-Prinzip zu organisieren sei, in welcher ein Verbraucher die gewünschte Ware selbst aus dem Regal nimmt, während der Supermarkt die Lücke bemerkt und wieder auffüllt.

Grundprinzip der auf Kanban-Signalkarten basierenden Methodik ist die Aufgliederung eines Produktionsprozesses in mehrstufige, miteinander verknüpfte Regelkreise, die jeweils aus einer Fertigungsstufe und einem vorgelagerten Prozess (der Vorproduktion) bestehen. Jeder Fertigungsprozess nimmt von seinem vorgelagerten Prozess nur die Menge an Materialen oder Aufgaben ab, die momentan benötigt bzw. umgesetzt werden können. Ohne eine zentrale Aufforderung, sondern nur dank der Information des Abflusses, füllt der vorgelagerte Prozess die entstandene Lücke an seinen fertigen Zwischenprodukten wieder auf. Dieser Prozess der Entnahme und

Auffüllung wird mit Hilfe der Kanban-Signalkarten dokumentiert. Während sich also der Fertigungsfluss vom ersten bis zum letzten Prozessschritt bewegt, fließt die Information umgekehrt von der letzten bis zur ersten Produktionsstufe zurück. Es kommt zu einem gleichmäßigen Informations- und Materialfluss in der Fertigung, wodurch Lagerbestände und Engpässe reduziert werden.

Ähnlich verhält es sich gemäß David Anderson in der Steuerung von Projekten, wo Kanban nun nicht den Fortschritt von Materialentnahmen und -zufuhren, sondern von Arbeitspaketen dokumentiert. Jede Aufgabe erhält eine (reale oder virtuelle) Karte, die einer bestimmten Entwicklungsstufe zugeordnet wird. Sobald ein Arbeitsteam eine Aufgabe erledigt hat, holt es sich selbständig die nächste Aufgabe aus dem entsprechenden Kartenpool.

Die Abbildung 85 verdeutlicht das Kanban-Verfahren: Während die Aufgaben A, B und C lediglich als Anforderungen definiert sind, befinden sich die Aufgaben D und E aktuell in der Bearbeitung. Die Aufgabe E ist dabei schon so gut wie fertig und kann kurzfristig in die Entwicklungsstufe »Fertig« überführt werden, in welcher schon die Aufgabe F liegt. Die letzte Entwicklungsstufe »Validiert« ist bisher von der Aufgabe G belegt.

Backlog	In Bearbeitung	Fertig	Validiert
A	D	F	G
B	E >		
C			

Abb. 85: Kanban Projektsteuerung

Zentraler Aspekt ist die Limitierung der Anzahl von Aufgabenkarten pro Entwicklungsstufe! Nach dem Grundgedanken von Kanban darf eine »Station«, also ein Projektmitarbeiter oder -team, nur dann eine Aufgabe ziehen, wenn man diese tatsächlich abarbeiten kann, also die früheren Aufgaben erfolgreich abgeschlossen und weitergegeben werden konnten oder darüber hinaus noch freie Zeitressourcen vorhanden sind. Dazu bedarf es einer klaren Kapazitätsbestimmung der einzelnen Stationen sowie einer konsequenten Priorisierung der einzelnen Aufgaben. Die Übersicht aller Kanban-Karten zeigt dann, wo sich Engpässe (Bottlenecks) ergeben, an denen sich Aufgaben stauen.

Wichtig: Verfügbarkeit und Präsenz
Die Verfügbarkeit der Projektbeteiligten erstreckt sich nicht nur auf die zeitliche Verfügbarkeit, sondern auch auf die persönliche Präsenz der Projektbeteiligten – besonders in Konfliktsituationen.

2.2.2 Rollen im Veränderungsmanagement

Damit die Erfolgsfaktoren des 4C-Modells wirken können, bedarf es dreier Rollen. Auf der fachlichen Ebene ist dies der »Fachpromotor«. Seine Aufgabe ist es, Ideen für Verbesserungen zu finden oder zu entwickeln. Im Innovationsprozess ist das erstaunlicherweise oft eine einfachere Übung. Da reicht gelegentlich das gemeinsame Mittagessen mit Kollegen in der Kantine. Dort hört man viel über mögliche Chancen, aber auch vorhandene Barrieren im Unternehmen. Für die zweite, schon schwierigere Rolle des sog. »Prozesspromotors« sind nur erfahrene Projektmanager geeignet. Der Prozesspromotor braucht keine intensiven Produkt- oder Produktionkenntnisse, sondern vor allem Fähigkeiten im Projekt- und Veränderungsmanagement, mit denen er das Projekt pünktlich, kosten- und vor allem leistungsorientiert ans Ziel bringt. Die dritte Rolle ist besonders wichtig in der Hierarchie des Unternehmens ganz oben angesiedelt. Es ist der »Godfather of Innovation« oder der »Machtpromotor«. Ohne ihn wird kaum ein Innovationsprojekt zum erfolgreichen Ende geführt! Die Rolle des Machtpromotors ist die eines Motivators oder Kommunikators, der die Innovation nach innen und außen verkauft. Der Machtpromotor muss ein Sponsor sein, der Zeit und Geld zur Verfügung stellen kann. Als »oberster Pate« des Projektes achtet er auf alle Widerstände und hilft diese zu überwinden.

Machtpromotor	• Vision und Strategie seines Organisationsbereichs • Struktur und Kultur seines Organisationsbereichs • Ziel- und Kontrollsysteme • Sponsor für Zeit-, Budget- und Humanressourcen • Aktive (!) Präsenz in Veränderungsprojekten • Deeskalation und Überwindung von Barrieren
Prozesspromotor	• Management von Ideen • Management von Projekten • Management von Veränderungen → Moderator, Impulsgeber, Querdenker, Provokateur, Kontrolleur, Motivator, Vermittler, Multiplikator
Fachpromotoren	• Findung von Ideen und Definition von Lösungswegen • Umsetzung von definierten Maßnahmen • Tests, Dokumentation, Qualitätssicherung • Endgültige Realisation von Lösungen • Patente, Auditing, Zertifizierung, Schulung • Kontinuierliche Weiterentwicklung

Abb. 86: Rollen im Innovationsmanagement

Für Unternehmen auf dem Weg zu Innovationen ist es empfehlenswert, diese Rollen mit unterschiedlichen Personen zu besetzen. Zu groß ist ansonsten die Gefahr von Interessenkonflikten, großen zeitlichen Belastungen oder gar Demotivation der übrigen Projektteilnehmer. Die Vermischung mehrerer Rollen in ein und derselben Person ist zwar möglich, aber nur für jene Profis empfehlenswert, die ihr jeweiliges Verhaltensmuster an entsprechende Situationen anpassen. So war etwa Steve Jobs vorwiegend Machtpromotor, der seine Mitarbeiter konsequent zu Leistungen und Ergebnissen antrieb. Gleichzeitig trug er eigene Lösungsvorschläge und vor allem seine Visionen bei (Fachpromotor) und übernahm (zumindest in den frühen Jahren) selbst auch Projektverantwortung (Prozesspromotor). Doch er konzentrierte sich in den späteren Jahren definitiv auf die Rolle des Machtpromotors, der dann auch eigene Ideen zur Diskussion stellte, aber nicht mehr der technischen Umsetzung mitwirkte.

2.2.2.1 Machtpromotor

Machtpromotoren sind »Godfathers of Innovation«. Ohne sie wird kaum ein Innovationsprojekt zu einem erfolgreichen Ende geführt! Die Rolle des Machtpromotors ist die eines Motivators und Kommunikators, der die Innovation nach außen und innen verkauft. Der Machtpromotor ist oft auch Sponsor, der Zeit und Geld zur Verfügung stellt. Als oberster Controller achtet er auf das Budget, die Qualität sowie alle Widerstände gegen die erfolgreiche Projektumsetzung. Als Projektpate hilft er diese Widerstände mit Überzeugung, Entscheidungen und Konsequenz zu überwinden.

Hinweis: Machtpromotoren in verschiedenen Managementmethoden
Verschiedene Bezeichnungen haben sich in den unterschiedlichsten Managementmethoden für Machtpromotoren eingebürgert: Im Change Management nennt man sie die Godfather, Paten oder Sponsoren, im agilen Management kommt der Begriff des Shareholders oder Product Owners zum Einsatz.

Doch leider gibt es nicht nur vorbildliche Führungskräfte. In vielen Betrieben liegt die Ursache für fehlende Innovation und Motivation der Beschäftigten im Verhalten des Managements: Zu häufig wird den Mitarbeitern kommuniziert, dass neue Ideen nur Geld kosten würden und dass auch die Mitarbeiter selbst lediglich einen reinen Kostenfaktor darstellen. Ihre Aufgabe würde nur in der Ausführung der Instruktionen der Unternehmensleitung liegen. An diesem Punkt gilt es gegenzusteuern, indem die Beschäftigten eigenen Ideen motiviert, zu Engagement angehalten und dabei zu konstruktiver Kritik anregt werden.

In Anlehnung an Kotter zeigen sich in diesem Kontext regelmäßig folgende typische Managementfehler von (Pseudo-)Machtpromotoren (Kotter J.P., 2015, S. 14):

- Duldung von Selbstgefälligkeit,
- keine ausreichend starke Führungskoalition,
- Unterschätzung der Kraft von Visionen und mangelnde Kommunikation der Vision,
- Hindernisse gegen die Vision werden geduldet oder gar zugelassen,

- keine Einplanung schneller Erfolge (sog. Quick Wins) wird vorgenommen,
- zu frühe Verkündung eines (vermeintlichen) Erfolges,
- keine Verankerung der Veränderungen in Unternehmenskultur.

In der Konsequenz werden strategische oder operative Maßnahmen nur unvollständig implementiert, dies führen dann zu hohen Kosten und Verzögerungen.

Wichtig!
Im Rahmen des Innovationsmanagements kann und sollten die Führungskräfte folgende Rollen übernehmen: Motivator, Kommunikator, Nutzenstifter, Stratege, Sponsor und Controller.

Anders der wahre Machtpromotor für Innovationen! Ihm geht es weniger um Selbstgefälligkeit und Egoismus, als um das Stiften von Nutzen, dem Erarbeiten von Strategien und deren Kommunikation, sowie der Übernahme der (Organ-) Haftung für ein Innovationsprojekt.

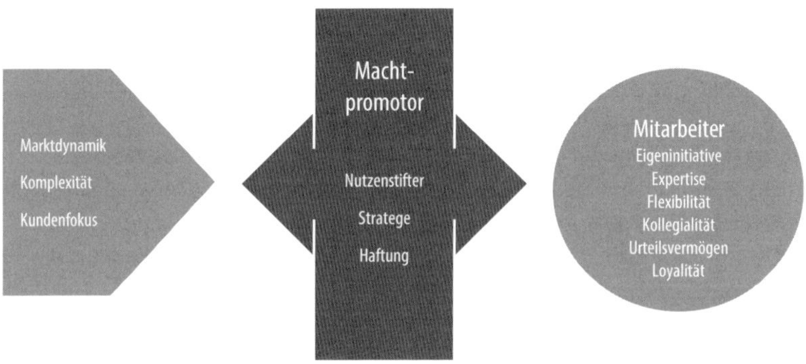

Abb. 87: Machtpromotor

Abbildung 87 basiert auf Ideen von Boris Gloger (Gloger B., 2014) und verdeutlicht die Rolle eines Machtpromotors. Gegenüber dem Innovationsteam stiftet der Machtpromotor verschiedenartigen Nutzen sowohl als Quelle von Inspirationen, als Sparringspartner, als Sponsor, als Netzwerker zu internen und externen Kontakten und Ressourcen, als Verteidiger gegenüber Barrieren, als Politiker in unternehmensweiten Machtspielen sowie als Motivator in schwierigen Projektphasen.

Damit diese Rolle überhaupt funktionieren kann, sind (Projekt-)Mitarbeiter mit Eigeninitiative, Expertise, Flexibilität, Kollegialität, Urteilsvermögen und Loyalität notwendig. Fehlen diese Eigenschaften, dann ist zuerst zu prüfen, ob diese einfach nur in der Vergangenheit –durch das Management – unterbunden wurden. Dann können diese Eigenschaften häufig in einem evolutionären Prozess von einem guten Machtpromotor wieder reaktiviert werden.

Damit ein Machtpromotor seine Rolle als Nutzenstifter und Stratege in agilen Strukturen ausfüllen kann, benötigt er einen kollaborativen Führungsstil. Ein solcher Führungsstil charakterisiert sich durch vier Grundbegriffe, die Katrin Glatzel und Tania Lieckweg mittels eines eigenen »4C-Modells« verdeutlichten (Glatzel K., Lieckweg T., 2016, S. 398):

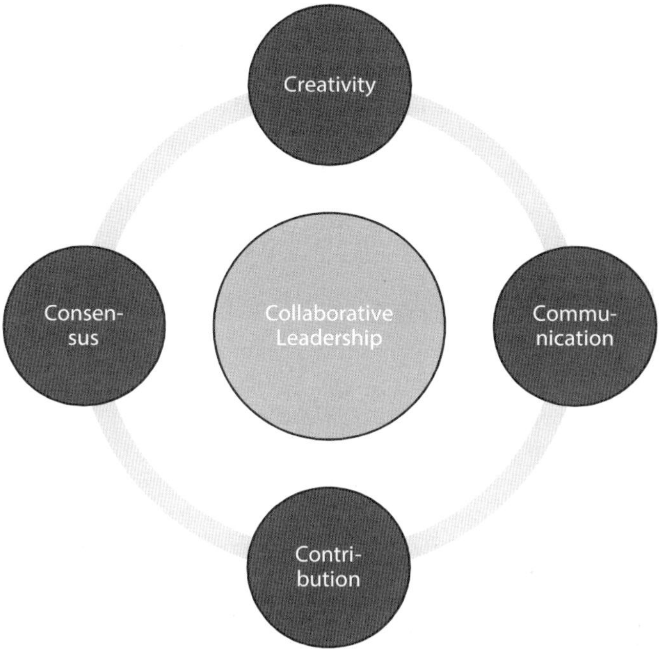

Abb. 88: Collaborative Leadership

Agilität, Innovationen, Nutzen- wie Kostenführer leben von der Kreativität (Creativity)! Zur Entwicklung von Kreativität bedarf es einer Kultur des offenen Austausches und der Zusammenarbeit in der immer wieder probiert, getestet, gelernt und weiterentwickelt wird. Das Besondere ist also nicht die Kreativität an sich, sondern die Kombination des kreativen Entwickelns, iterativen Überprüfens und konsequenten Umsetzens neuer Ideen. Ein kollaborativer Machtpromotor fördert nicht nur diese Art von Kreativität, er verlangt sie und lebt sie selbst vor.

Agilität benötigt Chefs, die mit und nicht zu den Mitarbeitern sprechen (Communication). Derartige Chefs verstehen, dass Kommunikation nicht nur von oben nach unten funktioniert, sondern immer in beiden Richtungen. Die besten Ideen, Anregungen, oder auch konstruktive Kritik kommt nicht allein vom Machtpromotor, sondern von allen Projektbeteiligten. Diese müssen die Bereitschaft haben, zuerst einmal eine eigene Lösung zu erarbeiten, um sie dann mit dem übrigen Team (Fachpromotoren) sowie den Prozesspromotoren (z. B. Führungskraft, Scrum Master) abzustimmen. Dank klarer Kommunikationswege und -zeiten, wie z. B. den monatlichen Entscheidungsrunden (Sprint Review) oder gar der Teilnahme an den täglichen stattfindenden Stand-up-Meetings, sind die Machtpromotoren für die Anregungen der Teammitglieder erreichbar und keine unzugänglichen Einzelspieler.

Beispiel: Enthierarchisierte Kommunikation
Ein positives Beispiel für die offene Kommunikation außerhalb von Hierarchien ist ein Unternehmer der sog. »Old Economy« aus der Süßwarenindustrie, der sein Büro rollierend in den verschiedenen Abteilungen seines Unternehmens aufschlägt. Alle drei Monate zieht er mitsamt seiner Sekretärin in die Räumlichkeiten einer anderen Abteilung, um so offene, transparente Kommunikation vorzuleben. Seiner Meinung nach dürfen die Mitarbeiter gerne seine Themen, Projekte und akuten Sorgen miterleben. Dies sensibilisiert sie für die wichtigen Aufgaben des Unternehmens und schafft Vertrauen in die Politik des Unternehmers.

Basierend auf sachlichen Entscheidungen gilt in einer kollaborativen Unternehmensführung eine Kultur der Auseinandersetzung (Consensus) und nicht der (»faulen«) Kompromisse. Alle Ideen, Anregungen und Kritiken sind transparent zu kommunizieren, sachlich zu bewerten und konstruktiv weiterzuentwickeln. Es ist der Prozess der Auseinandersetzung um die beste Idee und deren Umsetzung. Collaboration heißt hier aber nicht, sich zu fügen oder klein beizugeben. Collaboration heißt vielmehr mit den Experten zu einem Thema zusammenzuarbeiten und gemeinsam Problemlösungen herzuleiten. Denn wie formulierte es der schon erwähnte Gründer des Streamingdienstes Spotify, Daniel Ek: Ein guter Mitarbeiter trifft in 70 Prozent aller Fälle dieselben Entscheidungen wie sein Chef. In 20 Prozent fällt er bessere Entscheidungen, weil er von der Sache mehr Ahnung hat. Und in 10 Prozent liegt er daneben.

Hinweis: »Morgen ist nicht gleich heute«
Die sachliche Diskussion mit den Projektbeteiligten darf nicht nur beim Wissen und den heutigen Erfahrungen stehenbleiben. Nach dem Motto »Morgen ist nicht gleich heute« gilt es kollaborativ über geänderte Kundenbedürfnisse, disruptive Wettbewerbsaktivitäten und unvorhersehbare Substitutionen zu diskutieren. Ansonsten bleibt man trotz Collaboration nur auf dem heutigen Stand stehen (dabei gilt: »Heute ist morgen schon gestern!«).

Agile Collaborationen funktionieren nur, wenn jedes Projekt- oder Teammitglied aktiv einen Beitrag zum großen Ganzen leistet (Contribution). Wer nur passiv dabeisitzt oder die Ideen anderer konsumiert, ohne daraus Mehrwerte zu schaffen, gehört nicht in kollaborative Teams. Die Aufgabe des Machtpromotors ist es, dafür zu sorgen, dass der Beitrag jedes Einzelnen zum Ganzen ankommt.

Ein Machtpromotor muss nicht immer aus dem Top Management kommen. Auch weitere Führungskräfte oder Projektmanager können die Rolle eines Machtpromotors übernehmen. So sind es in der agilen Projektmanagementmethode Scrum u. a. die sog. Produkteigentümer (Product Owner), die als Machtpromotoren fungieren. Sie selbst können Mitarbeiter aus dem dargestellten Produktmanagement sein (► Kap. 1.2.6.2).

Product Owner verantworten die gesamte Wertmaximierung eines innovativen Produkts und die Arbeit eines Innovations- bzw. Entwicklungsteams. Sie vertreten mindestens die fachliche Auftraggeber Seite und priorisieren alle Ziele und Aufgaben des Innovationsteams (im Rahmen des Product Backlogs) zwecks Maximierung des Wertbeitrags des neuen Produktes. Wenn möglich partizipieren sie bei den monatlichen Sprint Meetings, um mit Rat, Empfehlungen und Entscheidungen dem Innovationsteam rechtzeitig zur Seite zu stehen. Am den täglichen Teammeetings (Daily Scrum) dürfen sie gerne, aber nur passiv teilnehmen. Am Ende ist der Product Owner die Person, die maßgeblich die Zielerreichung des Innovationsprojektes verantwortlich ist. Scherzhaft wird der Product Owner als SCN (»single chokable neck«) bezeichnet. Denn er ist die Person, deren »Hals gewürgt wird«, wenn das Team – gemäß Vorgabe – »Mist« produziert.

Wichtig: Product Owner ist nicht Chef!
Der Product Owner ist nicht der Chef des Projektteams! Dieser Machtpromotor ist auch nicht der Moderator oder Manager des Scrum-Projekts, denn diese Rolle füllt der Scrum Master als Prozesspromotor aus. Der Product Owner beeinflusst das Team nur zu den offiziellen Sitzungen, aber nicht während der laufenden Projektarbeit.

Der Product Owner ist immer nur eine Einzelperson, kein Team. Als Grundlage für seine wichtige Funktion und seine Entscheidungen benötigt er die Akzeptanz der gesamten Organisation, also auch von ranghöheren Machtpromotoren. Seine Entscheidungen werden im Anforderungskatalog dokumentiert und dürfen von niemanden geändert werden. Auch ist es dem Entwicklungsteam nicht erlaubt, nach den Vorgaben als denjenigen des Product Owners zu arbeiten.

Woraus bezieht der Machtpromotor seine »Macht«? Macht erhält der Machtpromotor aufgrund von fünf Grundpfeilern (► Abb. 89): Durch fachliche oder soziale Kompetenz, per Vertrag oder durch Geburt sowie aufgrund von natürlicher Autorität. Ein Machtpromotor, der seine Legitimation lediglich per Vertrag oder als Kind des Unternehmers innehat, verliert in agilen Strukturen sehr schnell die Akzeptanz und Unterstützung. Nur wer seine Legitimation mit fachlicher und sozialer Kompetenz vereint, motiviert sein Umfeld zu Leistungen und Veränderungen (wie z. B. Innovationen).

Die Fachkompetenz umfasst bei Managern nicht nur die Kompetenz der Delegation und der Mitarbeiterführung, sondern auch die persönliche Befähigung, selbst die Aufgaben und Abläufe ihrer Mitarbeiter zu verstehen. Beim Verständnis geht es nicht darum, jedes Detail zu kennen und zu überblicken. Es geht vielmehr darum, ein Verständnis für die zentralen Hintergründe, die Motivation, Herausforderungen, Prozess- und Entscheidungsschritte zu entwickeln, um glaubhaft sinnvoll kritisieren und unterstützen zu können. Auch wenn dies Zeit erfordert, die auf den ersten Blick nicht vorhanden ist, liegt im fachlichen Verständnis eine große Bedeutung. Nicht umsonst

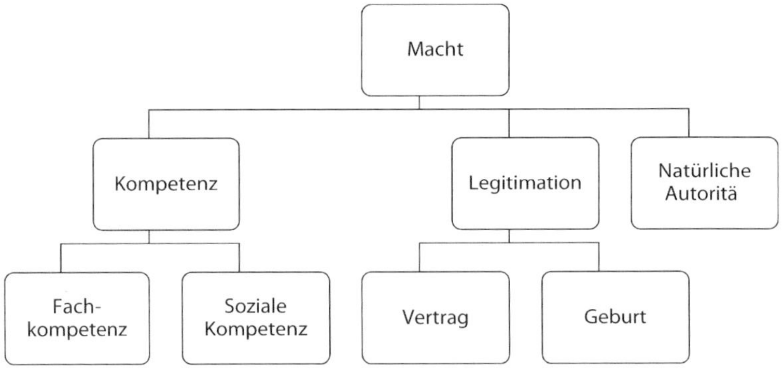

Abb. 89: Grundpfeiler der Macht

spricht man im Toyota-Produktionssystem/Lean Management von Genchi gembutsu (»Geh' und schaue es Dir selbst an«).

> **Wichtig: Machtpromotoren und fachliche Kompetenz**
> Die Fachkompetenz umfasst bei Managern nicht nur die Kompetenz der Delegation und der Mitarbeiterführung, sondern auch die persönliche Befähigung, selbst die Aufgaben und Abläufe ihrer Mitarbeiter zu verstehen.

Unter Sozialkompetenz werden all die Fähigkeiten zusammengefasst, die es uns erlauben, effektiv mit anderen Menschen zusammen zu arbeiten. Hierzu zählen positive Schlüsselqualifikationen (Soft Skills) wie:

- **Teamfähigkeit:** Diese umfasst die Bereitschaft, mit anderen zusammenarbeiten zu wollen und zu können, den Respekt vor den Anderen, die Fähigkeit, dabei Gefühle und Beweggründe der anderen zu erkennen und einfühlsam zu handeln (Empathie).
- **Kommunikationsstärke:** Kommunikation bildet die Basis für den souveränen Umgang mit allen Stakeholdern (Kunden, Lieferanten, Gesellschaftern, Kollegen u. a.). Zu ihr gehört die verbale sowie nonverbale Kommunikation, das souveräne Auftreten, die Rhetorik aber auch die zwischenmenschliche Kommunikation.
- **Kritik- und Konfliktfähigkeit:** Dies umfasst die Fähigkeit zum »richtigen« Kritisieren über die Eigenschaft (konstruktive) Kritik anzunehmen, Einwände zielgerichtet einzusetzen, um Verbesserungen durchzusetzen sowie die Durchsetzungsfähigkeit bis hin zur Fähigkeit trotz hoher Spannung andere Standpunkte nachzuvollziehen.
- **Motivationsstärke:** Diese reicht von der Vereinbarung realistischer Ziele, rechtzeitiger und fairer Information der Betroffenenzur Delegation von Verantwortung, der Förderung der Eigenmotivation sowie der Fähigkeit zu angemessenem, ausbalanciertem Lob und Anerkennung; dies schließt eine Fehlerkultur mit ein, die nach Verbesserungen sucht und nicht nach den Schuldigen.

Tipp! Soziale Kompetenzen Scorecard
Diese dient der Analyse möglicher Kandidaten für die Rolle eines Macht- bzw. Prozesspromotors und ist im Anhang abgebildet. Stark zutreffende Eigenschaften erhalten die Note 1, fehlende Eigenschaften die Note 6. Zusammen mit einer frei definierbaren Gewichtung errechnet sich pro Eigenschaft ein Wert, der in der Summe aller Eigenschaften eine Gesamtnote des Kandidaten ergibt. Derart können verschiedene Bewerber auf ihre sozialen Kompetenzen geprüft werden.

Mit natürlicher Autorität verbindet sich auch das »Charisma« einer Person. Ein charismatischer Machtpromotor ist in der Lage, bei anderen Menschen starke, positive Gefühle zu wecken. Er erzeugt eine starke Gruppenzugehörigkeit, die besonders bei schwierigen Projektphasen und -krisen den Projekterfolg ermöglicht.

Hinweis: Wie Unternehmer und Manager Innovationen fördern können

1. Innovationen brauchen einen Machtpromotor (»Godfather of Innovations«) aus dem Top Management. Nur die Entscheider an der Spitze haben die Macht und die Mittel, umfängliche Rahmenbedingungen für ein innovationsfreundliches Klima zu schaffen und Innovationen voranzutreiben.
2. Leben Sie Innovationsfähigkeit vor! Engagieren Sie sich persönlich und übernehmen Sie eine aktive Patenschaft für das Projekt. Lassen Sie sich in 14-tägigen Abständen über den aktuellen Stand berichten.
3. Gibt es Barrieren, die den Erfolg gefährden? Kümmern Sie sich persönlich und ehrlich darum, dass sie aus dem Weg geräumt werden.
4. Fangen Sie mit kleinen Innovationsprojekten an. Die großen Innovationen genießen zwar mehr öffentliche Aufmerksamkeit, bergen aber auch mehr Risiken. Kleine Schritte sind hingegen leichter zu meistern und binden weniger Ressourcen.
5. Warten Sie nicht auf den großen Zufall! Innovationen wollen erarbeitet werden. Auch wenn es nicht immer klappt: Es gibt genügend konkrete Instrumente, Prozesse und Rollen, die es ein- und umzusetzen gilt.
6. Erlauben Sie Freiräume (Träume!) und geben Sie Ihren Mitarbeitern Zeit, sich für das Projekt zu engagieren. Achten Sie bei der Auswahl aller Promotoren darauf, dass sie nicht schon durch das Tagesgeschäft ausgelastet sind.
7. Würdigen und feiern Sie die Erfolge mit Ihrem Team. Bleiben Sie danach aber nicht stehen, sondern entwickeln Sie sich und Ihre Organisation gleich wieder weiter.

2.2.2.2 Prozesspromotor

Prozesspromotoren steuern den gesamten Innovationsprozess eines oder mehrerer Innovationsteams. Im klassischen Sinn könnte man sie als Projektmanager bezeichnen, doch sind sie in Wahrheit nur für die operative Planung und methodische Steuerung des

Projektes verantwortlich. Über die strategischen Ziele des Projektes entscheidet hingegen der Machtpromotor (z. B. Product Owner). Prozesspromotoren benötigen keine intensiven Produkt- oder Produktionskenntnisse, sondern sind vor allem im Projekt- und Change Management fit.

Im Change Management nennt man die Prozesspromotoren »Change Agents«, da sie den Veränderungsprozess leiten. In der Scrum-Methodik bezeichnet man sie als »Scrum Master«, die die gesamte Verantwortung für den Innovationsprozess (Scrum-Prozeß) und dessen korrekte Implementierung tragen. Sie sorgen für eine korrekte Umsetzung der Scrum-Methodik (Theorie, Praktiken und Regeln von Scrum) durch das Innovationsteam (Scrum-Team).

Scrum Master sind Vermittler zwischen allen Projektbeteiligten. Als sog. »Servant Leader« kommunizieren sie mit allen Stakeholdern, die nicht direkt Teil des Scrum-Teams sind, und unterstützen diese in ihrer Interaktion mit dem Innovationsteam. Die reinen Stakeholder, wie der Product Owner oder ranghöhere Machtpromotoren, sollen verstehen, welche ihrer Interaktionen mit dem Team sich hilfreich auswirken und welche nicht. So unterstützt der Scrum-Master den Product Owner bei den prägnanten Formulierungen für das Product Backlog sowie den Feedback-Schleifen (u. a. während der Sprint Reviews). Der Scrum Master hilft den Informationsfluss und die Zusammenarbeit so zu optimieren, dass der durch das Scrum-Team generierte Wert maximiert wird. Dazu gehört auch die Beseitigung von Hindernissen sowie von Störfaktoren wie beispielsweise unberechtigten Eingriffen von außen auf das Scrum-Team. Der Scrum Master vermittelt als Prozesspromotor das richtige Verständnis von Agilität und konsequentem Prozessmanagement, ohne selbst disziplinarischer Vorgesetzter des Innovationsteams zu sein.

Wichtig: Keine Doppelfunktionen
Aufgrund möglicher Interessenskonflikten ist eine Doppelfunktion eines Scrum Master mit der Rolle eines Product Owners bzw. Mitglied des Innovationsteams nicht empfehlenswert.

Dem eigentlichen Innovationsteam (Scrum-Team) hilft der Scrum Master als Prozesspromotor bei der Vermittlung der Prozessabläufe und Projekttechniken, beim Verständnis für die Notwendigkeit klarer Regeln und bei der Planung von Arbeitsschritten und Implementierungsmaßnahmen.

Hinweis: Techniken der Prozesspromotoren
Die eigentlichen Instrumente und Aktivitäten der Prozesspromotoren brauchen an dieser Stelle nicht erneut beschrieben werden, da sie ausführlich in den Abschnitten Ideenmanagement und Implementierung erwähnten werden (▶ Kap. 1.3 und 1.4).

Vor allem coacht der Scrum Master das Innovationsteam, umSelbstorganisation und funktionsübergreifender Teamarbeit zu verwirklichen. Denn beim Scrum-Ansatz organisiert sich das Scrum-Team bei seiner täglichen Arbeit alleine. Agile Strukturen ohne Hierarchie leben – wie bereits gesehen – von Eigeninitiative, Fachwissen, Flexibilität, Kollegialität, Urteilsvermögen und Loyalität jedes einzelnen Teammitglieds. Der Scrum Master ist in dieser Agilität vor allem die »Seele des Prozesses«, der auf die Einhaltung der Regeln achtet.

Checkliste: Wer ist ein geeigneter Prozesspromotor (z. B. Scrum Master)?

1. Der Prozesspromotor sollte seine Rolle als reiner Prozesssteuerer und -förderer verstehen und sich nicht als Projektleiter oder Chef des Innovationsteams definieren.
2. Die Regeln und Techniken des Innovations-, Projekt- und Veränderungsmanagements sollten in »Herz und Blut« des Prozesspromotors übergegangen sein. Nur wer es mit diesen Grundlagen Ernst meint, kann diese wichtige aber auch schwierige Rolle erfolgreich ausfüllen.
3. Wie beim Machtpromotor gelten die fünf Grundpfeiler der Macht. Nur die Legitimation per Vertrag, also die Stellenbeschreibung »Scrum Master« reicht nicht aus. Vielmehr benötigt es neben den unter Punkt (2.) beschriebenen fachlichen auch soziale Kompetenzen, um von einem Innovationsteam akzeptiert zu werden.
4. Für bedeutendere Innovationsprojekte sollte immer ein erfahrener Prozesspromotor zum Einsatz kommen. Getreu dem Motto »Respekt muss man sich erarbeiten« sollten junge Projektmanager erst einmal an kleineren Innovationsprojekten üben.
5. Nur in Ausnahmefällen sollte ein Vorgesetzter oder ein Product Owner Prozesspromotor eines Innovationsteams werden. Die Rollenverteilung sollte gelebt werden, damit der Innovationsprozess erfolgreich sein kann.

2.2.2.3 Fachpromotoren

Fachpromotoren sind die eigentlichen Experten, ohne die es keine Ideen, keine Projekterfolge und keine Innovationen gibt. Sie sind die Quellen von Verbesserungs- und Lösungsvorschlägen, von Umsetzungsmaßnahmen, von Kritiken und Lösungsmaßnahmen. Fachpromotoren sind diejenigen Projektmitarbeiter, die zur Umsetzung von Innovationsprojekte benötigt werden. Je nach Projektauftrag kommen sie aus den unterschiedlichsten Fachbereichen, wie der Entwicklung, dem Vertrieb, dem Marketing, der Produktion, dem Service, der Logistik oder aus Backoffice-Funktionen (z. B. Finanzen, Personal oder IT).

In der Scrum-Methodik finden sich die Fachpromotoren in sog. Entwicklungsteams. Diese bestehen aus jenen Fachleuten, die nach jedem Sprint ein fertiges Ergebnis (Inkrement) abliefern. Beim agilen Management sind die Fachpromotoren derart strukturiert und befähigt, dass sie ihre eigene Arbeit selbst organisieren. Niemand (nicht einmal der Scrum Master) sagt dem Entwicklungsteam, wie es aus dem Product Backlog potentiell auslieferbare Funktionalität machen soll. Dabei sind die Teams interdisziplinär tätig und verfügen über alle zentralen Fähigkeiten, um ihren Auftrag zu erfüllen.

Zentrale Merkmale von Fachpromotoren in der Form eines Scrum-Entwicklungsteams sind:

- Alle Mitglieder eines Entwicklungsteams heißen »Entwickler«, egal welche Funktion sie konkret erfüllen.
- Individuelle Mitglieder des Entwicklungsteams können zwar spezialisierte Fähigkeiten oder Spezialgebiete haben, aber die Rechenschaftspflicht obliegt dem Team als Ganzem.
- Die optimale Größe eines interdisziplinären Entwicklungsteams liegt zwischen 5 und 7 Personen. Mehr als neuen Projektmitglieder erhöhen die Komplexität und erfordern viel Koordination.
- Im Rahmen der Selbstorganisation steuert sich das Entwicklungsteam bei Scrum selbst. Das Team entscheidet selbständig über das Zerlegen der Projektziele und -vorgaben (Requirements) in einzelne Aufgaben und deren Verteilung an einzelne Teammitglieder.
- Anlässlich der täglichen, Stand-up-Meetings (Daily Scrum) tauschen sich alle Mitglieder dank individueller Statusberichte kurz untereinander aus.

Hinweis: Fachpromotoren ziehen die »Innovationskutsche«
Wie die Pferde, die eine Kutsche ziehen, bringen die Fachpromotoren den Innovationsprozess auf den Weg zum Erfolg. Damit alle Pferde in die gleiche Richtung laufen, ist der Prozesspromotor als Kutscher mit seinen Motivationsinstrumenten (Zuspruch, Rufe) und Sanktionsinstrumenten (Peitsche, Austausch) notwendig. Der Machtpromotor sitzt derweil in der Kutsche und gibt die Richtung vor, spendiert die Pferde, den Kutscher und nötige Pausen, hilft bei der Überwindung von Barrieren und tauscht gegebenenfalls Beteiligten bei Misserfolgen aus.

Nicht jeder, der gerne als Fachpromotor an einem Innovationsprojekt mitwirken möchte, ist wirklich für diese Funktion geeignet. Manchmal fehlt es einfach an der notwendigen freien Zeit, an der Fachkompetenz oder an der Teamfähigkeit. Zur Entscheidung, ob jemand als Fachpromotor in einem Innovationsprojekt mitwirken soll und darf, können diese Kriterien dienen:

Alle am Projekt beteiligten Personen sollten die gleiche Vision für das Innovationsprojekt teilen: Wozu sollen die Innovationen dienen, wie soll sie erarbeitet werden, wann sind wir mit dem Ergebnis zufrieden? Wenn bereits in dieser Phase unterschiedliche Visionen und Interessen vorkommen, fehlt ein zentraler Grundpfeiler für die zukünftige Projektarbeit. Genauso verhält es sich mit einem gemeinsamen Verständnis für die »Spielregeln« im Projekt, zu denen nicht nur die klassischen Projektmanagementregeln, sondern auch die Verhaltens- und Kommunikationsregeln im Team zählen. Drei Beispiele für diese Regeln sind hier angedeutet: die aktive Präsenz jedes Einzelnen im Projekt, die Transparenz im Team sowie der reale Beitrag jedes Projektteilnehmers.

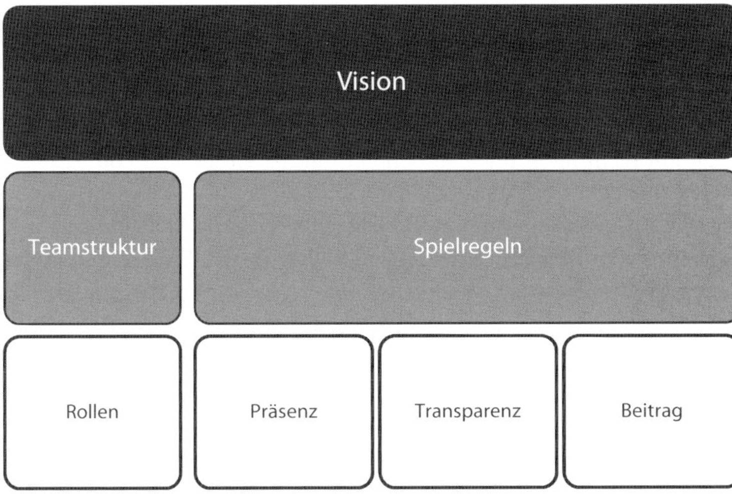

Abb. 90: Kriterien für Zusammensetzung der Fachpromotoren

2.3 Implementierung

Im Rahmen der Veränderungsphasen wurde bereits Kurt Lewin mit seinem 3-Phasen-Modell angesprochen (▶ Kap. 2.1.1). Seine drei Phasen bestehen aus:

1. Auflockern (Unfreezing), also der Vorbereitung einer Veränderung: Dank einer Information und vorbereitenden Analysen werden die Betroffenen in die Veränderungen eingebunden.
2. Hinüberleiten (Moving) auf das neue Niveau: Dank dem Eingreifen der Verantwortlichen, Trainings und Kontrollen werden der Gruppe neue Regeln und Standards vermittelt.
3. Verfestigen (Freezing) der »Umgewöhnung« einer Gruppe. Ziel ist es, dass die neuen Regeln und Standards von der Gruppe mit der Zeit als »natürlich« und »dazugehörend« empfunden werden.

Diese drei Phasen dienen als Gliederung für die nun folgende Implementierung von Veränderungen, basierend auf den soeben diskutierten Erfolgsfaktoren. Die Ziele der Implementierung korrespondieren mit den acht Phasen von John P. Kotter (▶ Kap. 2.1.1):

- Gefühl der Dringlichkeit vermitteln,
- Führungskoalition aufbauen,
- Vision und Strategie entwickeln,
- Vision kommunizieren,
- Hindernisse aus dem Weg räumen,
- kurzfristige Erfolge sichtbar machen,
- Veränderung weiter antreiben, nicht nachlassen,
- Veränderungen in der (Unternehmens-)Kultur verankern.

2.3.1 Sensibilisierung (Unfreezing)

Die Implementierung von Veränderungen startet mit der Sensibilisierung bzw. nach Lewin mit dem »Unfreezing«. Die Sensibilisierung zielt auf die zu schaffende Einsicht, dass die Zukunft nicht mehr uneingeschränkt mit der Gegenwart kompatibel ist. Oder anders ausgedrückt: Die Erwartungen entsprechen nicht mehr der Realität. Es bedarf der Notwendigkeit einer Veränderung, wobei die nach Veränderung strebenden Kräfte zu stärken und ein Veränderungsbewusstsein zu initiieren ist. Unfreezing steht bildlich für das Auftauen des bestehenden (»eingefrorenen«) Gleichgewichtes und aktuellen Zustands.

2.3.1.1 Gefühl der Dringlichkeit vermitteln

Als erster Schritt der Sensibilisierung ist ein Gefühl der Dringlichkeit zu schaffen. Dies ist bereits in vielen Organisationen eine große Herausforderung, da sich die Beteiligten mit der Zeit ihre individuellen Komfortzonen schaffen. Dazu gehören Themen wie die Frage, wer mit wem gerne an welchem Thema arbeitet, welche Kunden bevorzugt angesprochen und bedient werden, welche Abläufe einfach und ohne Reibungsverluste stattfinden oder welche Produkte in welche Märkte am liebsten verkauft werden u.s.w. So schön Komfortzonen für die emotionale Stabilität vieler Menschen sind, so wenig fördern sie Innovationen und Veränderungen.

John P. Kotter nennt verschiedene Wege, um die Dringlichkeit zu erhöhen (Kotter J.P., 2015, S. 18). Sie reichen von besonders ehrgeizigen Zielvorgaben, die nicht durch den normalen Arbeitseinsatz zu realisieren sind, der Elimination kostspieliger Exzesse (z. B. Reisekosten, Firmenwagen) bis hin zur öffentlichen Information über unzufriedene Kunden, frustrierte Geschäftspartner oder interne Probleme. Sogar die (im Grunde recht riskante) Duldung von finanziellen Verlusten schlägt Kotter vor, um gezielt Schwächen bzw. Fehlern aufzuzeigen.

In Workshops zeigt sich allerdings, dass man auf so dramatische Weise die Dringlichkeit vermitteln muss. Vielmehr hilft im Normalfall eine Diagnose der Dringlichkeit anhand der folgenden Darstellung einer Dringlichkeits-Scorecard. Sie basiert – wie die Innovation Scorecard – auf der klassischen Balanced Scorecard und fragt nach dem Veränderungsbedarf in den vier Bereichen Finanzen, Kunden, Prozesse und Mitarbeitern.

Die Dringlichkeits-Scorecard kann je nach der Art und Herkunft der Organisation, ihrem Leistungsumfang und konkreten Anforderungen beliebig um weitere Fragen ergänzt werden. Dank der Gewichtung, die frei definiert wird, zählen einzelne Fragen in ihrer Bedeutung mehr oder weniger. Wie Schulnoten werden zu jeder Frage die Antworten von 1 bis 6 bewertet, wobei die 1 eine schwache Zustimmung und die 6 eine starke Zustimmung zu der Frage repräsentiert. Die Note 1 bedeutet dementsprechend, dass der Inhalt dieser Frage in dieser Organisation (z. B. Unternehmen, Abteilung oder Team) überhaupt nicht zutrifft.

		Gewichtung	Zustimmung (1=schwach, 6= stark) 1	2	3	4	5	6
Finanzen	Unsere Organisation ist nicht rentabel	10%						
	Unsere Liquidität ist nicht ausreichend	10%						
	Die Eigenkapitalquote unserer Organisation ist zu gering	5%						
Kunden	Wir bieten unseren Kunden keine Mehrwerte	10%						
	Gegenüber dem Wettbewerb fehlen uns Alleinstellungsmerkmale	10%						
	Unsere Kunden fehlt die Kenntnis über unsere Angebote	5%						
	Wir sind für unsere Kunden schlecht zu erreichen	5%						
Prozesse	Wir benötigen zu lange für die Erstellung unserer Leistung	5%						
	Unsere Lagerbestände (Rohwaren, Fertigprodukte) sind zu hoch	5%						
	Die Fehlerquote in der Produktion ist zu hoch	10%						
	Wir haben einen viel zu großen Wasserkopf	5%						
Mitarbeiter	Unsere Organisation hat eine hohe Mitarbeiterfluktuation	5%						
	Uns fehlen ausreichend, qualifizierte Mitarbeiter	5%						
	Von den Mitarbeitern kommen viel zu wenig Vorschläge	5%						
	Die meisten Mitarbeiter entwickeln sich nicht weiter	5%						
		100%						

Abb. 91: Dringlichkeits-Scorecard

Tipp! Formblatt Dringlichkeits-Scorecard
Im Anhang findet sich eine Vorlage für ein Formblatt zur Dringlichkeits-Scorecard (▶ Kap. 2.3.1.1). Zusammen mit einer frei definierbaren Gewichtung errechnet sich pro Eigenschaft ein Wert, der in der Summe aller Eigenschaften eine Gesamtnote der Dringlichkeit ergibt.

Ein weiteres, einfaches Instrument zur Sensibilisierung für dringende Veränderungen ist die sog. Erfolgsvorsorge, (Rohm A., 2010). Hier fragt man die Adressaten lediglich, wo das Team in fünf Jahren stehen will, wenn verschiedene Szenarien eintreten (▶ Abb. 92).

Wo stehen wir in fünf Jahren, …		
wenn dieses Innovationsprojekt ein voller Erfolg wird?	**wenn das Innovationsprojekt scheitert?**	**wenn jetzt nichts passiert?**

Abb. 92: Erfolgsvorsorge

Der Begriff »Erfolgsvorsorge« in diesem Ansatz verdeutlicht, dass wir selbst, also etwa die Mitglieder eines Innovationsteams, für den zukünftigen Erfolg verantwortlich sind und entsprechend für die Zielerreichung vorsorgen müssen.

2.3.1.2 Verständnis für die Betroffenen entwickeln

Genauso wie die Betroffenen für die Notwendigkeit einer Veränderung zu sensibilisieren sind, so ist ein Verständnis für ihre Sorgen und Ängste aufzubauen. Nur wer die Sorgen der Betroffenen kennt, kann ihnen bei der Bewältigung helfen.

Tipp! Techniken zum Verständnis über die Betroffenen
Dieselben Instrumente, die geholfen haben, ein Verständnis der Kunden zu entwickeln, dienen nun dazu, die Bedürfnisse und Sorgen der von Veränderungen betroffenen Mitarbeiter zu ermitteln. Techniken wie die Empathiekarte (► Abb. 35), das Pain- oder Gainspotting (► Abb. 41) oder Value Proposition und Bedürfnisse (► Abb. 42) sind genauso für Mitarbeiter einsetzbar, wie für Kunden.

Die Kenntnis über die Sorgen und Nöte der Betroffenen stellt keinen Hinderungsgrund für die gewünschten Veränderungen dar! Vielmehr schafft sie ein Verständnis für das Auftreten von Widerstandsmustern und hilft bei der Findung möglicher Lösungen aus Konflikten. Wenn beispielsweise ein Widerstand aus der emotionalen Barriere der Schlechterstellung und einer daraus abgeleiteten Angst vor finanziellen Einbußen resultiert, dann kann die Konfliktlösung eindeutiger und erfolgsversprechender ausgerichtet werden.

2.3.2 Veränderung (Moving)

In der zweiten Phase der Implementierung der Veränderungen, dem sog. Moving, geht es um den eigentlichen Änderungs-/Anpassungsprozess selbst. Nachdem die Betroffenen sensibilisiert und ihre Bedürfnisse erfasst und berücksichtigt wurden, geht es um die Generierung von Veränderungen und Lösungen sowie um ein Ausprobieren von neuen Verhaltensweisen. Der Status quo wird verlassen und es vollzieht sich (hoffentlich) eine verändernde Bewegung zu einem neuen Gleichgewicht. Dieses Moving vollzieht sich dank der Einbindung aller Betroffenen und dank dem bewussten Wegräumen von Hindernissen.

2.3.2.1 Einbindung aller Betroffenen

Im Abschnitt »Einbinden von Stakeholdern« (► Kap. 2.2.1.1) ging es bereits um die zentrale Bedeutung, die Stakeholder eines Innovations- und Veränderungsprojektes rechtzeitig einzubinden. Die Stakeholder umfassen dabei beispielsweise bedeutende Kunden, Lieferanten, Politiker aber vor allem die betroffenen Mitarbeiter.

Neben dem engeren Projektteam, welches am Innovationsprozess arbeitet und damit direkt Veränderungen bewirkt, existieren verschiedene Kommunikationsinstrumente und -formate, um alle übrigen Stakeholder (einmalig oder regelmäßig) einzubinden (▶ Abb. 93).

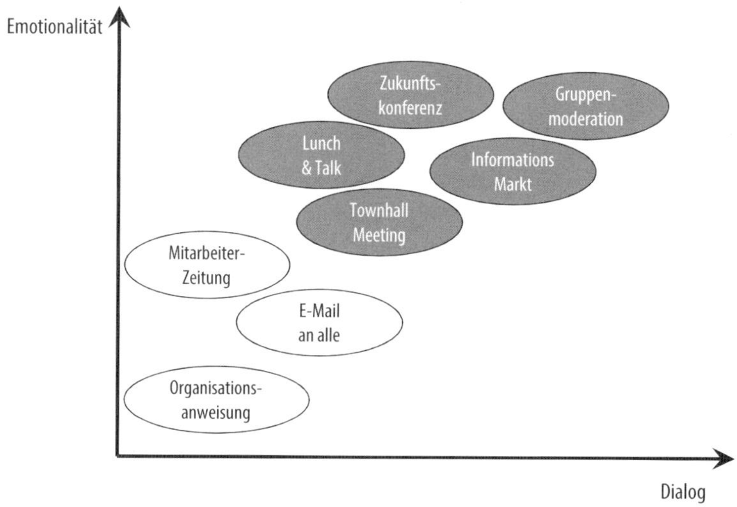

Abb. 93: Kommunikationsinstrumente

Am wenigsten motivieren Führungskräfte die Mitwirkenden ihrer Organisationen für Veränderungen mittels Kommunikationsmedien und -instrumenten, die wie Einbahnstraßen nur eine Richtung kennen. Zu diesen Einbahnstraßen zählen Organisationsanweisungen wie Handbücher, Verhaltensmaßregeln, Verordnungen oder Stellenbeschreibungen. Diese Anweisungen sammeln zwar sicherlich wichtige Aspekte für die Betriebsorganisation und Haftung von Unternehmen und ihren Organen, sie helfen jedoch nicht bei der Überwindung der vier emotionalen Barrieren.

Einbahnstraßenkommunikation sind auch Offline- bzw. Online-Mitarbeiterzeitungen sowie E-Mails an alle Mitarbeiter. Sie kommunizieren zwar kurzfristig und mit großer Öffentlichkeit über aktuell anstehende Themen, aber sie ermutigen nicht zum Dialog, um mögliche Unsicherheiten oder Ängste zu erfassen und zu beheben.

Bei Lunch & Talk treffen sich eine oder mehrere Führungskräfte mit einem oder mehreren Mitarbeitern zu einem gemeinsamen Mittagessen. Dort können offene Themen, Fragen oder Sorgen direkt und ggf. vertraulich besprochen werden. Dies fördert die Emotionalität/Offenheit der Kommunikation, der Dialog ist jedoch auf eine kleine Teilnehmerzahl begrenzt. Denn abgesehen davon, dass zu diesen Terminen nur eine begrenzte Anzahl an Teilnehmern eingeladen werden, kommen dann nur jene Personen in den Genuss des Meinungsaustausches, die im Umfeld der Führungskraft sitzen. Die übrigen Teilnehmer werden tendenziell nur über kurze Ansprachen eingebunden.

Einen breiten Dialog erreicht man mit sog. Townhall Meetings. Darunter versteht der amerikanische Sprachgebrauch eine Zusammenkunft von Bürgern mit Politikern in den

Räumen des Rathauses (Townhall). In der Wirtschaft hat sich daraus eine direkte und ungefilterte Kommunikation zwischen Führungskräften und Mitarbeitern entwickelt. Die direkten Diskussionen haben Frage-Antwort-Teile (Q&A – englisch: questions and answers), wobei die ungefilterten (!) Fragen entweder spontan gestellt oder vorab schriftlich übermittelt werden. Der Vorteil von Townhall Meetings ist die große Öffentlichkeit der Veranstaltung sowie die geringere Ritualisierung gegenüber klassischen Betriebsversammlungen.

Tipp! Storytelling
Bei jeglicher Kommunikation mit Betroffenen ist es wichtig, die Botschaft in interessante »Geschichten« mit Metaphern und Emotionen zu verpacken. Diese Art von »Storytelling« hilft den Adressaten die Botschaft leichter zu verstehen und anzunehmen. Schon in der Tipping Point-Diskussion (▶ Kap. 2.2.1.1) wurde der Effekt des »Haftenbleibens« (engl. Stickiness) als ein zentraler Grund für die Ausbreitung von sozialen Epidemien oder Bewegungen aufgeführt. Klassische Techniken des Storytellings sind beispielsweise der Einsatz von Metaphern, das Verpacken in eine spannende Geschichte, aber auch die AIDA-Methode und der Elevator Pitch.

Bei Informationsmärkten präsentierten Einzelpersonen oder Teams in Form von Plakaten, Flipcharts, Modellen oder einfachen Skizzen ihre Ideen, z. B. an individuellen Ständen oder Tischen, welche diese gerne mit den Teilnehmern diskutieren bzw. weiter konkretisieren möchten. Die übrigen Teilnehmer besichtigen das gesamte Angebot an Ideen wie auf einem klassischen Marktplatz oder einer Messe und optieren für eine Idee ihrer Wahl. Es entstehen kleinere und größere autonome Diskussionsgruppen, die sich mit dem Ideengeber konkreter austauschen.

Eine Zukunftskonferenz beschäftigt sich – wie der Name schon sagt – im Wesentlichen mit der Zukunft eines Unternehmens oder einer Organisation. In fünf Phasen arbeiten sich die Teilnehmer aus der Vergangenheit kommend über Zukunftstrends sowie ihre aktuelle Begeisterung und/oder Sorgen zu einer gemeinsamen Zukunftsvision vor. Dieser Ablauf schafft gleich zu Beginn ein gemeinsames Bewusstsein und gedankliches Fundament für die Entwicklung notwendiger Zukunftsmaßnahmen.

Der Ablauf einer Zukunftskonferenz gliedert sich üblicherweise in fünf Schritte:

1. **Rückblick und Überprüfung der Vergangenheit**: Dieser Rückblick umfasst eine erste Bestandsaufnahme der Situation und lässt das nötige Gemeinschaftsgefühl als Grundlage für alle weiteren Phasen aufkommen.
2. **Analyse des zukünftigen Marktes**: Sammlung aller zentralen, externen Trends (z. B. mittels der PESTEL-Analyse) sowie der möglichen Reaktionen der betroffenen Stakeholder.
3. **Stolz und Sorgen**: Anhand der SWOT-Analyse betrachtet man beispielsweise worauf die Organisation heute schon stolz sein kann und was bereits besonders gut funktioniert? Genauso interessiert, worüber sich die Teilnehmer Sorgen machen?

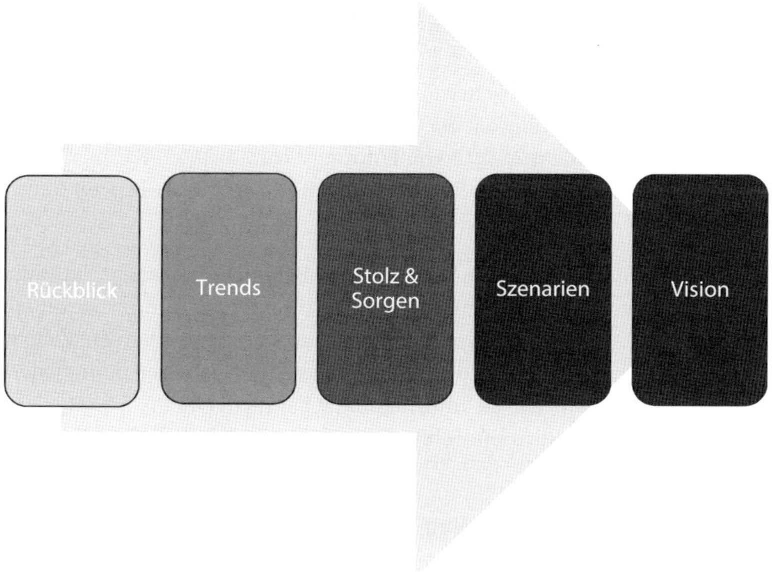

Abb. 94: Zukunftskonferenz

4. **Entwurf möglicher Zukunftsszenarios**: Gemeinsamer Entwurf einer wünschenswerten Zukunft anhand bildhafter, lebendiger Vorstellungen (z. B. mittels Collagen oder »Briefe aus der Zukunft«).
5. **Entwurf einer gemeinsamen Zukunftsvision** auf Grundlage der Zukunftsszenarios: Die unterschiedlichen Szenarios werden auf realisierbare Gemeinsamkeiten geprüft mit dem Ziel, dass am Ende eine Vision gefunden wird, mit der sich die Mehrheit der Teilnehmer identifizieren kann.

Auch bei der Einladung zu einer Zukunftskonferenz gilt das Gesetz der Wenigen (► Kap. 2.2.1.1). Veränderungen bedürfen zwar einer Gruppendynamik, doch wird gerade diese kollektive Dynamik durch Einzelne hervorgerufen. Die an Veränderungen interessierten Personen sollten sich entsprechend auf Meinungsmacher konzentrieren, welche einen asymmetrisch großen Einfluss auf ihr Umfeld ausüben können.

Möchte man gezielter auf aktuelle und zukünftige Themen eingehen so bieten sich hierzu die drei schon dargestellten Gruppenmoderations- und Kreativitätstechniken Open Space, World-Café und Barcamp an (► Kap. 1.3.8.1). Im Gegensatz zu einer Zukunftskonferenz, bei der eine gemeinsame Vision der Zukunft im Vordergrund steht, werden bei diesen drei Formaten grundsätzliche Bedenken und Meinungen zu einem zentralen Themenkomplex diskutiert.

Hinweis: Laufende Kommunikation zur Aufrechterhaltung des Verständnisses
Regelmäßige Informationen aller Beteiligten sind unerlässlich für den Erfolg von Innovations- und Veränderungsprojekten. Dies dient nicht nur der kontinuierlichen Sensibilisierung für die Notwendigkeit der Veränderung und Kommunikation von ersten Erfolgen, sondern auch dem Aufbau von Führungskoalitionen im Rahmen des Gesetzes der Wenigen. Die laufende Information sollte nach dem Push-Prinzip stattfinden.

Funktioniert das Push-Prinzip (»Information als Bringschuld«) nicht, so müssen die Projektteilnehmer von sich informieren (Pull-Prinzip oder »Information als Holschuld«) und ihr Feedback separat abgeben. Dies kostet nicht nur mehr Zeit, sondern macht vor allem die Suche nach den eigentlichen Informationen komplizierter. Im schlimmsten Fall kommen zentrale Informationen gar nicht beim Adressaten an, was in diesem Fall zu Missverständnissen, Fehlentscheidungen und unnötigen Kosten führt.

2.3.2.2 Hindernisse aus dem Weg räumen

Trotz einer guten Vorbereitung treten im Laufe von Veränderungsprozessen immer wieder (mehr oder weniger) gravierende Hindernisse auf. Damit sich aus diesen keine größeren Missverständnisse und Konflikte ergeben, empfiehlt sich ein rasches Aufgreifen der Hindernisse und ihre transparente Abarbeitung.

Oft erscheinen bei Hindernissen nicht sofort die wahren Beweggründe. Manche Betroffene lehnen die Veränderung eines bestehenden Prozesses mit Verweis auf etablierte Kundenbeziehungen und -abläufe ab, doch liegt die eigentliche Motivation für die Ablehnung einer Innovation wie gezeigt eher im emotionalen Bereichen (Angst, Ohnmacht, Überforderung)

Ein einfaches Instrument hilft dabei, »versteckte« Beweggründe für den Widerstand gegen Veränderungen zu identifizieren, die 5 x Warum-Methode (5W-Methode). Das Ziel dieser Methodik ist es, durch mindestens fünf »Warum«-Fragen die wirkliche Ursache für einen Defekt oder ein Problem zu bestimmen. Es wird so lange nach dem Grund des ursprünglichen »Warum« gefragt, bis der eigentliche Fehler oder das tiefere Problem eindeutig identifiziert ist.

Nur zwei Regeln gilt es bei der 5 x Warum-Methodik zu beachten: Am Anfang dürfen erstens keine Annahmen oder vorgefertigte Meinungen die Analyse beeinflussen. Die wichtigste Regel ist aber, dass so lange weitergefragt wird, bis die eigentliche Ursache gefunden ist. Es geht somit stets um die »Wurzel des Übels«.

Hinweis: Ursache-Wirkungs-Bestimmung
Die 5 × Warum-Methode ist eine Technik aus dem Qualitätsmanagement zur Ursache-Wirkungs-Bestimmung (Root-Cause-Analysis). Üblicherweise formuliert mit jeder »Warum«-Antwort zwei diese betreffende, tiefergehende Warum-Antworten. Abbildung 95 verdeutlicht eine 5 × Warum-Analyse.

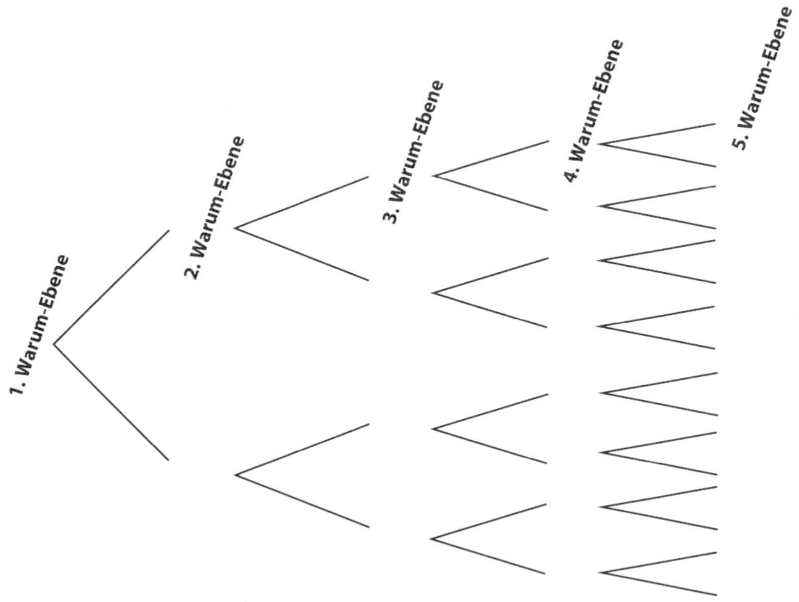

Abb. 95: 5W-Methode

Manchmal gibt es allerdings für ein auftretendes Problem mehrere Ursachen oder es existieren Interdependenzen zwischen den Ursachen. Auch solche Sachverhalte lassen sich mit der 5W-Methode darstellen: Es kann dann graphisch nur manchmal unübersichtlich werden. Hier hilft der Einsatz verschiedener Farben bzw. die Aufspaltung der 5 × Warum in mehrere Einzelgrafiken.

Gerade zum Visualisieren von Interdependenzen zwischen einzelnen Problemen dient ein weiteres Instrument, um im Ergebnis schließlich die Hindernisse aus dem Weg räumen zu können. Die Zielkonfliktkarte listet zuerst einmal die individuellen Ziele interner und/oder externer Bereiche auf. Dann wird visualisiert, welche Ziele miteinander im Zielkonflikt stehen. Genauso können komplementäre und sich gegenseitig unterstützende Ziele dargestellt werden (▸ Abb. 96).

Die Methoden der 5W-Analyse sowie der Zielkonfliktkarte dienen der Visualisierung der »wahren« Konfliktgründe. So können die Konflikte offen angesprochen und durch Vereinbarungen, Konsens oder – wenn nicht anders möglich – mittels Zwang (z. B. Ausschluss aus dem Innovationsteam, Versetzung an einen neuen Arbeitsplatz oder gar Kündigung) gelöst werden.

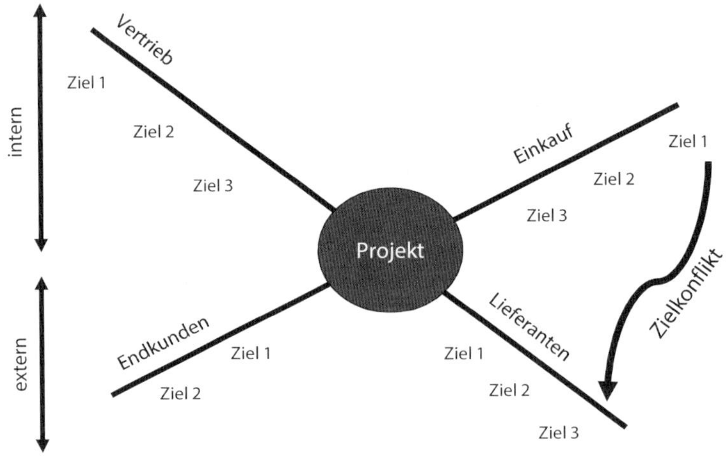

Abb. 96: Zielkonfliktkarte

2.3.3 Wandel ohne Ende (Refreezing)

Das Ziel der dritten Phase der Implementierung, des erneuten Einfrierens oder Refreezings, ist die Verfestigung/Etablierung der Veränderungen. Nach dem Phasenschema von Lewin bedürfen durchgeführte Veränderungen der Stabilisierung und müssen zur dauerhaften Integration in das Gesamtsystem wieder eingefroren werden. Es gilt im positiven Sinne das Motto »Aus neu mach alt«.

Gleichzeitig ist mit dem Refreezing auch das Bewusstseins für kontinuierliche Veränderungen und Verbesserungen zu verfestigen. Ganz nach dem Motto »Nichts ist so beständig wie der Wandel« darf der neue Zustand nicht zu einer erneuten Gewohnheit und Starrheit führen. Vielmehr ist das Verständnis zu stabilisieren, dass eine kontinuierliche und zielorientierte Anpassung an sich ständig verändernde Umweltfaktoren für die Wettbewerbsfähigkeit unerlässlich ist.

Tipp! Wiederholung und Übung
Eine einfache Technik, um die Betroffenen an eine neue Situation zu gewöhnen ist es, dass sie durch ständige Wiederholungen und Übungen neue Routinen bilden. Hingegen ist ein Rückfall in alle Strukturen – falls nicht anders möglich auch durch Verbote – zu verhindern.

Weitere einfache Techniken zum Refreezing der von Veränderungen Betroffenen sind die bereits erwähnten Reflexionsmeetings (► Kap. 1.4.4.3), die Emphatiekarte zur Analyse des neuen Gleichgewichts oder einfach nur der Abgleich einer früheren SWOT-Analyse mit dem neuen Zustand. Denn nicht selten zeigt sich schon hierbei, dass man als Team einiges erreicht hat, aber noch weitere Themen offen sind.

Ganz nach der bereits erwähnten Vorgabe »Schlechter geht immer, zehn Prozent besser aber auch« lebt eine Innovationskultur erst dann, wenn alle Mitglieder einer Organisation (also eines Unternehmens, Bereichs, Teams etc.) die Sehnsucht (»Vision«) nach einer kontinuierlichen Verbesserung mittels Innovationen verinnerlicht haben. Wenn Innovationen und Veränderungen ein gewollter und erstrebenswerter Bestandteil des (beruflichen und privaten) Alltags werden, ist man offen für Kreativität und bereit, die möglichen Barrieren der Veränderungen aktiv zu überwinden.

Beispiel: Regeln zum totsicheren Stillstand

In ironischer Absicht hat Peter Kruse acht Regeln zum totsicheren Stillstand von Organisationen formuliert (das zugehörige Video »8 Regeln für den totalen Stillstand (2008)« findet sich bei Youtube unter https://www.youtube.com/watch?v=4f_mIRrns2U). Ganz im Sinne des lateralen Denkens und der Umkehrmethode zeigen sich daran die Probleme der vertrauensbildenden Maßnahmen:

- Sorgen Sie dafür, dass sich das Management aus Allem heraushält oder Alles im Griff hat!
- Fördern Sie Diskussionen über informelle Inhalte durch Streuung von Gerüchten!
- Sorgen Sie für operative Hektik und stoßen gleichzeitig mehrere neuen Projekte an!
- Rufen Sie den totalen Wettbewerb aus und machen klar, dass nur die Besten Chancen haben!
- Suchen Sie unbedingt und fundiert nach dem Schuldigen, bevor Sie irgendetwas ändern!
- Verhindern Sie unbedingt, dass über den Sinn und Unsinn Ihrer internen Regeln diskutiert wird!
- Beschlüsse sollten auf der formellen Ebene möglichst schnell zum Konsens geführt werden, um möglichst schnell auf der informellen Ebene in Frage gestellt zu werden!
- Machen Sie maximale Beschlussdynamik bei minimaler Umsetzungsdynamik!

3 Anhang

3.1 Vorlagen

Die Formblätter werden über den Internetshop des Verlags zum Download bereitgestellt (► www.kohlhammer.de).

3.1.1 TWOS-Analyse

Ausgehend von einer klassischen SWOT-Analyse, in der zuerst die Stärken, Schwächen, Chancen und Risiken gesammelt werden, entwickelt die TWOS-Analyse aus den SWOT-Ergebnissen operative und strategische Maßnahmen:

TWOS-Thema:	Zukünftige **Chancen (O)**	Zukünftige **Risiken (T)**
Aktuelle **Stärken (S)**	**Maxi-Maxi Strategie** Stärken und Chancen (SO) - Wie können Sie Ihre Stärken nutzen, um diese Chancen zu nutzen?	**Maxi-Mini Strategie** Stärken und Risiken (ST) - Wie können Sie Ihre Stärken nutzen, um mögliche Risiken zu vermeiden?
Aktuelle **Schwächen (W)**	**Mini-Maxi Strategie** Schwächen und Chancen (WO) - Wie können Sie Ihre Chancen nutzen, um die Ihre Schwächen zu überwinden?	**Mini-Mini Strategie** Schwächen und Risiken (WT) - Wie können Sie Ihre Schwächen minimieren und Risiken vermeiden?

3.1.2 M.A.R.K.E.T.

	Begriff	Anwendung
M.	**Maximiere**	Was kann man hinzufügen? Was kann man größer, schwerer, länger, dicker, teurer oder zeitintensiver machen? Welche Bestandteile können verdoppelt, vervielfacht oder übertrieben werden? Wie kann der Kundennutzen maximiert werden? Was steigert die Kundenbindung? Wie können die Preise oder der Ertrag maximiert werden?
	Ideen	• • • •
A.	**Austauschen**	Was kann das bisherige Angebot an gleicher Stelle ersetzen? Wie können neue Techniken genutzt werden? Können neue Modelle entwickelt werden? Welche anderen Bestandteile sind möglich? Welche anderen Leistungen, Lösungen, Materialien, Prozesse, Märkte, Geschäftsmodelle, Strukturen, Standorte sind denkbar?
	Ideen	• • • •
R.	**Reduziere**	Wie können die Kosten, das Sortiment, die Komplexität, die Risiken, die Haftung reduziert werden? Was ist entbehrlich? Was kann kleiner, kürzer, schneller, leichter, niedriger, flacher, billiger gemacht werden?
	Ideen	• • • •
K.	**Kopieren**	Wie haben andere ähnliche Probleme gelöst? Was kann man von ganz anderen Branchen lernen und übernehmen? Welche Analogien gibt es in der Natur?
	Ideen	• • • •
E.	**Ergänze**	Was kann man mit anderen Lösungen kombinieren? Einen Verbund machen? Mehrere Anwendungsbereiche für das gleiche Leistungsangebot?
	Ideen	• • • •
T.	**Trenne**	Kann man etwas in Einzelteile zerlegen? Welche Leistungen können in zwei unterschiedliche Angebote aufgeteilt werden? Wie kann man zweimal an einer Leistung verdienen? Wie können Risiken aufgeteilt und gar weitergeleitet werden?
	Ideen	• • • •

3.1.3 Muda Canvas

Welche sinnlosen Tätigkeiten haben wir aktuell?

3.1.4 Dringlichkeits-Scorecard

		Gewichtung	Zustimmung (1=schwach, 6= stark)						Note
			1	2	3	4	5	6	
Finanzen	Unsere Organisation ist nicht rentabel	%							
	Unsere Liquidität ist nicht ausreichend	%							
	Die Eigenkapitalquote unserer Organisation ist zu gering	%							
Kunden	Wir bieten unseren Kunden keine Mehrwerte	%							
	Gegenüber dem Wettbewerb fehlen uns Alleinstellungsmerkmale	%							
	Unsere Kunden fehlt die Kenntnis über unsere Angebote	%							
	Wir sind für unsere Kunden schlecht zu erreichen	%							
Prozesse	Wir benötigen zu lange für die Erstellung unserer Leistung	%							
	Unsere Lagerbestände (Rohwaren, Fertigprodukte) sind zu hoch	%							
	Die Fehlerquote in der Produktion ist zu hoch	%							
	Wir haben einen viel zu großen Wasserkopf	%							
Mitarbeiter	Unsere Organisation hat eine hohe Mitarbeiterfluktuation	%							
	Uns fehlen ausreichend, qualifizierte Mitarbeiter	%							
	Von den Mitarbeitern kommen viel zu wenig Vorschläge	%							
	Die meisten Mitarbeiter entwickeln sich nicht weiter	%							
		100%							

3.1.5 Soziale Kompetenzen Scorecard

		Gewichtung	Zutreffend (1=stark, 6= schwach)						Note
			1	2	3	4	5	6	
Teamfähigkeit	Kooperationsbereitschaft	%							
	Respekt vor Anderen	%							
	Fähigkeit Gefühle und Beweggründe zu erkennen	%							
	Anpassungsfähigkeit an Mehrheitsentscheidungen	%							
Kommunikation	souveränes Auftreten	%							
	souveräner Umgang mit allen Stakeholdern	%							
	gute Rhetorik	%							
	ansprechende nonverbale Kommunikation	%							
Konfliktfähigkeit	Eigenschaft Kritik anzunehmen	%							
	zielgerichteter Einsatz von Einwänden	%							
	eigene Durchsetzungsfähigkeit	%							
	Fähigkeit trotz Spannungen Standpunkte Anderer nachzuvollziehen	%							
	zukunftsorientierten Denken bei Fehlern								
Motivationsstärke	Vereinbarung realistischer Ziele	%							
	rechtzeitige und offene Kommunikation von Betroffenen	%							
	Einklang von Verantwortung und Kompetenzen	%							
	Förderung der Eigenmotivation	%							
	ausbalancierter Lob und Anerkennung								
		100%							

3.1.6 4C Scorecard

		Gewichtung	Zutreffend (1=stark, 6= schwach) 1	2	3	4	5	6	Note
Collaboration	Einbindung der Stakeholder	%							
	Fokussierung auf die Interessen interner und externer Kunden	%							
	Fokussierung auf zentrale Multiplikatoren und Meinungsmacher	%							
	Kleine, agile Teamstrukturen	%							
	Team-Mix mit aktiven Denkern, Träumern, Kritikern und Realisten	%							
Kontinuität	nachhaltige (Organisations-) Vision	%							
	nachhaltige (Organisations-) Strategie und Ziele	%							
	Kultur der laufenden Weiterentwicklung	%							
	gelebtes, permanentes und systematisches Verbesserungsstreben	%							
Konsequenz	Fokussierung auf Kosten- / Nutzenführerschaft	%							
	Konzentration auf Kernkompetenzen	%							
	definierte und gelebte Spielregeln	%							
	konsequente kurzfristige Aktionen (Quick Wins)	%							
Commitment	klare Verantwortungen	%							
	Verfügbarkeit der Projektbeteiligten	%							
	Verfügbarkeit der finanziellen Ressourcen (Budget)	%							
	eigene Präsenz der Verantwortlichen	%							
		100%							

3.2 Über den Autor

Seit der Jahrtausendwende ist Marcus Disselkamp selbständiger Berater und Trainer mit einzelnen Beteiligungen an bzw. Organfunktionen in verschiedenen Unternehmen.

Seine Expertise zu Fragen der »Wettbewerbsfähigkeit durch Innovationen« sowie zur »Effizienz von Investitionen« basiert auf den vielen Projekten für mittelständische bis internationale Unternehmen, auf eigenen Forschungen, daraus entstandenen Lehraufträgen und Publikationen, seinen Anfangsjahren in internationalen Managementfunktionen sowie Beratungsunternehmen, aber auch auf dem betriebswirtschaftlichen Studium mit Promotion an den Universitäten Fribourg (Schweiz) und Oxford (England).

Marcus Disselkamp unterrichtet an verschiedenen internationalen Hochschulen und Akademien, in Deutschland ist er Juror des Großen Preis des Mittelstandes und er veröffentlicht regelmäßig Diskussionsbeiträge in seinem Blog unter www.disselkamp.com.

3.3 Literatur

Anderson, D. J.: Kanban - Evolutionäres Change Management für IT-Organisationen, Heidelberg 2011

Ansoff, H. I.: Management Strategie (Orig.: Corporate Strategy), Landsberg a.L., 1966

Ansoff, H. I.: Strategies for Diversification, in: Harvard Business Review, 9/1957, S. 113–124.

Barney, J. B.: Strategic Factor Markets - Expectations, Luck and Business Strategy. Management Science; Nr. 32, 1986

Blank, S., Dorf, B.: Das Handbuch für Startups, Heidelberg, 2014

Brown, J., Isaacs D.: The World Café - Shaping Our Futures Through Conversations That Matter, Oakland/CA, 2008

Brown T.: Change by Design, New York, 2009

Christensen C.: Understanding the Job, Youtube Video unter https://www.youtube.com/watch?v=f84LymEs67Y (veröffentlicht am 13.06.2012)

Christensen, C.: The innovators dilemma, Boston, 1997/2016

Christensen, C., Raynor M.E., McDonald R.: What is disruptive Innovation, in: Harvard Business Review, 12/2015, S. 44–53.

Collins, J.: Jim's twelve questions, Online: http://www.jimcollins.com/tools/TwelveQuestions.pdf (Veröffentlicht 2014)

Cooper, R.: Winning at New Products - Creating Value Through Innovation, New York, 2011

Croft, J.: Youtube Video unter https://www.youtube.com/watch?v=NdCL4DfGacI&feature=youtu.be (veröffentlicht am 24.10.2013)

de Bono, E.: Six Thinking Hats, London, 1990

de Bono, E.: De Bono's neue Denkschule - Kreativer denken, effektiver arbeiten, mehr erreichen, München, 2002

Dilts, R. B.: Strategius of Genius, Volume I, Capitalo, 1994

Disselkamp, M., Eyer, E., Rohde, S., Stoppkotte E. M, Heidelberg, 2001
Disselkamp, M.: Innovationsmanagement, Wiesbaden, 2005/2012
Doppler, K., Lauterburg C.: Managing Corporate Change, Heidelberg, 2001
Gladwell, M.: The Tipping Point - How Little Things Can Make a Big Difference, London, 2000
Glatzel, K., Lieckweg, T.: Führen unter Unsicherheit – Was man von Start-ups lernen kann, in: Geramanis, O., Hermann, K. (Hrsg.): Führen in ungewissen Zeiten, Wiesbaden, 2016
Gloger, B., Margetich J.: Das Scrum-Prinzip, Stuttgart 2014
Häusel, H.-G.: Brain View, München, 2016
Hersey, P., Blanchard, K.: Management of Organizational Behavior, New York, 1982
Horten G.: Aufgabenanalyse mit der 8P-Liste, Online: http://www.zephram.de/blog/ideenfindung/aufgabenanalyse-mit-der-8p-liste/ (Abfrage im März 2017)
Kano, N., Seraku, N., Takahashi, F., Tsuji, S.: Attractive Quality and Must-be Quality, in: Journal of the Japanese Society for Quality Control, 12/1984, S. 147–156.
Kim, W. C., Mauborgne, R.: Blue Ocean Strategy, in: Harvard Business Review, 10/2004, S. 1–9.
Kostka, C., Mönch, A.: Change Management, München, 2009
Kotter, J. P.: Leading Change, München, 2015
Kühl, S.: Wenn die Affen den Zoo regieren - Tücken der flachen Hierarchien, Frankfurt a.M., 1998
Lewin, K.: Group decision and social change, in: Maccoby, E. E., Newcomb, T. M., Hartley, E. L. (Hrsg.): Readings in Social Psychology. New York, 1958, S. 197–211.
Mohr, N., Woehe, J. M., Diebold: Widerstand erfolgreich managen, Frankfurt a.M., 1998
Nagel, R.: Lust auf Strategie, Stuttgart, 2014
Ohno, T.: Toyota Production System: Beyond Large-scale Production, Portland, 1988
Oettingen, G.: Denken Sie lieber nicht zu positiv, Blogbeitrag in: Harvard Business Manager, November 2014, zu finden unter http://www.harvardbusinessmanager.de/blogs/auswirkungen-des-positiven-denkens-a-1001127.html
Osborn, A.: Applied Imagination – Principles and Procedures of Creative Problem Solving, New York, 1966
Osterwalder, A., Pigneur, Y., Smith, A.: Business Model Generation, Haboken / New Jersey, 2016
Owen, H.: Open Space Technology, Stuttgart, 2011
Panse, W., Stegmann W.: Kostenfaktor Angst, Landsberg a.L., 2001
Pepels, W.: Innovationsmanagement, Berlin, 1999
Petry, T.: Digital Leadership, München, 2016
Porter, M.: Competitive Advantage, New York, 1985
Prahalad, C. K., Hamel G.: The Core Competence of the Corporation, Harvard Business Review, 05/1990
Preußig, J.: Agiles Projektmanagement, Freiburg, 2015
Ries, E.: Lean Startup, London / New York, 2011
Robertson, B. J.: Holacracy – The Revolutionary Management System that Abolishes Hierarchy, New York, 2015
Rohm, A.: Change Tools II, Bonn, 2011
Schein, E.: Organizational Culture and Leadership, San Francisco, 2010
Spotify: Spotify engineering culture, Online: https://labs.spotify.com/2014/03/27/spotify-engineering-culture-part-1/ (veröffentlicht am 27.3.2014)
Toyota Material Systems (Firmenborschüre): Das Toyota Produktionssystem, Brüssel, 2010
Trout, J., New Positioning, New York, 1997
Winters, P.: Customer Strategy, München, 2016
Zwicky, F.: Entdecken, Erfinden, Forschen im morphologischen Weltbild, München, 1966

3.4 Stichwortverzeichnis